全国高职高专"十二五"规划教材

工程应用数学
（机电、汽车类）

主　编　吴白旺　杨　勇

副主编　黄庆波　邓文亮　杨代强　李　微

中国水利水电出版社
www.waterpub.com.cn

内 容 提 要

本书认真分析、总结、吸收部分高等院校数学课程教学改革经验，根据教育部高等教育教学课程的基本要求，以课程改革精神及人才培养目标为依据。适度降低知识难度，在遵循循序渐进、融会贯通的教学原则基础上编写完成。

本书内容包括：复数和复平面、解析函数、复变函数的积分、解析函数的级数表示法、留数理论及其应用、共形映射、傅里叶变换、拉普拉斯变换、快速傅里叶变换。

本书特色主要体现在：保留并丰富了各章节知识点，采用了模块化设计；每章最后给出了本章自测训练题。

本书内容充实、体系新颖，强调理论与实际相结合，内容选择十分有利于学生对基础知识的学习与理解，提高解决实际问题的能力。

图书在版编目（C I P）数据

工程应用数学：机电、汽车类 / 吴白旺，杨勇主编
. -- 北京：中国水利水电出版社，2014.8
 全国高职高专"十二五"规划教材
 ISBN 978-7-5170-2089-9

Ⅰ. ①工… Ⅱ. ①吴… ②杨… Ⅲ. ①工程数学－高等职业教育－教材 Ⅳ. ①TB11

中国版本图书馆CIP数据核字(2014)第117962号

策划编辑：寇文杰　　责任编辑：张玉玲　　加工编辑：孙　丹　　封面设计：李　佳

书　　名	全国高职高专"十二五"规划教材 工程应用数学（机电、汽车类）
作　　者	主　编　吴白旺　杨　勇 副主编　黄庆波　邓文亮　杨代强　李　微
出版发行	中国水利水电出版社 （北京市海淀区玉渊潭南路1号D座　100038） 网址：www.waterpub.com.cn E-mail：mchannel@263.net（万水）　　　　　　sales@waterpub.com.cn 电话：(010) 68367658（发行部）、82562819（万水）
经　　售	北京科水图书销售中心（零售） 电话：(010) 88383994、63202643、68545874 全国各地新华书店和相关出版物销售网点
排　　版	北京万水电子信息有限公司
印　　刷	三河市鑫金马印装有限公司
规　　格	184mm×260mm　16开本　17.25印张　434千字
版　　次	2014年8月第1版　2014年8月第1次印刷
印　　数	0001—2000册
定　　价	33.00元

凡购买我社图书，如有缺页、倒页、脱页的，本社发行部负责调换

前　　言

为充分发挥高等数学在 21 世纪培养应用型人才中的作用，提高学生应用数学知识和解决实际问题的能力，教材编写组根据教育部对数学课程的基本要求与课程改革精神，在分析、总结、吸收一些高等院校数学教学改革经验的基础上，遵循"必需，适度"的原则编写了本书。在编写过程中，根据专业课所需数学知识进行内容调整，使之能与专业课有效地衔接。

本书内容包括：复数和复平面、解析函数、复变函数的积分、解析函数的级数表示法、留数理论及其应用、共形映射、傅里叶变换、拉普拉斯变换、快速傅里叶变换。我们适当地降低了知识难度，遴选并创新了例题和习题配置，使之更突出理论和实践相结合，便于学生对基本知识点的训练和掌握。

本书由重庆科创职业学院数学教师与机电类和汽车类的专业教师共同编写。本书编写分工如下：全书由杨勇主持编写和定稿；由韩亚军副教授负责全书的审稿；由杨勇、吴白旺等老师负责编写及统稿工作，并邀请了邓文亮、吴杰等专业课老师参加了编写工作。

本书可作为普通高等院校、成人高等教育、网络教育学院等机电、汽车类专业的数学教材，也可作为工程技术人员的参考用书。

在编写过程中，我们得到了兄弟院校及专业老师的大力支持，在此表示衷心感谢！由于编者水平有限，时间仓促，不妥之处在所难免，敬请专家及广大读者批评指正。

编　者
2014 年 4 月

目 录

前言

第一章 复数和复平面 ………………………… 1
1.1 复数 ……………………………………………… 1
1.2 复平面点集 …………………………………… 6
1.3 扩充复平面及其球面表示 ………………… 9
小结 …………………………………………………… 10
习题一 ……………………………………………… 10
第一章 自测训练题 ……………………………… 11
第二章 解析函数 ……………………………… 14
2.1 复变函数的概念、极限与连续性 ……… 14
2.2 解析函数的概念 …………………………… 21
2.3 函数可导与解析的充要条件 ……………… 24
2.4 初等函数 ……………………………………… 27
小结 …………………………………………………… 34
习题二 ……………………………………………… 36
第二章 自测训练题 ……………………………… 38
第三章 复变函数的积分 …………………… 41
3.1 复变函数积分的概念 ……………………… 41
3.2 柯西-古萨定理（Cauchy-Goursat）及其推广 45
3.3 柯西（Cauchy）积分公式及其推论 …… 52
3.4 解析函数与调和函数的关系 ……………… 58
小结 …………………………………………………… 61
习题三 ……………………………………………… 62
第三章 自测训练题 ……………………………… 65
第四章 解析函数的级数表示法 ………… 68
4.1 复数项级数 …………………………………… 68
4.2 幂级数 ………………………………………… 72
4.3 解析函数的泰勒展开 ……………………… 77
4.4 解析函数的罗朗展开 ……………………… 81
4.5 孤立奇点 ……………………………………… 86
小结 …………………………………………………… 90
习题四 ……………………………………………… 92
第四章 自测训练题 ……………………………… 95
第五章 留数理论及其应用 ………………… 98
5.1 留数理论 ……………………………………… 98

5.2 留数在积分计算上的应用 ………………… 104
小结 …………………………………………………… 111
习题五 ……………………………………………… 112
第五章 自测训练题 ……………………………… 113
第六章 共形映射 ……………………………… 116
6.1 共形映射 ……………………………………… 116
6.2 分式线性变换 ………………………………… 120
6.3 确定分式线性变换的条件 ………………… 123
6.4 几个初等函数所构成的映射 ……………… 125
小结 …………………………………………………… 129
习题六 ……………………………………………… 130
第七章 傅里叶变换 …………………………… 132
7.1 傅里叶变换 …………………………………… 132
7.2 单位脉冲函数及其傅里叶变换 ………… 139
7.3 傅里叶变换的性质 ………………………… 143
7.4 卷积 …………………………………………… 147
小结 …………………………………………………… 149
习题七 ……………………………………………… 150
第八章 拉普拉斯变换 ……………………… 152
8.1 拉普拉斯变换定义 ………………………… 152
8.2 拉普拉斯变换的性质 ……………………… 159
8.3 拉普拉斯逆变换 …………………………… 167
8.4 拉普拉斯变换的应用 ……………………… 171
小结 …………………………………………………… 176
习题八 ……………………………………………… 177
第七、八章 积分变换自测训练题 ………… 180
第九章 快速傅里叶变换* ………………… 183
9.1 离散时间傅里叶变换 ……………………… 183
9.2 Z变换简介 …………………………………… 186
9.3 离散傅里叶变换 …………………………… 189
9.4 快速傅里叶变换 …………………………… 192
小结 …………………………………………………… 196
习题九 ……………………………………………… 197
附录 习题参考答案 ………………………… 199

第一章 复数和复平面

本章介绍复数的定义、运算，复平面点集和扩充复平面，为后面复变函数的研究作准备.

1.1 复 数

1. 复数的概念

形如

$$z = a + ib \text{ 或 } z = a + bi$$

的数称为复数，其中 a 和 b 为实数，i 称为虚单位，即是满足 $i^2 = -1$.全体复数的集合称为复数集，用 $\mathbb{C}$ 表示.

对于复数 $z = a + ib$，a 与 b 分别称为复数 z 的实部和虚部，记作

$$a = \operatorname{Re} z, \quad b = \operatorname{Im} z.$$

当且仅当虚部 $b=0$ 时，$z=a$ 是实数；当且仅当 $a=b=0$ 时，z 就是实数 0；当虚部 $b \neq 0$ 时，z 叫做虚数；当实部 $a=0$ 且虚部 $b \neq 0$ 时，$z=ib$ 称为纯虚数.

显然，实数集 $\mathbb{R}$ 是复数集 $\mathbb{C}$ 的真子集.

如果两个复数的实部和虚部分别相等，我们称这两个复数相等.这样，一个复数等于零，当且仅当它的实部和虚部同时等于零.一般情况下，两个复数只能说相等或不相等，而不能比较大小.

2. 复数的向量表示和复平面

根据复数相等的定义，我们知道，任何一个复数 $z = a + ib$，都可以由一个有序实数对 (a,b) 唯一确定；我们还知道，有序实数对 (a,b) 与平面直角坐标系中的点是一一对应的.由此，可以建立复数集与平面直角坐标系中的点集之间的一一对应.

如图 1.1 所示，点 z 的横坐标是 a，纵坐标是 b，复数 $z = a + ib$ 可用点 $z(a,b)$ 表示，这个建立了用直角坐标系表示的复数的平面称为复平面，x 轴叫做实轴，y 轴叫做虚轴.显然，实轴上的点表示实数；除了原点外，虚轴上的点表示纯虚数.今后，我们说点 $z(a,b)$，与复数 $z = a + ib$ 表示同一意义.

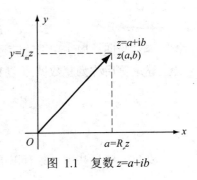

图 1.1 复数 $z=a+ib$

当两个复数实部相等，虚部互为相反数时，这两个复数叫做互为共轭复数.复数 z 的共轭复数用 $\bar{z}$ 表示，即如果 $z = a + ib$，则 $\bar{z} = a - ib$.当复数 $z = a + ib$ 的虚部 $b = 0$ 时，有 $z = \bar{z}$，即是任一实数的共轭复数仍是它本身.

每一个平面向量都可以用一对有序实数来表示，而有序实数对与复数是一一对应的.这样我们还可以用平面向量来表示实数.在复平面上，复数 $z = a + ib$ 还可以用由原点引向点 z 的向量 $\overrightarrow{Oz}$ 来表示，这种表示方式建立了复数集 $\mathbb{C}$ 与平面向量所成的集合的一一对应（实数 0 与零向量对应）.向量 $\overrightarrow{Oz}$ 的长度称为复数 z 的模，记为 $|z|$ 或 r，因此有

$$|z| = r = \sqrt{a^2 + b^2} \geqslant 0 \tag{1.1}$$

显然，$|\operatorname{Re} z| \leqslant |z| \leqslant |\operatorname{Re} z| + |\operatorname{Im} z|$，$|\operatorname{Im} z| \leqslant |z| \leqslant |\operatorname{Re} z| + |\operatorname{Im} z|$.

3. 复数的运算

设复数 $z_1 = a + ib, z_2 = c + id$，则加法由下式定义：

$$z_1 + z_2 = (a + c) + i(b + d) \tag{1.2}$$

容易看出，这样定义后，复数的加法就可以按照向量的平行四边形法则来进行，如图 1.2 所示.规定复数的减法是加法的逆运算，即是把满足

$$(c + id) + (x + iy) = a + ib$$

的复数 $x+iy$，称为复数 $a+ib$ 减去复数 $c+id$ 的差，记作 $(a+ib)-(c+id)$.容易得到

$$x+iy=(a-c)+i(b-d). \tag{1.3}$$

复数的乘法定义如下：

$$z_1 \cdot z_2 = ac + ibc + iad + i^2 bd = (ac - bd) + i(bc + ad). \tag{1.4}$$

由乘法的定义，容易得到 $|z|^2 = z \cdot \bar{z}$.这样，当 $z_2 \neq 0$ 时，除法作为乘法的逆运算，可以定义为：

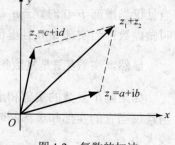

图 1.2　复数的加法

$$\frac{z_1}{z_2} = \frac{a+ib}{c+id} = \frac{(a+ib)(c-id)}{(c+id)(c-id)} = \frac{ac+bd}{c^2+d^2} + i\frac{bc-ad}{c^2+d^2} \tag{1.5}$$

容易验证，加法和乘法满足结合律、交换律及乘法对加法的分配律.所以，全体复数在定义上述运算后称为复数域.在复数域内，我们熟悉的一切代数恒等式仍然成立，例如

$$(a+b)^2 = a^2 + 2ab + b^2,$$

$$a^2 - b^2 = (a+b)(a-b)$$

等.

复数的模和共轭复数有以下性质，其证明留给读者.

（1） $\operatorname{Re} z = \dfrac{1}{2}(z + \overline{z}), \operatorname{Im} z = \dfrac{1}{2i}(z - \overline{z})$;

（2） $\overline{(z + w)} = \overline{z} + \overline{w}, \overline{zw} = \overline{z}\,\overline{w}; \left(\dfrac{\overline{z}}{w}\right) = \dfrac{\overline{z}}{\overline{w}} (w \neq 0)$;

（3） $|zw| = |z||w|$;

（4） $\left|\dfrac{z}{w}\right| = \dfrac{|z|}{|w|}$;

（5） $|\overline{z}| = |z|$.

4. 复数的三角表示和复数的方根

考虑复平面ℂ的不为零的点 $z = x + iy$.如图 1.3 所示，这个点有极坐标 $(r,\theta): x = r\cos\theta, y = r\sin\theta$.显然 $r = |z|$, θ 是正实轴与从原点 O 到 z 的射线的夹角，称为复数 z 的幅角，记为

$$\theta = \arg z$$

显然有 $\tan\theta = \dfrac{y}{x}$.

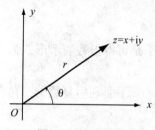

图 1.3 模、幅角

任一非零复数 z 的幅角有无限多个值,这些值相差 2π 的整数倍. 通常把满足条件

$$-\pi < \theta \leqslant \pi \tag{1.6}$$

的幅角 θ 称为 $\arg z$ 的主值，记为 $\theta = \arg z$ ，于是有

$$\theta = \arg z = \arg z + 2k\pi, \ k = 0, \pm 1, \pm 2, \cdots. \tag{1.7}$$

利用极坐标表示，复数 z 可以表示为

$$z = r(\cos\theta + i\sin\theta). \tag{1.8}$$

式（1.8）称为复数的三角表示.再应用欧拉（Euler）公式 $e^{i\theta} = \cos\theta + i\sin\theta$ ，又可以将复数 z 表示成指数形式

$$z = re^{i\theta}. \tag{1.9}$$

例 1.1 求 $\arg(-3-i4)$.

解： 由式（1.7）可知

$$\arg(-3-i4) = \arg(-3-i4) + 2k\pi, \ k = 0, \pm 1, \pm 2, \cdots.$$

再由 $\tan\theta = \dfrac{y}{x}$ ，点 $-3-i4$ 位于第三象限知，

$$\arg(-3 - i4) = \arctan\frac{(-4)}{(-3)} - \pi = \arctan\frac{4}{3} - \pi$$

所以有

$$\arg(-3-i4) = \arctan\frac{4}{3} + (2k-1)\pi, \quad k=0, \pm1, \pm2, \cdots$$

例 1.2 计算 $z = e^{i\pi}$.

解： 因为 $e^{i\pi} = \cos\pi + i\sin\pi = -1$，所以

$$e^{i\pi} = -1.$$

例 1.3 把复数 $\sqrt{3}+i$ 表示成三角形式和指数形式.

解： $r = \sqrt{3+1} = 2, \cos\theta = \dfrac{\sqrt{3}}{2}$.

因为与 $\sqrt{3}+i$ 对应的点在第一象限，所以 $\arg(\sqrt{3}+i) = \dfrac{\pi}{6}$. 于是

$$\sqrt{3}+i = 2\left(\cos\frac{\pi}{6} + i\sin\frac{\pi}{6}\right).$$

于是可得指数表示形式为

$$\sqrt{3}+i = 2e^{i\pi/6}.$$

下面利用复数的三角表示，讨论复数乘法的几何意义.设复数 z_1, z_2 分别写成三角形式

$$z_1 = r_1(\cos\theta_1 + i\sin\theta_1),$$
$$z_2 = r_2(\cos\theta_2 + i\sin\theta_2).$$

根据复数的乘法法则及正弦、余弦的三角公式，有

$$z_1 \cdot z_2 = r_1(\cos\theta_1 + i\sin\theta_1) \cdot r_2(\cos\theta_2 + i\sin\theta_2)$$
$$= r_1 \cdot r_2((\cos\theta_1\cos\theta_2 - \sin\theta_1\sin\theta_2) + i(\sin\theta_1\cos\theta_2 + \cos\theta_1\sin\theta_2))$$
$$= r_1r_2(\cos(\theta_1+\theta_2) + i\sin(\theta_2+\theta_2))$$

上面我们得到的三角形式的公式，用指数形式表示出来，可得

$$z_1z_2 = r_1e^{i\theta_1}r_2e^{i\theta_2} = r_1r_2e^{i(\theta_1+\theta_2)}. \tag{1.10}$$

由此得

$$|z_1z_2| = r_1r_2 = |z_1||z_2|, \tag{1.11}$$

$$\arg(z_1z_2) = \arg z_1 + \arg z_2. \tag{1.12}$$

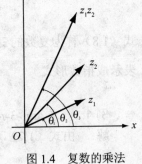

图 1.4 复数的乘法

图 1.4 说明了复数相乘的几何意义，两个复数相乘，积的模等于各复数的模的积，积的幅角等于这两个复数的幅角的和.

注意： 式（1.12）不能写成 $\arg(z_1z_2) = \arg z_1 + \arg z_2$，这是因为该式两边表示的都是幅角的主值，而式（1.12）表示的是两个无穷的集合相等.

由式（1.11）和式（1.12）可得

$$|z_1| = \left|\frac{z_1}{z_2}\right| |z_2|, \arg z_1 = \arg \frac{z_1}{z_2} + \arg z_2,$$

即是

$$\left|\frac{z_1}{z_2}\right| = \frac{|z_1|}{|z_2|}, \arg \frac{z_1}{z_2} - \arg z_2. \tag{1.13}$$

由此可见，两个复数的商的模等于其模的商，商的幅角等于被除数的幅角与除数的幅角的差.

现在我们来讨论复数的乘方和开方问题.设复数 $z = re^{i\theta}$，它的 n 次幂可利用(1.10)由归纳得

$$\begin{aligned} z^n &= (r(\cos\theta + i\sin\theta))^n = r^n(\cos\theta + i\sin\theta)^n \\ &= r^n(\cos n\theta + i\sin n\theta) = r^n e^{in\theta}. \end{aligned} \tag{1.14}$$

从而有

$$|z^n| = |z|^n,$$

其中 n 为正整数.当 $r=1$ 时，得到棣莫拂（de Moivre）公式

$$(\cos\theta + i\sin\theta))^n = \cos n\theta + i\sin n\theta. \tag{1.15}$$

复数的 n 次方根是复数 n 次乘幂的逆运算.下面我们介绍复数的 n 次方根的定义和求法.

设 $z = re^{i\theta}$ 是已知的复数，n 为正整数，则称满足方程

$$\omega^n = z$$

的所有复数 ω 为 z 的 n 次方根，并且记为

$$\omega = \sqrt[n]{z}.$$

我们用复数的指数表示来讨论复数的 n 次方根.步骤是：先假定有 n 次方根，再找出这些根.

设 $\omega = \rho e^{i\varphi}$，则根据复数 z 的 n 次方根的定义和式（1.13），得

$$\omega^n = \rho^n e^{in\varphi} = re^{i\theta},$$

记 $\theta_0 = \arg z$，则有

$$\rho^n = r, n\varphi = \theta_0 + 2k\pi, \quad k=0,\pm1,\pm2,\cdots.$$

解得

$$\rho^n = \sqrt[n]{r}, \varphi = \frac{\theta_0 + 2k\pi}{n}, \quad k=0,\pm1,\pm2,\cdots,$$

其中 $\sqrt[n]{r}$ 是算术根，所以

$$\omega_k = (\sqrt[n]{z})_k = \sqrt[n]{z} e^{i\frac{\theta_0 + 2k\pi}{n}}, \quad k=0,1,2,\cdots,n\text{-}1 \tag{1.16}$$

若记 $\omega_0 = \sqrt[n]{r} e^{i\frac{\theta_0}{n}}$，则 ω_k 可表示为

$$\omega_k = \omega_0 e^{i\frac{2k\pi}{n}}, \quad k=1,2,\cdots,n\text{-}1. \tag{1.17}$$

这就是说，复数的 n 次方根是 n 个复数，这些方根的模都等于这个复数的模的 n 次算术根，它们的幅角分别等于这个复数的幅角与 2π 的 $0,1,2,\cdots,n\text{-}1$ 倍的和的 n 分之一.在复平面上，这 n 个根均匀分布在一个以原点为中心、$\sqrt[n]{r}$ 为半径的圆周上，它们是内接于该圆周的正 n 边形的 n 个顶点，见图 1.5.

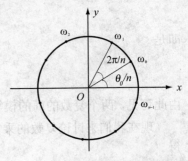

图 1.5　n 次单位根

例 1.4　求 $1\text{-}i$ 的立方根.

解：因为 $1-i=\sqrt{2}\mathrm{e}^{i\frac{7\pi}{4}}$，所以 $1\text{-}i$ 的立方根是

$$\sqrt[6]{2}\mathrm{e}^{i\frac{7\pi/4+2k\pi}{3}}=\sqrt[6]{2}\mathrm{e}^{i\frac{7\pi+8k\pi}{12}},k=0,1,2.$$

即 $1\text{-}i$ 的立方根是

$$\sqrt[6]{2}\mathrm{e}^{\frac{7}{12}\pi i},\sqrt[6]{2}\mathrm{e}^{\frac{5}{4}\pi i},\sqrt[6]{2}\mathrm{e}^{\frac{23}{12}\pi i}.$$

例 1.5　计算 n 次单位根.

解：由于 $1=\mathrm{e}^{i0}$，式（1.16）式给出如下这些根：

$$1,\mathrm{e}^{i\frac{2\pi}{n}},\mathrm{e}^{i\frac{4\pi}{n}},\cdots,\mathrm{e}^{i\frac{2(n-1)\pi}{n}}.$$

特别地，立方单位根是

$$1,\frac{1}{2}(-1+i\sqrt{3}),\frac{1}{2}(-1-i\sqrt{3}).$$

例 1.6　已知 $i_1=12.7\sqrt{2}\sin(314t+30°)A$，$i_2=11\sqrt{2}\sin(314t-60°)A$，求 $i=i_1+i_2$.

解：$\dot{I}=\dot{I}_1+\dot{I}_2=\mathbf{12.7}\angle\mathbf{30°A}+\mathbf{11}\angle\mathbf{60°A}$

$\qquad=12.7(\cos 30°+i\sin 30°)A+11(\cos 60°-i\sin 60°)A$

$\qquad=(16.5-i3.18)A=\mathbf{16.8}\angle\mathbf{-10.9°A}$

所以，$i_2=16.8\sqrt{2}\sin(314t-10.9°)A$，有效值 $I=16.8A$.

1.2　复平面点集

我们研究的许多对象（解析函数、保角变换等问题），首先遇到的是定义域和值域的问题，这些都是复平面上的一种点集。在此，我们先介绍复平面上的点集.

1. 平面点集的几个概念

（1）邻域

$$D(z_0,\delta)=\{z:|z-z_0|<\delta\} \tag{1.18}$$

称为 z_0 的 δ 邻域，其中 $\delta>0$，

$$D(z_0,\delta) \setminus \{z_0\} = \{z : 0 < |z - z_0| < \delta\}$$

称为 z_0 的去心邻域.

（2）内点、开集 若点集 E 的点 z_0 有一个邻域 $D(z_0,\delta) \subset E$，则称 z_0 为 E 的一个内点；如果点集 E 中的点全为内点，则称 E 为开集.

（3）边界点、边界 如果点 z_0 的任意邻域内，既有属于 E 中的点，又有不属于 E 中的点，则称 z_0 为 E 的边界点；集合 E 所有边界点称为 E 的边界，记作 ∂E.

（4）区域 如果集合 E 内的任何两点可以用包含在 E 内的一条折线连接起来，则称集合 E 为连通集. 连通的开集称为区域.

区域 D 和它的边界 ∂D 的并集称为闭区域，记为 $\overline{D}$.

（5）有界区域 如果存在正数 M，使得对一切 $z \in E$，有

$$|z| \leqslant M,$$

则称 E 为有界集.若区域 D 有界，则称为有界区域.

（6）简单曲线、光滑曲线 设 $x(t)$ 和 $y(t)$ 是实变量 t 的两个实函数，它们在闭区间 $[\alpha,\beta]$ 上连续，则由方程组

$$\begin{cases} x = x(t) \\ y = y(t) \end{cases}$$

或由复值函数

$$z(t) = x(t) + iy(t)$$

定义的集合 Γ 称为复平面上的一条曲线，上述方程称为曲线 Γ 的参数方程.点 $A = z(\alpha)$ 和 $B = z(\beta)$ 分别称为曲线 Γ 的起点和终点.如果当 $t_1, t_2 \in [\alpha,\beta], t_1 \neq t_2$ 时，有 $z(t_1) \neq z(t_2)$，称曲线 Γ 为简单曲线，也称为约当（Jordan）曲线. $z(\alpha) = z(\beta)$ 的简单曲线称为简单闭曲线.例如圆周

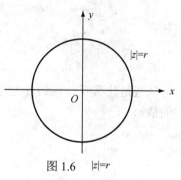

图 1.6 $|z|=r$

$$x = r\cos t, y = r\sin t, t \in [0,2\pi]$$

就是简单闭曲线. 如图 1.6 所示，用复数表示为

$$|z|=r.$$

我们容易证明圆 $|z|=r$ 将平面分为两个不相交的区域，由不等式 $|z|<r$ 和 $|z|>r$ 规定，这两个区域以圆周为边界.这个结果是以下约当定理的特例.

定理 1.1 一条闭简单曲线将平面分成两个不相交的区域，以曲线为公共边界.

这两个区域中，一个是有界的，称为 Γ 的内部；一个是无界的，称为 Γ 的外部.

如果曲线 Γ 在 $[\alpha,\beta]$ 上有 $x'(t)$ 和 $y'(t)$ 存在且连续，而且不同时为零，则称曲线 Γ 为光滑曲线.由有限条光滑曲线连接而成的连续曲线，称为分段光滑的曲线.

（7）单连通区域 设 D 为复平面上的区域，如果在 D 内的任意简单曲线的内部均属于 D，则称 D 为单连通区域，否则就称为多连通区域.

2. 直线和半平面

设 L 表示 $\mathbb{C}$ 中的直线，从初等解析几何知道，L 是由 L 上的一个点和一个方向向量决定的.如果 a 是 L 上的任一点，b 是它的方向向量，那么

$$L\{z = a + tb : -\infty < t < \infty\}.$$

由于 $b \neq 0$，于是对于 L 上的 z，有

$$\operatorname{Im}\left(\frac{z-a}{b}\right) = 0,$$

事实上，如果 z 满足等式

$$0 = \operatorname{Im}\left(\frac{z-a}{b}\right),$$

那么

$$t = \frac{z-a}{b}$$

蕴涵着 $z = a + tb, -\infty < t < \infty$.因此

$$L = \left\{z : \operatorname{Im}\left(\frac{z-a}{b}\right) = 0\right\}. \tag{1.19}$$

集合

$$\left\{z : \operatorname{Im}\left(\frac{z-a}{b}\right) > 0\right\} \tag{1.20}$$

和

$$\left\{z : \operatorname{Im}\left(\frac{z-a}{b}\right) < 0\right\} \tag{1.21}$$

的轨迹是什么呢？我们首先考虑简单的情形.注意到 b 是一个方向，我们可以假定 $|b|=1$，$a=0$ 的情形. 记

$$H_0 = \left\{z : \operatorname{Im}\left(\frac{z}{b}\right) > 0\right\}.$$

$b = \mathrm{e}^{i\beta}$，如果 $z = r\mathrm{e}^{i\theta}$，则有 $z/b = r\mathrm{e}^{i(\theta-\beta)}$. 于是 $z \in H_0$，当且仅当 $\sin(\theta - \beta) > 0$，即 $\beta < \theta < \pi + \beta$.

所以，如果我们"按照 b 的方向沿着 L 前进"，H_0 是位于 L 的左边的半平面.如果我们令

$$H_a = \left\{z : \operatorname{Im}\left(\frac{z-a}{b}\right) > 0\right\},$$

那么容易看出，$H_a = a + H_0 = \{a + w : w \in H_0\}$；即 H_a 是由半平面 H_0 平移 a 而得到的，因此，H_a 是位于 L 的左边的半平面.类似地，

$$K_a = \left\{z : \operatorname{Im}\left(\frac{z-a}{b}\right) < 0\right\}$$

是位于 L 的右边的半平面。

1.3 扩充复平面及其球面表示

在复函数中，常常遇到这样一些函数，当自变量趋于一个给定点时，函数值趋向无穷。为了研究这样的情形，有必要将复数系统加以扩充，引入一个数 ∞.在微积分中，∞ 不是一个定值，它代表的是变量无限增大的符号；而在我们这里，把它作为一个定值.它的运算规定如下：

设 a 是异于 ∞ 的一个复数，我们规定

(1) $a \neq \infty$，则 $a + \infty = \infty + a = \infty$；

(2) $a \neq 0$，则 $a \cdot \infty = \infty \cdot a = \infty$；

(3) $a \neq \infty$，则 $\dfrac{a}{\infty} = 0, \dfrac{\infty}{a} = \infty$；

(4) $a \neq 0$，则 $\dfrac{a}{0} = \infty$；

(5) $|\infty| = +\infty, \infty$ 的实部、虚部、幅角都无意义；

(6) 为了避免和算术定律相矛盾，对

$$\infty \pm \infty, 0 \cdot \infty, \frac{\infty}{\infty}, \frac{0}{0}$$

不规定其意义.

在复平面上没有一点和 ∞ 对应，但是我们可以设想平面上有一个理想点和它对应.这个理想点称为无穷远点.复平面加上 ∞，称为扩充复平面 $\mathbb{C}_\infty = \mathbb{C} \cup \{\infty\}$.为使 $|\infty| = +\infty$ 的规定合理，我们规定扩充复平面上只有一个无穷远点.为使无穷远点的存在得到直观的解释，我们建立扩充复平面 $\mathbb{C}_\infty$ 的球面表示法.

如图 1.7 所示，记 $\mathbb{R}^3$ 中的单位球面为

$$S = \{(x_1, x_2, x_3) : x_1^2 + x_2^2 + x_3^2 = 1\}.$$

设 $N = (0,0,1)$ 为 S 上的北极点，把 $\mathbb{C}$ 等同于 $\mathbb{R}^3$ 中的点集 $\{(x_1, x_2, 0) : x_1, x_2 \in \mathbb{R}\}$，于是 $\mathbb{C}$ 沿赤道切割 S. 对于复平面 $\mathbb{C}$ 内任意一点 z，用直线将 z 与北极点 N 相连接，此直线与球面 S 恰好交于一点 $z \neq N$.若 $|z| > 1$，那么 Z 位于北半球面上；若 $|z| < 1$，Z 点位于南半球面上；若 $|z| = 1$，那么 $Z = z$.当 $|z| \to \infty$ 时，Z 怎样变化呢？很显然，$Z \to N$.因此，我们就把 N 与扩充复平面中的 ∞ 等同起来，这样，扩充复平面 $\mathbb{C}_\infty$ 就与球面 S 之间建立了一一对应的关系.这样的球面称为复球面，它是扩充复平面的几何模型.

小结

本章的主要内容是复数的有关概念、复数的代数表示与向量表示、复数的代数形式的运算、复数的三角形式的运算、复指数和开方、复平面点集、扩充复平面.

大多数内容是高中阶段学习过的，我们主要复习一下其中的主要性质.对于复指数和开方运算，特别是开方运算，要重点掌握，因为与后面的幂函数和多值性直接相关.

复平面点集是多元微积分中平面点集的复数表示，可以与平面点集的内容相对照.扩充复平面是一个新的概念，要求读者对其几何意义加深理解.

习题一

1. 用复数的代数形式 $a+ib$ 表示下列复数

$$e^{-i\pi/4}; \frac{3+5i}{7i+1}; (2+i)(4+3i); \frac{1}{i}+\frac{3}{1+i}.$$

2. 求下列各复数的实部和虚部（$z=x+iy$）

$$\frac{z-a}{z+a}(a\in\mathbb{R}); \quad z^3; \left(\frac{-1+i\sqrt{3}}{2}\right)^3; \left(\frac{-1-i\sqrt{3}}{2}\right)^3; i^n.$$

3. 求下列复数的模和共轭复数

$$-2+i; -3; (2+i)(3+2i); \frac{1+i}{2}.$$

4. 证明：当且仅当 $z=\bar{z}$ 时，z 才是实数.

5. 设 $z,w\in\mathbb{C}$，证明：$|z+w|\leqslant|z|+|w|$.

6. 设 $z,w\in\mathbb{C}$，证明下列等式：

$$|z+w|^2=|z|^2+2\operatorname{Re}z\bar{w}+|w|^2,$$
$$|z-w|^2=|z|^2-2\operatorname{Re}z\bar{w}+|w|^2,$$
$$|z+w|^2+|z-w|^2=2(|z|^2+|w|^2).$$

并给出最后一个等式的几何解释.

7. 将下列复数表示为指数形式或三角形式

$$\frac{3+5i}{7i+1}; i; -1; -8\pi(1+\sqrt{3}i); \left(\cos\frac{2\pi}{9}+i\sin\frac{2\pi}{9}\right)^3.$$

8. 计算：①i 的三次根；②-1 的三次根；③$\sqrt{3}+\sqrt{3}i$ 的平方根.

9. 设 $z=e^{i\frac{2\pi}{n}}, n\geqslant 2$. 证明：

$$1+z+\cdots+z^{n-1}=0$$

10. 证明：若复数 z_1, z_2, z_3 满足等式

$$\frac{z_2 - z_1}{z_3 - z_1} = \frac{z_1 - z_3}{z_2 - z_3},$$

则有

$$|z_2 - z_1| = |z_3 - z_1| = |z_2 - z_3|.$$

并作出几何解释.

11. 设 Γ 是圆周 $\{z : |z - c| = r\}, r > 0, a = c + re^{i\alpha}$. 令

$$L_\beta = \left\{ z : \text{Im}\left(\frac{z - a}{b} \right) = 0 \right\},$$

其中 $b = e^{i\beta}$. 求出 L_β 在 a 切于圆周 Γ 的关于 β 的充分必要条件.

12. 指出下列各式中点 z 所确定的平面图形，并作出草图.

（1） $\arg z = \pi$;

（2） $|z - 1| = |z|$;

（3） $1 < |z + i| < 2$;

（4） $\text{Re}\, z > \text{Im}\, z$;

（5） $\text{Im}\, z > 1$ 且 $|z| < 2$.

第一章 自测训练题

一、选择题：（共 10 小题，每题 3 分，总分 30 分）

1. 当 $z = \dfrac{1+i}{1-i}$ 时，$z^{100} + z^{75} + z^{50}$ 的值等于（ ）.

 A. i B. $-i$

 C. 1 D. -1

2. 复数 $z = -1 + \sqrt{3}i$ 的辐角主值 $\arg z$ 等于（ ）.

 A. $\dfrac{21}{3}\pi$ B. $\dfrac{2}{3}\pi$

 C. $\dfrac{4}{3}\pi$ D. $\dfrac{5}{3}\pi$

3. 复数 $z = -\sin\dfrac{\pi}{3} - i\cos\dfrac{\pi}{3}$ 化为三角形式是（ ）.

 A. $\cos\dfrac{5\pi}{6} + i\sin\dfrac{5\pi}{6}$ B. $\sin\dfrac{5\pi}{6} + i\cos\dfrac{5\pi}{6}$

C. $\cos\dfrac{\pi}{3}+i\sin\dfrac{\pi}{3}$ D. $\cos(-\dfrac{5\pi}{6})+i\sin(-\dfrac{5\pi}{6})$

4. 设复数 z 满足 $\arg(z+2)=\dfrac{\pi}{3}$，$\arg(z-2)=\dfrac{5\pi}{6}$，那么 $z=$（   ）.

     A. $-1+\sqrt{3}i$ B. $-\sqrt{3}+i$

     C. $-\dfrac{1}{2}+\dfrac{\sqrt{3}}{2}i$ D. $-\dfrac{\sqrt{3}}{2}+\dfrac{1}{2}i$

5. 设 $z=x+yi$，则 $\operatorname{Im}(iz)=$（   ）.

     A. x B. y

     C. $-x$ D. $-y$

6. 使得 $z^2=|z|^2$ 成立的复数 z 是（   ）.

     A. 不存在的   B. 唯一的

     C. 纯虚数   D. 实数

7. 方程 $|z+2-3i|=\sqrt{2}$ 所代表的曲线是（   ）.

     A. 中心为 $2-3i$，半径为 $\sqrt{2}$ 的圆周   B. 中心为 $-2+3i$，半径为 2 的圆周

     C. 中心为 $-2+3i$，半径为 $\sqrt{2}$ 的圆周   D. 中心为 $2-3i$，半径为 2 的圆周

8. 设 $D=\{z\mid|z-i|>1\}$，则 D 为（   ）.

     A. 有界多连通域   B. 无界单连通域

     C. 无界多连通区域   D. 有界单连通域

9. 设 $z=x+yi$，则 $\omega=\dfrac{1}{z}$ 将圆周 $x^2+y^2=2$ 映射为（   ）.

     A. 通过 $\omega=0$ 的直线   B. 圆周 $|\omega|=\dfrac{1}{\sqrt{2}}$

     C. 圆周 $|\omega-2|=2$ D. 圆周 $|\omega|=2$

10. $\omega=e^z$ 把带形区域 $0<\operatorname{Im}z<2\pi$ 映射成 ω 平面上的（   ）.

     A. 上半复平面   B. 整个复平面

     C. 割去负实轴及原点的复平面   D. 割去正实轴及原点的复平面

二、填空题：（共 5 小题，每题 3 分，共 15 分）

1. 设 $z=(2-3i)(-2+i)$，则 $\arg z=$ _____.

2. 设 $|z|=\sqrt{5}$，$\arg(z-i)=\dfrac{3\pi}{4}$，则 $z=$ _____.

3. 不等式 $|z-2|+|z+2|<5$ 所表示的区域是曲线_____的内部.

4. 方程 $|z+1-2i|=|z-2+i|$ 所表示的曲线是连接点_____和_____的线段的垂直平分线.

5. 设 $z = \dfrac{(1+i)(2-i)(3-i)}{(3+i)(2+i)}$，则 $|z| = $ _____.

三、计算题：（共 5 小题，第 1 题 7 分，第 2~5 题均每题 8 分，共 39 分）

1. 试证：设 $\dfrac{z-1}{z+1}$ 是纯虚数，则必有 $|z|=1$.

2. 求 $z^4 + \sqrt{3} - i = 0$ 的根.

3. 试利用 $(5-i)^4(1+i)$，证明：$4\arctan\dfrac{1}{5} - \arctan\dfrac{1}{239} = \dfrac{\pi}{4}$.

4. 试用 $\sin\varphi$ 和 $\cos\varphi$ 表示 $\sin 6\varphi$ 和 $\cos 6\varphi$.

5. 函数 $\omega = z^2$ 把下列曲线映射成 ω 平面上怎样的曲线？

（1）以原点为中心，2 为半径，在第一象限里的弧.

（2）倾角 $\theta = \dfrac{\pi}{3}$ 的直线.

（3）双曲线 $x^2 - y^2 = 4$.

第二章　解析函数

复变函数是自变量与因变量都取复数值的函数,而解析函数是复变函数中一类具有特殊性质的可导函数,它在理论研究和实际问题中有着广泛的应用.本章首先介绍复变函数的概念、极限与连续性,然后讨论函数解析的概念和判别方法,最后把我们所熟知的初等函数推广到复数域上来,并说明它们的解析性.

2.1　复变函数的概念、极限与连续性

1. 复变函数的概念

定义 2.1　设 E 为一复数集.若对 E 中的每一个复数 $z = x + iy$,按照某种法则 f,有确定的一个或几个复数 $w = u + iv$ 与之对应,那么称复变数 w 是复变数 z 的函数(简称复变函数),记作

$$w = f(z).$$

通常也称 $w = f(z)$ 为定义在 E 上的复变函数,其中 E 称为定义域,E 中所有的 z 对应的一切 w 值构成的集合,称为 $f(z)$ 的值域,记作 $f(E)$ 或 G.

若 z 的一个值对应着 w 的一个值,则称复变函数 $f(z)$ 是单值的;若 z 的一个值对应着 w 的两个或两个以上的值,则称复变函数 $f(z)$ 是多值的.例如 $w = |z|, w = z$ 是单值的;$w = \arg z (z \neq 0), w = \sqrt[n]{z}(z \neq 0, n \geqslant 2)$ 是多值的.

为了叙述简便起见,在不引起混淆的情况下,我们将复变函数 $w = f(z)$ 简称为函数 $w = f(z)$,而将微积分中的函数称为实函数.

由于复数 $z = x + iy$ 与 $w = u + iv$ 分别对应实数对 (x, y) 和 (u, v),那么对于函数 $w = f(z)$,u、v 分别为 x、y 的二元实函数 $u(x, y)$ 和 $v(x, y)$,所以 $w = f(z)$ 又常写成 $w = u(x, y) + iv(x, y)$,从而对复变函数 $f(z)$ 的讨论可相应地转化为对两个实函数 $u(x, y)$ 和 $v(x, y)$ 的讨论.

考查函数 $w = z^2 + 1$.令 $z = x + iy, w = u + iv$,那么

$$w = u + iv = (x + iy)^2 + 1 = x^2 - y^2 + 1 + 2xyi,$$

从而 $w = z^2 + 1$ 对应于两个实函数 $u = x^2 - y^2 + 1$ 和 $v = 2xy$.

又如函数 $w = z^n, n$ 为正整数,令 $z = re^{i\theta}, w = u + iv$,那么

$$w = u + iv = (re^{i\theta})^n = r^n \cos n\theta + ir^n \sin n\theta,$$

此时 $w = z^n$ 对应于两个实函数 $u = r^n \cos n\theta$ 和 $v = r^n \sin n\theta$.

在微积分中,一元实函数可以理解成数轴上两点集之间的映射,二元实函数则可以看成是平面上的点集与数轴上的点集之间的映射.那么,对于复变函数 $w = f(z)$ 即 $u + iv = f(x + iy)$,则可

以理解为两个复平面上的点集之间的映射，具体地说，复变函数 $w=f(z)$ 给出了 z 平面上的点集 E 到 w 平面上的点集 $f(E)$(或 G)之间的一个对应关系：

$$\forall z \in E \rightarrow w \in f(z) \in G,$$

其中 w 称为 z 的象，z 称为 w 的原像.

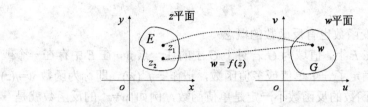

图 2.1

例如，函数 $w=z^2$ 将 z 平面上的点 i、$1+i$ 分别映射到 w 平面上的点-1、$2i$，将区域 $0 < \arg z < \dfrac{\pi}{2}$ 映射成 w 平面上的区域 $0 < \arg \omega < \pi$.

例 2.1　函数 $w = \dfrac{1}{z}$ 将 z 平面上的直线 $x=1$ 变成 w 平面上的何种曲线？

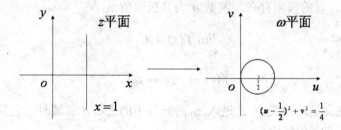

图 2.2

解： 设 $z = x+iy, w = u+iv = \dfrac{1}{z} = \dfrac{1}{x+iy} = \dfrac{x-iy}{x^2+y^2}$.

则

$$u = \frac{x}{x^2+y^2}, \quad v = -\frac{y}{x^2+y^2}$$

z 平面上的直线 $x=1$ 对应于 w 平面上的曲线：

$$u = \frac{1}{1+y^2}, \quad v = -\frac{y}{1+y^2}$$

又

$$u^2 + v^2 = \frac{1}{(1+y^2)^2} + \frac{y^2}{(1+y^2)^2} = \frac{1}{1+y^2} = u$$

即

$$(u - \frac{1}{2})^2 + v^2 = \frac{1}{4}.$$

所以 $w = \frac{1}{z}$ 将 z 平面上的直线 $x=1$ 变成了 w 平面上的一个以（$\frac{1}{2}$, 0）为中心、$\frac{1}{2}$ 为半径的圆周.

与实函数一样，复变函数也有反函数的概念.

设函数 $w=f(z)$ 定义在 E 上，值域为 G.若对于 G 中的任一点 w，在 E 中存在一个或几个点 z 与之对应，则在 G 上确定了一个单值或多值函数，记作 $z=f^1(w)$，即称为函数 $w=f(z)$ 的反函数.需要注意的是，单值函数的反函数不一定是单值函数，例如 $w=z^2$ 的反函数就是一个多值函数.

如果函数 $w=f(z)$ 与其反函数 $z=f^1(w)$ 都是单值的，那么称函数 $w=f(z)$ 是一一对应的.

2. 复变函数的极限

定义 2.2　设函数 $w=f(z)$ 定义在 z_0 的去心邻域 $0<|z-z_0|<r$ 内，若存在常数 A，对于任意给定的 $\varepsilon > 0$，都存在一正数 δ（$0 < \delta \leq r$），使得当 $0<|z-z_0|<\delta$ 时，有

$$|f(z) - A| < \varepsilon,$$

则称函数 $f(z)$ 当 $z \to z_0$ 时的极限存在，常数 A 为其极限值.记作

$$\lim_{z \to z_0} f(z) = A$$

或

$$f(z) \to A(z \to z_0).$$

该定义的几何意义是：当变点 z 进入 z_0 的充分小的去心 δ 邻域时，它的象点 $f(z)$ 就落入 A 的一个预先给定的 ε 邻域内.

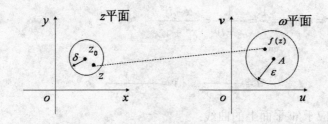

图 2.3

复变函数极限的定义与微积分中二元实函数极限的定义在形式上十分相似，因而可以类似地证明并得到结论：若极限存在，则必唯一.

值得注意的是，定义中 $z \to z_0$ 的方式是任意的，也就是说，z 在 z_0 的去心邻域内沿任何曲

线以任何方式趋于 z_0 时，$f(z)$ 都要趋向于同一个常数 A. 而对于一元实函数 $f(x)$ 的极限 $\lim\limits_{x \to x_0} f(x)$，其中 $x \to x_0$ 指在 x 轴上，x 只沿 x_0 的左右两个方向趋于 x_0.显然复变函数极限存在的要求要苛刻得多.

关于极限的计算，有以下两个定理.

定理 2.1　设 $f(z)=u(x,y)+iv(x,y)$, $z_0=x_0+iy_0$, $A=a+ib$，则

$$\lim_{z \to z_0} f(z) = A \Leftrightarrow \lim_{(x,y) \to (x_0,y_0)} u(x,y) = a, \tag{2.1}$$

$$\lim_{(x,y) \to (x_0,y_0)} v(x,y) = b. \tag{2.2}$$

证明：先证必要性. 已知

$$\lim_{z \to z_0} f(z) = A,$$

那么根据定义 2.2，即对 $\forall \varepsilon > 0$，必有 $\exists \delta > 0$, 当

$$0 < |z - z_0| = |(x+iy) - (x_0+iy_0)| = \sqrt{(x-x_0)^2 + (y-y_0)^2} < \delta$$

时，有

$$|f(z) - A| = |(u+iv) - (a+ib)| = \sqrt{(u-a)^2 + (v-b)^2} < \varepsilon.$$

注意到

$$|u-a| \leqslant \sqrt{(u-a)^2 + (v-b)^2}, \quad |v-b| \leqslant \sqrt{(u-a)^2 + (v-b)^2}.$$

所以，当 $0 < \sqrt{(x-x_0)^2 + (y-y_0)^2} < \delta$ 时，有

$$|u-a| < \varepsilon, \ |v-b| < \varepsilon$$

成立.即

$$\lim_{(x,y) \to (x_0,y_0)} u(x,y) = a, \quad \lim_{(x,y) \to (x_0,y_0)} v(x,y) = b.$$

再证充分性.已知式（2.1）、式（2.2）成立，即当 $0 < \sqrt{(x-x_0)^2 + (y-y_0)^2} < \delta$ 时，有

$$|u-a| < \frac{\varepsilon}{2}, \ |v-b| < \frac{\varepsilon}{2}.$$

因此

$$|f(z) - A| = |(u-a) + i(v-b)| \leqslant |u-a| + |v-b| < \varepsilon.$$

所以，当

$$0 < |z - z_0| = \sqrt{(x-x_0)^2 + (y-y_0)^2} < \delta$$

时，有 $|f(z) - A| < \varepsilon$，即

$$\lim_{z \to z_0} f(z) = A.$$

定理 2.1 将求复变函数 $f(z)=u(x,y)+iv(x,y)$ 的极限问题转化为求两个二元实函数 $u(x,y)$ 和 $v(x,y)$ 的极限问题.

定理 2.2 （极限运算法则） 若

$$\lim_{z \to z_0} f(z) = A, \quad \lim_{z \to z_0} g(z) = B,$$

则

（1） $\lim\limits_{z \to z_0} (f(z) \pm g(z)) = A \pm B$;

（2） $\lim\limits_{z \to z_0} f(z) \cdot g(z) = AB$;

（3） $\lim\limits_{z \to z_0} \dfrac{f(z)}{g(z)} = \dfrac{A}{B}$ （$B \neq 0$）.

定理 2.2 说明，若两个函数 $f(z)$ 和 $g(z)$ 在点 z_0 处有极限，则其和、差、积、商（要求分母不为零）在点 z_0 处的极限仍存在，并且极限值等于 $f(z)$、$g(z)$ 在点 z_0 处的极限值的和、差、积、商.

判断下列函数在原点处的极限是否存在，若存在，试求出极限值.

（1） $f(z) = \dfrac{z \operatorname{Re}(z)}{|z|}$;

（2） $f(z) = \dfrac{\operatorname{Re}(z^2)}{|z|^2}$.

解：（1）方法一：因为 $f(z) = |z| \dfrac{\operatorname{Re}(z)}{z} \leqslant |z|$，所以 $\forall \varepsilon > 0$，取 $\delta = \varepsilon$，当 $0 < |z| < \delta$ 时，总有

$$|f(z) - 0| = |f(z)| \leqslant |z| < \varepsilon$$

根据极限定义，$\lim\limits_{z \to 0} f(z) = 0$.

方法二：设 $z = x + iy$，则

$$f(z) = \frac{(x+iy)x}{\sqrt{x^2+y^2}} = \frac{x^2}{\sqrt{x^2+y^2}} + i \frac{xy}{\sqrt{x^2+y^2}},$$

可得

$$u(x,y) = \frac{x^2}{\sqrt{x^2+y^2}}, \quad v(x,y) = \frac{xy}{\sqrt{x^2+y^2}}.$$

又

$$\lim_{(x,y) \to (0,0)} \frac{x^2}{\sqrt{x^2+y^2}} = \lim_{(x,y) \to (0,0)} \frac{xy}{\sqrt{x^2+y^2}} = 0.$$

根据定理 2.1，有 $\lim\limits_{z \to 0} f(z) = 0$.

（2）方法一：设 $z = x + iy$，则

$$z^2 = x^2 - y^2 + 2xyi, \quad |z|^2 = x^2 + y^2.$$

从而 $f(z) = \dfrac{\mathrm{Re}(z^2)}{|z|^2} = \dfrac{x^2 - y^2}{x^2 + y^2}$. 于是可得

$$u(x,y) = \frac{x^2 - y^2}{x^2 + y^2}, \quad v(x,y) = 0.$$

让 z 沿直线 $y = kx$ 趋向于 0，有

$$\lim_{(x,y) \to (0,0)} u(x,y) = \lim_{x \to 0} \frac{x^2 - k^2 x^2}{x^2 + k^2 x^2} = \frac{1 - k^2}{1 + k^2}.$$

显然它随 k 值的不同而不同，所以 $\lim\limits_{(x,y) \to (0,0)} u(x,y)$ 不存在，虽然 $\lim\limits_{(x,y) \to (0,0)} u(x,y) = 0$.根据定理

2.1，$\lim\limits_{z \to 0} f(z)$ 不存在.

方法二：设 $z = r\mathrm{e}^{i\theta} = r(\cos\theta + i\sin\theta)$，则

$$f(z) = \frac{r^2 \cos 2\theta}{r^2} = \cos 2\theta.$$

让 z 沿不同射线 $\arg z = \theta$ 趋向于 0 时，$f(z)$ 趋向于不同的值.例如，当 $\theta = 0$ 时，$f(z) \to 1$；当 $\theta = \dfrac{\pi}{4}$

时，$f(z) \to 0$.所以 $\lim\limits_{z \to 0} f(z)$ 不存在.

3. 复变函数的连续性

定义 2.3　若 $\lim\limits_{z \to z_0} f(z) = f(z_0)$，则我们就说函数 $f(z)$ 在点 z_0 处连续. 如果函数 $f(z)$ 在区域 D 内每一点都连续，那么称函数 $f(z)$ 在区域 D 内连续.

复变函数连续性的定义与微积分中二元实函数连续性的定义相似，我们可以类似得到如下两个定理.

定理 2.3　若 $f(z)$、$g(z)$ 在点 z_0 连续，则其和、差、积、商（要求分母不为零）在点 z_0 处连续.

定理 2.4　若函数 $h = g(z)$ 在点 z_0 连续，函数 $\varphi = f(h)$ 在 $h_0 = g(z_0)$ 连续，则复合函数 $\varphi = f(g(z))$ 在 z_0 处连续.

根据函数连续性定义及定理 2.1，有以下定理成立.

定理 2.5　设函数 $f(z) = u(x,y) + iv(x,y), z_0 = x_0 + iy_0$，则 $f(z)$ 在点 z_0 连续的充分必要条件

是 $u(x,y)$ 和 $v(x,y)$ 均在点 (x_0,y_0) 处连续.

由于连续性是在极限概念的基础上定义的，只要注意到定理 2.1 中的 a、b 分别为这里的 $u(x_0,y_0)$、$v(x_0,y_0)$，即可得到证明.

定理 2.5 说明复变函数的连续性可以转化为相应两个二元实函数的连续性来讨论.

由定理 2.3 可以得到如下结论：

（1）多项式 $w = a_0z^n + a_1z^{n-1} + \cdots + a_{n-1}z + a_n$ 在整个复平面上连续；

（2）任何一个有理分式函数 $w = \dfrac{a_0z^n + a_1z^{n-1} + \cdots + a_{n-1}z + a_n}{b_0z^m + n_1z^{m-1} + \cdots + b_{m-1}z + b_m}$ 在复平面上除去使分母为零

的点外处处连续.

例 2.3   讨论函数 $\arg z$ 的连续性.

解： 当 $z=0$ 时，$\arg z$ 无定义，因而不连续.

当 z_0 为负实轴上的点时，即 $z_0=x_0<0$，则

$$\lim_{y\to 0^-,z\to z_0}\arg z = \lim_{y\to 0^-,x\to x_0}(\arctan\frac{y}{x}-\pi)=-\pi,$$

$$\lim_{y\to 0^+,z\to z_0}\arg z = \lim_{y\to 0^+,x\to x_0}(\arctan\frac{y}{x}+\pi)=\pi,$$

所以 $\arg z$ 在负实轴上不连续.

若 $z_0=x_0+iy_0$ 不是原点也不是负实轴及虚轴上的点时，这时有

$$\arg z = \begin{cases} \arctan(y/x), \\ \arctan(y/x)\pm\pi, \end{cases}$$

因为 $x_0\neq 0$，所以

$$\lim_{z\to z_0}\arg z = \lim_{(x,y)\to(x_0,y_0)}\begin{cases} \arctan(y/x), \\ \arctan(y/x)\pm\pi, \end{cases} = \begin{cases} \arctan(y/x), \\ \arctan(y_0/x_0)\pm\pi, \end{cases}$$

即

$$\lim_{z\to z_0}\arg z = \arg z_0.$$

故 $\arg z$ 在除去原点、负实轴及虚轴的复平面上连续.

当 z_0 为正、负虚轴上的点 $z_0=iy_0$（$y_0\neq 0$）时，有

$$\lim_{z\to z_0}\arg z = \pm\frac{\pi}{2} = \arg z_0.$$

即 $\arg z$ 在虚轴上也连续.

因此 $\arg z$ 在复平面上除了原点和负实轴外连续.

设 $\overline{D}$ 为复平面上的有界闭区域，函数 $w=f(z)$ 在 $\overline{D}$ 上连续，则函数 $f(z)$ 在 $\overline{D}$ 上有界，即存在常数 M，使对于 $\forall z\in\overline{D}$，都有 $|f(z)|\leqslant M$.

在闭曲线或包含曲线端点在内的曲线段上，连续的函数 $f(z)$ 在曲线上有界，即 $|f(z)| \leqslant M$.

2.2　解析函数的概念

1. 复变函数的导数

定义 2.4　（导数的定义）设函数 $w=f(z)$ 定义在 z 平面上的区域 D 内，点 z_0、$z_0+\Delta z \in D$，$\Delta w \in = f(z_0 + \Delta z) - f(z_0)$，若极限

$$\lim_{\Delta z \to 0} \frac{\Delta w}{\Delta z} \quad \lim_{\Delta z \to 0} \frac{f(z_0 + \Delta z) - f(z_0)}{\Delta z}$$

存在，则称函数 $f(z)$ 在 z_0 可导，这个极限值称为 $f(z)$ 在 z_0 的导数，记作

$$f'(z_0) = \frac{\mathrm{d}f(z)}{\mathrm{d}z}\bigg|_{z=z_0} = \frac{\mathrm{d}w}{\mathrm{d}z}\bigg|_{z=z_0} = \lim_{\Delta z \to 0} \frac{f(z_0 + \Delta z) - f(z_0)}{\Delta z}. \tag{2.3}$$

定义 2.4 与一元实函数导数的定义形式相同，但是式（2.3）中的比值 $\dfrac{f(z_0 + \Delta z) - f(z_0)}{\Delta z}$ 作

为变量 Δz 的函数，当 $z_0+\Delta z$ 在区域 D 内沿任何曲线以任何方式趋于 z_0（即 $\Delta z \to 0$）时，函数都趋向于同一个常数 $f'(z_0)$. 由此可见，复变函数可导比一元实函数可导要求更高.

若函数 $f(z)$ 在区域 D 内每一点都可导，则称函数 $f(z)$ 在区域 D 内可导.

例 2.4　求函数 $f(z)=z^n$（n 为正整数）的导数.

解：因为

$$\begin{aligned}
\frac{\mathrm{d}w}{\mathrm{d}z} &= \lim_{\Delta z \to 0} \frac{f(z + \Delta z) - f(z)}{\Delta z} = \lim_{\Delta z \to 0} \frac{(z + \Delta z)^n - z^n}{\Delta z} \\
&= \lim_{\Delta z \to 0} (C_n^1 z^{n-1} + C_n^2 z^{n-2}\Delta z + \cdots + C_n^{n-1} z\Delta z^{n-2} + C_n^n \Delta z^{n-1}) \\
&= C_n^1 z^{n-1} = nz^{n-1},
\end{aligned}$$

所以

$$f'(z)=nz^{n-1}.$$

这说明 z^n（n 为正整数）在整个 z 平面上处处可导.

例 2.5　考查函数 $f(z)=\dfrac{1}{z}$ 在整个 z 平面上的可导性.

解：显然 $z=0$ 没有意义. 当 $z\neq 0$ 时，因为

$$\lim_{\Delta z \to 0} \frac{f(z + \Delta z) - f(z)}{\Delta z} = \lim_{\Delta z \to 0} \frac{\dfrac{1}{z + \Delta z} - \dfrac{1}{z}}{\Delta z} = -\lim_{\Delta z \to 0} \frac{1}{z^2 + (\Delta z)z} = -\frac{1}{z},$$

所以

$$f'(z) = -\frac{1}{z^2}(z \neq 0),$$

即 $\dfrac{1}{z}$ 在整个 z 平面上除去原点外处处可导.

例 2.6　研究函数 $f(z)=\overline{z}$ 在整个 z 平面上的可导性.

解：令 $z=x+iy,\ \Delta z=\Delta x+i\Delta y$，因为

$$\lim_{\Delta z\to 0}\frac{f(z+\Delta z)-f(z)}{\Delta z}=\lim_{\Delta z\to 0}\frac{\overline{z+\Delta z}-\overline{z}}{\Delta z}=\lim_{\Delta z\to 0}\frac{\overline{z+\Delta z-z}}{\Delta z}$$

$$=\lim_{\Delta z\to 0}\frac{\overline{\Delta z}}{\Delta z}=\lim_{\Delta z\to 0}\frac{\Delta x-i\Delta y}{\Delta x+i\Delta y},$$

让 $z+\Delta z$ 沿着平行于 x 轴的直线趋于 z，此时 $\Delta y=0$，极限

$$\lim_{\Delta z\to 0}\frac{\Delta x-i\Delta y}{\Delta x+i\Delta y}=\lim_{\Delta x\to 0}\frac{\Delta x}{\Delta x}=1.$$

让 $z+\Delta z$ 沿着平行于 y 轴的直线趋于 z，此时 $\Delta x=0$，极限

$$\lim_{\Delta z\to 0}\frac{\Delta x-i\Delta y}{\Delta x+i\Delta y}=\lim_{\Delta y\to 0}\frac{-i\Delta y}{i\Delta y}=-1.$$

所以 $\overline{z}$ 在整个 z 平面上处处不可导.

从例 2.6 可以看出，函数 $f(z)=\overline{z}=x-iy$ 在整个 z 平面上处处连续但处处不可导.这说明函数 $f(z)$ 在某点连续并不能保证在该点可导.

但是反过来，函数 $f(z)$ 在某点可导则一定在该点连续.

事实上，若函数 $f(z)$ 在点 z_0 可导，根据导数的定义，用极限语言来表达，即对于 $\forall\varepsilon>0$，必定 $\exists\delta>0$，使得当 $0<|\Delta z|<\delta$ 时，有

$$\left|\frac{f(z_0+\Delta z)-f(z_0)}{\Delta z}-f'(z_0)\right|<\varepsilon,$$

令

$$\alpha(\Delta z)\frac{f(z_0+\Delta z)-f(z_0)}{\Delta z}-f'(z_0),$$

于是 $|\alpha(\Delta z)|<\varepsilon$

则有

$$\lim_{\Delta z\to 0}\alpha(\Delta z)=0.$$

又因为

$$f(z_0+\Delta z)-f(z_0)=f'(z_0)\Delta z+\alpha(\Delta z)\Delta z,\tag{2.4}$$

所以

$$\lim_{\Delta z\to 0}f(z_0+\Delta z)=f(z_0).$$

即 $f(z)$ 在 z_0 连续.

由于复变函数导数的定义在形式上和一元实函数的导数定义一致，并且复变函数中的极

限运算法则与实函数中一样,所以微积分中几乎所有的关于函数导数的计算规则都可以不假更改地推广到复变函数中来. 现将几个常用的求导公式与法则列举如下:

（1）$(C)'=0$ 其中 C 为复常数;

（2）$(z^n)'=nz^{n-1}$,其中 n 为正整数;

（3）$(f(z)\pm g(z))'=f'(z)\pm g'(z)$;

（4）$(f(z)g(z))'=f'(z)g(z)+f(z)g'(z)$;

（5）$\left(\dfrac{f(z)}{g(z)}\right)'=\dfrac{1}{g^2(z)}f'(z)g(z)+f(z)g'(z)$;

（6）$(f(g(z)))'=f'(w)g'(z)$,其中 $w=g(z)$;

（7）若两个单值函数 $w=f(z)$ 与 $z=h(w)$ 互为反函数, 且 $h'(w)\neq0$, 则有

$$f'(z)=\frac{1}{h'(w)}.$$

2. 解析函数的概念

定义 2.6 若函数 $f(z)$ 在点 z_0 及 z_0 的邻域内处处可导, 则称函数 $f(z)$ 在点 z_0 处解析.若函数 $f(z)$ 在区域 D 内每一点都解析, 则称函数 $f(z)$ 在区域 D 内解析, 或称 $f(z)$ 是 D 内的解析函数.

若 $f(z)$ 在点 z_0 不解析, 但在 z_0 的任一邻域内总有 $f(z)$ 的解析点, 则称 z_0 为 $f(z)$ 的奇点.

奇点总是与解析点相联系, 对于那些处处不解析的函数来说, 就没有奇点的说法.例如 $f(z)=\dfrac{1}{z}$ 在 z 平面上除去原点外处处解析, 这里 $z=0$ 显然是奇点;而函数 $\bar{z}$ 在整个 z 平面上处处不解析, 那么对于 $\bar{z}$, 就没有奇点.也就是说, 不解析的点不一定是奇点.

函数在区域内解析和在区域内可导是等价的, 但是函数在一点处解析和在一点处可导并不等价, 函数在一点解析不仅要求在该点可导, 而且还要求在该点的某个邻域内也可导.

例 2.7 研究函数 $f(z)=z\mathrm{Re}(z)$ 的解析性.

解：设 $z=x+iy$, $z_0=x_0+iy_0$.当 $z_0\neq0$ 时, 则

$$\lim_{z\to z_0}\frac{\Delta w}{\Delta z}=\lim_{z\to z_0}\frac{z\,\mathrm{Re}(z)-z_0\,\mathrm{Re}(z_0)}{z-z_0}$$

$$=\lim_{z\to z_0}\frac{z\,\mathrm{Re}(z)-z_0\,\mathrm{Re}(z)+z_0\,\mathrm{Re}(z)-z_0\,\mathrm{Re}(z_0)}{z-z_0}$$

$$=\lim_{z\to z_0}\frac{z\,\mathrm{Re}(z)-z_0\,\mathrm{Re}(z)}{z-z_0}+\lim_{z\to z_0}\frac{z_0\,\mathrm{Re}(z)-z_0\,\mathrm{Re}(z_0)}{z-z_0}$$

$$=\lim_{z\to z_0}\left(x+z_0\frac{x-x_0}{z-z_0}\right).$$

令 $x=x_0, y\to y_0$, 则

$$\lim_{(x,y)\to(x_0,y_0)} \frac{\Delta w}{\Delta z} = x_0.$$

令 $y=y_0,x\to x_0$，则

$$\lim_{(x,y)\to(x_0,y_0)} \frac{\Delta w}{\Delta z} = 2x_0 + iy_0.$$

显然，当 $z_0\neq 0$ 时，两极限值不相等，这说明 $f(z)=z\text{Re}(z)$ 当 $z\neq 0$ 时不可导.

当 $z_0=0$ 时，有

$$\lim_{z\to 0} \frac{\Delta w}{\Delta z} = \lim_{z\to z_0} \frac{z\,\text{Re}(z)}{z} = 0.$$

所以函数 $f(z)=z\text{Re}(z)$ 仅在 $z=0$ 处导数存在.根据定义，它在 z 平面上处处不解析.

例 2.8 研究分式线性函数

$$w = \frac{az+b}{cz+d}$$

的解析性，式中 a,b,c,d 为复常数，且 $ad-bc\neq 0$.

解：由导数的运算法则，除了使得分母为零的点 $z=-d/c$ 外，这个函数在复平面上处处可导.因此，除了点 $z=-d/c$ 外，它在复平面上处处解析，且

$$w' = \frac{a(cz+d)-c(az+b)}{(cz+d)^2} = \frac{ad-bc}{(cz+d)^2}.$$

根据求导法则，显然有

定理 2.6 （1）在区域 D 内解析的两个函数 $f(z)$ 和 $g(z)$，其和、差、积、商（要求分母不为零）在区域 D 内解析.

（2）设函数 $h=g(z)$ 在 z 平面上的区域 D 内解析，函数 $\varphi=f(h)$ 在 h 平面上的区域 D^* 内解析.若对于 D 内每一点 z，$g(z)$ 的对应值 h 落在 D^* 内，则复合函数 $\varphi=f(g(z))$ 在区域 D 内解析.

2.3   函数可导与解析的充要条件

如果根据定义来判断函数在一点可导或在一区域内解析，有时是很困难的.本节将介绍判别函数可导与解析的简便方法.首先我们给出柯西-黎曼（Cauchy-Riemann）方程的定义.

定义 2.6 对于二元实函数 $u(x,y)$ 和 $v(x,y)$，方程

$$\frac{\partial u}{\partial x} = \frac{\partial v}{\partial y}, \quad \frac{\partial u}{\partial y} = -\frac{\partial v}{\partial x}. \tag{2.5}$$

称为柯西-黎曼方程（简记为 C-R 方程）.

定理 2.7 设函数 $f(z)=u(x,y)+iv(x,y)$ 在区域 D 内有定义，则 $f(z)$ 在区域 D 内一点 $z=x+iy$ 可导的充要条件是

（1）二元实函数 $u(x,y)$ 和 $v(x,y)$ 在点（x,y）处可微；

（2）$u(x,y),v(x,y)$ 在点（x,y）处满足柯西-黎曼方程.

证明： 先证必要性.设 $f(z)$ 在区域 D 内一点 $z=x+iy$ 可导，则由式（2.4），有

$$\Delta w = f'(z)\Delta z + \alpha(\Delta z)\Delta z,\tag{2.6}$$

其中 $\alpha(\Delta z) \to 0(\Delta z \to 0)$.令

$$\Delta w = \Delta u + i\Delta v, \Delta z = \Delta x + i\Delta y, f'(z) = \alpha + i\beta.$$

则式（2.6）为

$$\Delta u + i\Delta v = (\alpha + i\beta)(\Delta x + i\Delta y) + \alpha(\Delta z)\Delta z.$$

令 $\varepsilon_1 = \mathrm{Re}(\alpha(\Delta z)\Delta z), \varepsilon_2 = \mathrm{Im}(\alpha(\Delta z)\Delta z)$ ，这里 $\varepsilon_1, \varepsilon_2$ 都是关于 $\sqrt{\Delta x^2 + \Delta y^2}$ 的高阶无穷小量.对式（2.7），由复数相等的定义有

$$\Delta u = \alpha\Delta x - \beta\Delta y + \varepsilon_1,$$
$$\Delta u = \beta\Delta x + \alpha\Delta y + \varepsilon_2.$$

根据二元实函数微分的定义可知，$u(x,y)$ 与 $v(x,y)$ 在点 (x,y) 处可微，并且有

$$\alpha = \frac{\partial u}{\partial x} = \frac{\partial v}{\partial y}, \quad \beta = -\frac{\partial u}{\partial y} = \frac{\partial v}{\partial x}.$$

再证充分性. 已知 $u(x,y)$ 和 $v(x,y)$ 在点 (x,y) 处可微，即有

$$\Delta u = \frac{\partial u}{\partial x}\Delta x + \frac{\partial u}{\partial y}\Delta y + \varepsilon_1,$$
$$\Delta v = \frac{\partial v}{\partial x}\Delta x + \frac{\partial v}{\partial y}\Delta y + \varepsilon_2,$$

其中 $\varepsilon_1, \varepsilon_2$ 是关于 $\sqrt{\Delta x^2 + \Delta y^2}$ 的高阶无穷小量. 又

$$\Delta w = (u(x+\Delta x, y+\Delta y) - u(x,y)) + i(v(x+\Delta x, y+\Delta y) - v(x,y)) = \Delta u + i\Delta v,$$

所以

$$\frac{\Delta w}{\Delta z} = \frac{\Delta u + i\Delta v}{\Delta x + i\Delta y} = \frac{\left(\frac{\partial u}{\partial x}\Delta x + \frac{\partial u}{\partial y}\Delta y\right) + i\left(\frac{\partial v}{\partial x}\Delta x + \frac{\partial v}{\partial y}\Delta y\right)}{\Delta x + i\Delta y} + \varepsilon,$$

这里 $\varepsilon = \frac{\varepsilon_1 + i\varepsilon_2}{\Delta x + i\Delta y}, \varepsilon$ 是无穷小量.因为

$$|\varepsilon| \leqslant \frac{|\varepsilon_1|}{\sqrt{\Delta x^2 + \Delta y^2}} + \frac{|\varepsilon_2|}{\sqrt{\Delta x^2 + \Delta y^2}}.$$

由于 $u(x,y)$、$v(x,y)$ 满足柯西-黎曼方程，故有

$$\lim_{\Delta z \to 0} \frac{\Delta w}{\Delta z} = \frac{\partial u}{\partial x} + i\frac{\partial v}{\partial x}.\tag{2.8}$$

这就说明了函数 $f(z)=u(x,y)+iv(x,y)$ 在点 $z=x+iy$ 可导.

式（2.8）给出了计算函数导数的公式，由柯西-黎曼方程，函数导数公式有如下四种形式：

$$f'(z) = \frac{\partial u}{\partial x} + i\frac{\partial v}{\partial x} = \frac{\partial v}{\partial y} - i\frac{\partial v}{\partial y} = \frac{\partial u}{\partial x} - i\frac{\partial u}{\partial y} = \frac{\partial v}{\partial y} + i\frac{\partial v}{\partial x}. \tag{2.9}$$

由定义 2.5 及定理 2.7，我们有

定理 2.8   函数 $f(z)=u(x,y)+iv(x,y)$ 在区域 D 内解析的充要条件是：

（1）二元实函数 $u(x,y)$ 和 $v(x,y)$ 在 D 内可微；

（2）$u(x,y),v(x,y)$ 在 D 内满足柯西-黎曼方程.

定理 2.7 与定理 2.8 将判定函数 $f(z)$ 的可导性与解析性转化为判定两个二元实函数 $u(x,y)$ 与 $v(x,y)$ 是否可微并且满足柯西-黎曼方程.这两个条件如果有一个不满足，那么函数 $f(z)$ 在一点处不可导或在一区域内不解析.在具体应用中，由于 $u(x,y)$ 与 $v(x,y)$ 是否可微这一条件不易判断，因此常常用 $u(x,y)$ 与 $v(x,y)$ 的一阶偏导是否存在且连续来代替.于是得到如下推论.

推论 2.1   若 $u(x,y)$ 与 $v(x,y)$ 的一阶偏导在点 (x,y)（或区域 D 内）存在而且连续，并满足柯西-黎曼方程，则 $f(z)$ 在点 (x,y) 处可导（在区域 D 内解析）.

例 2.9   讨论下列函数的可导性与解析性.

（1）$f(z)=\operatorname{Im}(z)$；

（2）$f(z)=|z|^2 z$.

解：（1）设 $z=x+iy$，则 $f(z)=\operatorname{Im}(z)=y$.显然 $u(x,y)=y, v(x,y)=0$ 都在复平面上可微.但是

$$\frac{\partial u}{\partial x} = 0, \quad \frac{\partial u}{\partial y} = 1, \quad \frac{\partial v}{\partial x} = 0, \quad \frac{\partial v}{\partial y} = 0.$$

因此，在复平面上 $u(x,y),v(x,y)$ 不满足柯西-黎曼方程.所以 $f(z)=\operatorname{Im}(z)$ 在复平面上处处不可导，处处不解析.

（2）设 $z=x+iy$，则 $f(z)=(x^2+y^2)x+i(x^2+y^2)y$.

因为 $u(x,y)=(x^2+y^2)x, v(x,y)=(x^2+y^2)y$ 都在平面可微，且

$$\frac{\partial u}{\partial x} = 3x^2+y^2, \quad \frac{\partial u}{\partial y} = 2xy, \quad \frac{\partial v}{\partial x} = 2xy, \quad \frac{\partial v}{\partial y} = x^2+3y^2.$$

显然，整个复平面上仅在点 $(0,0)$ 满足柯西-黎曼方程，所以 $f(z)=|z|^2 z$ 仅在点 $(0,0)$ 处可导，处处不解析.

例 2.10   试证函数 $f(z)=e^x(\cos y+i\sin y)$ 在 z 平面上解析，且 $f'(z)=f(z)$.

证明：因为 $u(x,y)=e^x\cos y, v(x,y)=e^x\sin y$ 在平面上可微，而

$$\frac{\partial u}{\partial x} = e^x\cos y, \quad \frac{\partial u}{\partial y} = -e^x\sin y, \quad \frac{\partial v}{\partial x} = e^x\sin y, \quad \frac{\partial v}{\partial y} = e^x\cos y.$$

$u(x,y),v(x,y)$ 在平面上每一点都满足柯西-黎曼方程，所以 $f(z)$ 在复平面上解析，由式（2.9），得

$$f'(z)=u_x+iv_x=e^x\cos y+ie^x\sin y=f(z).$$

例 2.11   证明柯西-黎曼方程的极坐标形式（z 平面取极坐标，w 平面取直角坐标）是

$$\frac{\partial u}{\partial r} = \frac{1}{r}\frac{\partial v}{\partial \theta}, \frac{\partial v}{\partial r} = -\frac{1}{r}\frac{\partial u}{\partial \theta}.$$

证明：设 $x=r\cos\theta$，$y=r\sin\theta$，$u=u(x,y),v=v(x,y)$.根据复合函数的求导法则与直角坐标下的柯西-黎曼方程有

$$\frac{\partial u}{\partial r} = \frac{\partial u}{\partial x}\frac{\partial x}{\partial r} + \frac{\partial u}{\partial y}\frac{\partial y}{\partial r} = \cos\theta\frac{\partial u}{\partial x} + \sin\theta\frac{\partial u}{\partial y}, \tag{2.10}$$

$$\frac{\partial u}{\partial \theta} = \frac{\partial u}{\partial x}\frac{\partial x}{\partial \theta} + \frac{\partial u}{\partial y}\frac{\partial y}{\partial \theta} = -r\sin\theta\frac{\partial u}{\partial x} + r\cos\theta\frac{\partial u}{\partial y}, \tag{2.11}$$

$$\frac{\partial v}{\partial r} = \frac{\partial v}{\partial x}\frac{\partial x}{\partial r} + \frac{\partial v}{\partial y}\frac{\partial y}{\partial r} = -\cos\theta\frac{\partial u}{\partial y} + \sin\theta\frac{\partial u}{\partial x}, \tag{2.12}$$

$$\frac{\partial v}{\partial \theta} = \frac{\partial v}{\partial x}\frac{\partial x}{\partial \theta} + \frac{\partial v}{\partial y}\frac{\partial y}{\partial \theta} = r\sin\theta\frac{\partial u}{\partial y} + r\cos\theta\frac{\partial u}{\partial x}. \tag{2.13}$$

分别比较式（2.10）和式（2.13），式（2.11）和式（2.12），得

$$\frac{\partial u}{\partial r} = \frac{1}{r}\frac{\partial v}{\partial \theta}, \frac{\partial v}{\partial r} = -\frac{1}{r}\frac{\partial u}{\partial \theta}.$$

2.4　初等函数

本节将介绍复变数的初等函数，这些函数通常是微积分中的初等函数在复数域中的推广，它们既保持了原有的某些基本性质，又有一些不同的特殊性质.下面我们来研究这些函数，并说明它们的解析性.

1. 指数函数

定义 2.7　对于复变数 $z=x+iy$，定义指数函数为：

$$e^z = e^{x+iy} = e^x(\cos y + i\sin y).$$

e^z 又用记号 $\exp(z)$ 表示.

复指数函数 e^z 具有如下性质：

（1）$|e^z| = e^x = e^{\mathrm{Re}(z)} > 0, \mathrm{Arg}(e^z) = y + 2k\pi = \mathrm{Im}(z) + 2k\pi$；

（2）在复平面上 $e^z \neq 0$；

（3）当 $\mathrm{Im}(z)=y=0$ 时，则 $e^z=e^x$；

（4）当 $\mathrm{Re}(z)=x=0$ 时，则 $e^z=e^{iy}=\cos y+i\sin y$，此为欧拉公式；

（5）e^z 在 z 平面上处处解析，且 $(e^z)'=e^z$，由 2.3 节例题 2.10 可知；

（6）加法定理成立，即

$$e^{z_1}e^{z_2} = e^{z_1+z_2}, \tag{2.14}$$

$$\frac{e^{z_1}}{e^{z_2}} = e^{z_1-z_2}. \tag{2.15}$$

下面证明式（2.14），式（2.15）可以类似证明.

证明：令 $z_1=x_1+iy_1, z_2=x_2+iy_2$. 则

$$e^{z_1}e^{z_2} = e^{x_1}(\cos y_1 + i\sin y_1)e^{x_2}(\cos y_2 + i\sin y_2)$$
$$= e^{x_1+x_2}(\cos(y_1 + y_2) + i\sin(y_1 + y_2))$$
$$= e^{(x_1+x_2)+i(y_1+y_2)} = e^{z_1+z_2}.$$

另外，由于 $e^z e^{-z}=e^0=1$，所以 $e^{-z} = \dfrac{1}{e^z}$.

（7）e^z 是以 $2\pi i$ 为基本周期的周期函数.

因为对于任给的正整数 k，由性质（6）有

$$e^{z+2k\pi i} = e^z \cdot e^{2k\pi i} = e^z(\cos 2k\pi + i\sin 2k\pi) = e^z.$$

（8）极限 $\lim\limits_{z\to\infty} e^z$ 不存在，即 e^∞ 无意义.

事实上，当 z 沿实轴趋于 $+\infty$ 时，$e^z \to +\infty$；当 z 沿实轴趋于 $-\infty$ 时，$e^z \to 0$.

需要注意的是：尽管在复平面上有 $e^z = e^{z+2k\pi i}$（k 为整数），但 $(e^z)' = e^z \neq 0$，即不满足罗尔定理，所以微积分中的微分中值定理在复数域中不再成立.不过洛必达法则在复平面上仍适用.

2. 对数函数

定义 2.8　规定对数函数是指数函数的反函数，即若

$$e^w = z \quad (z \neq 0)$$

则称函数 $w=f(z)$ 为 z 的对数函数，记作 $w=\mathrm{Ln}z$.

令 $w=u+iv$，则

$$e^{u+iv}=e^u e^{iv}=|z|e^{i\mathrm{Arg}z}.$$

显然，$u=\ln|z|$，$v=\mathrm{Arg}z$，从而

$$w=u+iv=\ln|z|+i\mathrm{Arg}z \underset{=}{\triangle} \mathrm{Ln}z.$$

注意到 $\mathrm{Arg}z$ 是多值函数，所以对数函数 $w=f(z)$ 也是多值函数.上式中 $\mathrm{Arg}z$ 取主值 $\mathrm{arg}z$（$-\pi<\mathrm{arg}z\leq\pi$）时对应的 w 值称为 $\mathrm{Ln}z$ 的主值，并记作 $\ln z=\ln|z|+i\mathrm{arg}z$.这样对数函数可表示为：

$$w=\ln z=\ln z+2k\pi i=\ln|z|+i\mathrm{arg}z+2k\pi i, \quad k=0,\pm1,\pm2,\cdots.$$

上式中对于每一个确定的 k，对应的 w 为一单值函数，称为 $\mathrm{Ln}z$ 的一个分支.

例 2.12　$\ln 3=\ln 3+2k\pi i$　（$k=0,\pm1,\pm2,\cdots$）；

$\ln(-1)=\ln 1+\pi i=\pi i;$

$\ln(-1)=\ln(-1)+2k\pi i=\pi i+2k\pi i=(2k+1)\pi i$　（$k=0,\pm1,\pm2,\cdots$）.

此例说明复对数函数是实对数函数在复数域中的推广.在实数域中，"负数无对数"这个结论在复数域中不成立，并且正实数的对数也是无穷多值的.

但复对数函数保持了实对数函数的如下性质：

$$\ln(z_1 z_2)=\ln z_1+\ln z_2, \tag{2.16}$$

$$\ln\left(\frac{z_1}{z_2}\right) = \ln z_1 - \ln z_2, \tag{2.17}$$

其中 $z_1, z_2 \neq 0$. 这两个式子可以这样理解: 对于等式左边的多值函数的任一个值, 等式右边的两个多值函数一定各有一个适当的值与之对应, 使等式成立; 反之亦然. 也就是说, 等式两端可能取值的函数值的全体是相同的.

下面证明式 (2.16), 式 (2.17) 可类似得到证明.

$$\begin{aligned}
\ln(z_1 z_2) &= \ln|z_1 z_2| + i\arg(z_1 z_2) \\
&= \ln|z_1| + \ln|z_1| + i(\arg z_1 + \arg z_2) \\
&= \ln z_1 + \ln z_2.
\end{aligned}$$

应当注意的是, 等式

$$\operatorname{Ln} z^n = n\operatorname{Ln} z, \quad \ln\sqrt[n]{z} = \frac{1}{n}\ln z$$

不再成立, 其中 $n \geqslant 2$, 为正整数.

现以 $n=2$ 时为例进行说明. 令 $z = re^{i\theta}$, 不妨设 $-\dfrac{\pi}{2} < \theta < \dfrac{\pi}{2}$. 则

$$2\ln z = 2\ln re^{i\theta} = 2\ln r + i(2\theta + 5k\pi), \quad k = 0, \pm 1, \pm 2, \cdots. \tag{2.18}$$

$$\ln z^2 = \ln r^2 e^{i2\theta} = 2\ln r + i(2\theta + 2m\pi), \quad m = 0, \pm 1, \pm 2, \cdots. \tag{2.19}$$

可见 $2\operatorname{Ln} z$ 与 $\operatorname{Ln} z^2$ 的实部相等, 但虚部的取值不完全相同. 式 (2.18) 中 π 的系数为

$$0, \pm 4, \pm 8, \pm 12, \cdots,$$

而式 (2.19) 中 π 的系数为 $0, \pm 2, \pm 4, \pm 6, \pm 8, \pm 10, \pm 12, \cdots$.

也就是说, $2\operatorname{Ln} z$ 可能的取值是 $\operatorname{Ln} z^2$ 可能取值的一部分, 所以等式 $\operatorname{Ln} z^n = n\operatorname{Ln} z$ 不成立.

读者可以通过类似的方法说明另一个等式不成立.

下面来讨论对数函数的解析性.

考虑对数函数 $w = \operatorname{Ln} z$ 的主值分支 $\ln z = \ln|z| + i\arg z$, 其实部 $\ln|z|$ 在复平面上除去原点外都是连续的, 虚部 $\arg z$ 在负实轴和原点不连续.

因为 $z = e^w$ 在区域 $-\pi < \arg z < \pi$ 内的反函数 $w = \ln z$ 是单值的, 所以由反函数的求导法则, 有

$$\frac{d\ln z}{dz} = \frac{dw}{dz} = \frac{1}{\dfrac{dz}{dw}} = \frac{1}{\dfrac{de^w}{dw}} = \frac{1}{e^w} = \frac{1}{z}.$$

因此, $\ln z$ 在复平面上除去原点和负实轴外处处解析. 同理可知, $\operatorname{Ln} z$ 的各个分支在复平面上除去原点和负实轴外也是处处解析的.

3. 幂函数

定义 2.9 函数 $w = z^a = e^{a\operatorname{Ln} z}$ ($z \neq 0$, a 为复常数) 称为 z 的一般幂函数.

当 a 为正整数 n 时, $w = z^n$; 当 a 为分数 $\dfrac{1}{n}$ (n 正整数) 时, $w = z^{\frac{1}{n}} = \sqrt[n]{z}$. z^n 与 $\sqrt[n]{z}$ 即为通

常的幂函数.

对于幂函数 z^n，$z^n = e^{n\mathrm{Ln}z} = e^{n\mathrm{Ln}z + 2nk\pi i} = e^{n\mathrm{Ln}z}$，显然它是复平面内的单值解析函数.

而对于幂函数 $\sqrt[n]{z} = e^{\frac{1}{n}\mathrm{Ln}z}$，由于对数函数是多值函数，且各个分支在除去原点和负实轴的复平面上是解析的，所以幂函数 $\sqrt[n]{z}$ 也是多值函数.

$$\sqrt[n]{z} = e^{\frac{1}{n}(\ln|z| + i\arg z + 2k\pi i)} = e^{\frac{\ln|z|}{n} + i\frac{\arg z}{n} + i\frac{2k\pi}{n}}, \quad k = 0,1,2,\cdots,n-1$$

每个确定的 k 对应着 $\sqrt[n]{z}$ 的一个分支. $\sqrt[n]{z}$ 的各个分支在除去原点和负实轴的复平面上也是解析的，并且具有相同的导数 $\dfrac{1}{n}z^{\frac{1}{n}-1}$.

对于一般的幂函数 $w = z^a$，它也是多值函数，并且其各个分支在除去原点和负实轴的复平面上也是解析的.

当一般的幂函数 $w = z^a$ 的底数 z 为一确定复常数 b（$b \neq 0$）时，则 $b^a = e^{a\mathrm{Ln}b}$ 称为乘幂. 由于 $\mathrm{Ln}b = \ln|b| + i\arg b + 2k\pi i$，所以乘幂 b^a 也是多值的.

例2.13　求下列各数的实部和虚部.

（1）i^i；（2）$(-2)^{\sqrt{2}}$；（3）$(1+i)^{1-i}$.

解：（1）因为

$$i^i = \exp(i\mathrm{Ln}i) = \exp\left(i\left(\ln 1 + i\left(\frac{\pi}{2} + 2k\pi\right)\right)\right) = \exp\left(-\left(\frac{\pi}{2} + 2k\pi\right)\right),$$

所以

$$\mathrm{Re}(i^i) = \exp\left(-\left(\frac{\pi}{2} + 2k\pi\right)\right), \quad \mathrm{Im}(i^i) = 0,$$

其中 $k = 0, \pm 1, \cdots$.

（2）因为

$$\begin{aligned}
(-2)^{\sqrt{2}} &= \exp\left(\sqrt{2}\ln(-2)\right) = \exp\left(\sqrt{2}(\ln 2 + i(\pi + 2k\pi))\right) \\
&= \exp\left(\sqrt{2}(\ln 2 + i(2k+1)\pi)\right) \\
&= 2^{\sqrt{2}}\left(\cos\sqrt{2}(2k+1)\pi + i\sin\sqrt{2}(2k+1)\pi\right),
\end{aligned}$$

所以

$$\mathrm{Re}(-2)^{\sqrt{2}} = 2^{\sqrt{2}}\cos\sqrt{2}(2k+1)\pi, \quad \mathrm{Im}(-2)^{\sqrt{2}} = 2^{\sqrt{2}}\sin\sqrt{2}(2k+1)\pi,$$

其中 $k = 0, \pm 1, \cdots$.

（3）因为

$$(1+i)^{1-i} = \exp((1-i)\ln(1+i)) = \exp\left((1-i)\left(\ln\sqrt{2} + i\left(\frac{\pi}{4} + 2k\pi\right)\right)\right)$$

$$= \exp\left(\left(\ln\sqrt{2} + \frac{\pi}{4} + 2k\pi \right) + i\left(\frac{\pi}{4} + 2k\pi - \ln\sqrt{2} \right) \right)$$

$$= \sqrt{2} \exp\left(\frac{\pi}{4} + 2k\pi \right)\left(\cos\left(\frac{\pi}{4} - \ln\sqrt{2} \right) + i\sin\left(\frac{\pi}{4} - \ln\sqrt{2} \right) \right),$$

所以

$$\mathrm{Re}(1+i)^{1-i} = \sqrt{2} \exp\left(\frac{\pi}{4} + 2k\pi \right)\cos\left(\frac{\pi}{4} - \ln\sqrt{2} \right),$$

$$\mathrm{Im}(1+i)^{1-i} = \sqrt{2} \exp\left(\frac{\pi}{4} + 2k\pi \right)\sin\left(\frac{\pi}{4} - \ln\sqrt{2} \right),$$

其中 $k=0, \pm1, \cdots$.

4. 三角函数与反三角函数

由欧拉公式

$$\mathrm{e}^{iy} = \cos y + i\sin y, \quad \mathrm{e}^{-iy} = \cos y - i\sin y.$$

这两式相加或相减，可以得到

$$\sin y = \frac{\mathrm{e}^{iy} - \mathrm{e}^{-iy}}{2i}, \quad \cos y = \frac{\mathrm{e}^{iy} + \mathrm{e}^{-iy}}{2}.$$

对任何实数 y 都成立. 现将正弦函数和余弦函数的定义推广到自变量取复数的情况.

定义 2.10　规定

$$\sin z = \frac{\mathrm{e}^{iz} - \mathrm{e}^{-iz}}{2i}, \quad \cos z = \frac{\mathrm{e}^{iz} + \mathrm{e}^{-iz}}{2}.$$

分别称为 z 的正弦函数与余弦函数.

它们具有如下性质：

（1）周期性：$\sin z$ 与 $\cos z$ 是以 2π 为基本周期的周期函数.

因为

$$\sin(z+2\pi) = \frac{\mathrm{e}^{i(z+2\pi)} - \mathrm{e}^{-i(z+2\pi)}}{2i} = \frac{\mathrm{e}^{iz+2\pi i} - \mathrm{e}^{-iz-2\pi i}}{2i} = \frac{\mathrm{e}^{iz} - \mathrm{e}^{-iz}}{2i} = \sin z.$$

类似地，可以证明 $\cos(z+2\pi) = \cos z$.

（2）奇偶性：$\sin z$ 为奇函数，$\cos z$ 为偶函数.

事实上，

$$\sin(-z) = \frac{\mathrm{e}^{-iz} - \mathrm{e}^{iz}}{2i} = -\sin z, \quad \cos(-z) = \frac{\mathrm{e}^{-iz} + \mathrm{e}^{iz}}{2} = \cos z.$$

（3）欧拉公式在复数域中 $\mathrm{e}^{iz}=\cos z+i\sin z$ 也成立.

这由 $\sin z$ 与 $\cos z$ 的定义不难验证.

（4）三角恒等式成立.

$$\sin(z_1 \pm z_2) = \sin z_1 \cos z_2 \pm \cos z_1 \sin z_2,$$

$$\cos(z_1 \pm z_2) = \cos z_1 \cos z_2 \mp \sin z_1 \sin z_2,$$
$$\sin^2 z + \cos^2 z = 1,$$
$$\sin 2z = 2 \sin z \cos z,$$
$$\cos 2z = \cos^2 z - \sin^2 z.$$

（5）解析性：$\sin z$ 与 $\cos z$ 在平面上处处解析，且

$$(\sin z)' = \cos z, \quad (\cos z)' = -\sin z.$$

事实上

$$(\sin z)' = \left(\frac{e^{iz} - e^{-iz}}{2i} \right)' = \frac{ie^{iz} + ie^{-iz}}{2i} = \frac{e^{iz} + e^{-iz}}{2} = \cos z.$$

类似可以证明 $(\cos z)' = -\sin z.$

（6）无界性：复变函数 $\sin z, \cos z$ 在复平面上是无界函数.

事实上，若取 $z = iy$（$y > 0$），则

$$\cos(iy) = \frac{e^{i(iy)} + e^{-i(iy)}}{2} = \frac{e^{-y} + e^{y}}{2} > \frac{e^{y}}{2}.$$

只要 y 充分大，$\cos y$ 就可以大于一个预先给定的正数.

其他三角函数定义如下：

$$\tan z = \frac{\sin z}{\cos z}, \quad \cot z = \frac{\cos z}{\sin z}, \quad \sec z = \frac{1}{\cos z}, \quad \csc z = \frac{1}{\sin z}.$$

例 2.14　求函数 $\cos z$ 在 $z = 1 + i$ 的值.

解：

$$\cos(1 + i) = \frac{1}{2}\left(e^{i(1+i)} + e^{-i(1+i)} \right)$$
$$= \frac{1}{2}\left(e^{-1}(\cos 1 + i \sin 1) + e(\cos 1 - i \sin 1) \right)$$
$$= \frac{1}{2}\left((e^{-1} + e)\cos 1 + i(e^{-1} - e)\sin 1 \right).$$

从定义 2.11 可以看到，三角函数可以简单地用指数函数表示，由于对数函数是指数函数的反函数，所以反三角函数作为三角函数的反函数可以用对数表示.我们以反正弦函数为例来说明这个问题.

若 $z = \sin w$，则 $z = \dfrac{e^{iw} - e^{-iw}}{2i}$，于是有

$$e^{iw} - 2zi - e^{-iw} = 0,$$

即

$$e^{2iw} - 2zie^{iw} - 1 = 0,$$

此为关于 e^{iw} 的一元二次方程，求解得到

$$e^{iw} = iz + \sqrt{1 - z^2},$$

$$iw = \ln\left(iz + \sqrt{1 - z^2}\right),$$

$$w = \frac{1}{i}\ln\left(iz + \sqrt{1 - z^2}\right) = -i\ln\left(iz + \sqrt{1 - z^2}\right).$$

因此我们定义反正弦函数为

$$w = \arcsin z = -i\ln\left(iz + \sqrt{1 - z^2}\right). \tag{2.20}$$

由于对数函数的多值性，反正弦函数 $w = \text{Arcsin} z$ 也是一个多值函数.

类似可以定义反余弦函数、反正切函数和反余切函数.

反余弦函数

$$\arccos z = -i\ln\left(z + \sqrt{z^2 - 1}\right), \tag{2.21}$$

反正切函数

$$\arctan z = -\frac{i}{2}\ln\frac{1 + iz}{1 - iz}, \tag{2.22}$$

反余切函数

$$\text{arc}\cot z = \frac{i}{2}\ln\frac{z - i}{z + i}. \tag{2.23}$$

例 2.15　求函数 $\arcsin z$ 在 $z = 5$ 的值.

解：根据式（2.20），有

$$\arcsin 5 = -i\ln(5i \pm 2\sqrt{6}i) = -i\ln((5 \pm 2\sqrt{6})i)$$

$$= -i\left(\ln(5 \pm 2\sqrt{6}) + \frac{\pi}{2}i + 2k\pi i\right)$$

$$= \frac{\pi}{2} - i\ln(5 \pm 2\sqrt{6}) + 2k\pi$$

$$= \left(\frac{1}{2} + 2k\right)\pi - i\ln(5 \pm 2\sqrt{6}). \quad k = 0, \pm 1, \cdots$$

例 2.16　求函数 $\arctan z$ 在 $z = 2 + 3i$ 的值.

解：根据式（2.22），有

$$\arctan(2 + 3i) = -\frac{i}{2}\ln\frac{1 + i(2 + 3i)}{1 - i(2 + 3i)} = -\frac{i}{2}\ln\frac{-3 + i}{5}$$

$$= -\frac{i}{2}\left(\ln\sqrt{\frac{2}{5}} + i(\pi - \arctan\frac{1}{3} + 2k\pi i)\right)$$

$$= \left((k + \frac{1}{2})\pi - \frac{1}{2}\arctan\frac{1}{3}\right) - \frac{i}{4}\ln\frac{2}{5}. \quad k = 0, \pm 1, \cdots$$

5. 双曲函数与反双曲函数

我们用指数函数来定义双曲函数.

定义 2.11 规定

$$\mathrm{sh}z = \frac{\mathrm{e}^z - \mathrm{e}^{-z}}{2}, \quad \mathrm{ch}z = \frac{\mathrm{e}^z + \mathrm{e}^{-z}}{2}$$

并分别称它们为双曲正弦函数与双曲余弦函数.

当 z 为实数时，它们与微积分中的定义一致. 它们具有如下性质：

（1）周期性：$\mathrm{sh}z$ 和 $\mathrm{ch}z$ 都是以 $2\pi i$ 为基本周期的周期函数.

因为

$$\mathrm{sh}(z + 2\pi i) = \frac{\mathrm{e}^{z+2\pi i} - \mathrm{e}^{-(z+2\pi i)}}{2} = \frac{\mathrm{e}^z \mathrm{e}^{2\pi i} - \mathrm{e}^{-z} \mathrm{e}^{-2\pi i}}{2} = \frac{\mathrm{e}^z - \mathrm{e}^{-z}}{2} = \mathrm{sh}z.$$

类似地可以证明另一个.

（2）奇偶性：$\mathrm{sh}z$ 为奇函数，$\mathrm{ch}z$ 为偶函数.

（3）解析性：$\mathrm{sh}z$ 和 $\mathrm{ch}z$ 在复平面上处处解析，且有

$$(\mathrm{sh}z)' = \mathrm{ch}z, (\mathrm{ch}z)' = \mathrm{sh}z.$$

因为

$$(\mathrm{sh}z)' = \left(\frac{\mathrm{e}^z - \mathrm{e}^{-z}}{2}\right)' = \frac{\mathrm{e}^z + \mathrm{e}^{-z}}{2} = \mathrm{ch}z .$$

类似地可以证明另一个.

（4）$\mathrm{sh}z$、$\mathrm{ch}z$ 与 $\mathrm{sh}z$、$\cos z$ 有如下关系：

$$\sin iy = i\mathrm{sh}y, \quad \mathrm{sh}iy = i\sin y,$$
$$\cos iy = \mathrm{ch}y, \quad \mathrm{ch}iy = \cos y .$$

双曲函数的反函数称为反双曲函数，按照推导三角函数反函数的方法，不难得到反双曲函数的表达式.

反双曲正弦函数

$$\mathrm{arcsh}z = \ln(z + \sqrt{z^2 + 1}).$$

反双曲余弦函数

$$\mathrm{arcch}z = \ln(z + \sqrt{z^2 - 1}).$$

由于对数函数的多值性，可知反双曲正弦函数 $\mathrm{arcsh}z$ 与反双曲余弦函数 $\mathrm{arcch}z$ 都是多值函数.

小结

复变函数及其极限、连续、导数等概念是微积分学中相应概念的推广. 复变函数的定义在形式上只是将一元实函数的定义域与值域由"实数集"扩大为"复数集"，但要注意实函数是单值函数，而复变函数有单值函数与多值函数之分. 一个复变函数 $f(z) = u(x,y) + iv(x,y)$ 对应着两个二

元实函数 $u(x,y)$ 和 $v(x,y)$，所以对复变函数的研究可以转化为对其实部和虚部两个二元实函数的研究.另外将复变函数看成复平面上两个点集之间的映射，有时可以将问题直观化、几何化.

复变函数极限的定义在形式上与一元实函数极限的定义相似，因此复变函数具有与实函数类似的极限运算法则.但实质上复变函数的极限与二元实函数的极限是等价的.一元实函数的极限 $\lim\limits_{x \to x_0} f(x), x \to x_0$ 是指 x 在 x 轴上从 x_0 的左右两侧以任何方式趋向于 x_0，而在复变函数的极限 $\lim\limits_{z \to z_0} f(z)$ 中，$z \to z_0$ 是指 z 在 z_0 的邻域内以任何方式趋于 z_0.如果 z 沿两条不同路径趋于 z_0，$f(z)$ 不趋于同一复数，那么 $f(z)$ 在 z_0 处的极限不存在.复变函数的连续定义是依赖于极限定义的，若 $\lim\limits_{z \to z_0} f(z) = f(z_0)$，则我们说 $f(z)$ 在 z_0 处连续.复变函数 $w=f(z)=u(x,y)+iv(x,y)$ 极限存在与连续的充要条件是其实部 $u(x,y)$ 和虚部 $v(x,y)$ 极限存在与连续.

复变函数的导数定义在形式上与一元实函数导数的定义相似，因此复变函数具有与实函数类似的求导法则.复变函数导数为函数的改变量 Δw 与自变量 Δz 的比 $\dfrac{\Delta w}{\Delta z} = \dfrac{f(z_0 + \Delta z) - f(z)}{\Delta z}$ 当 $\Delta z \to 0$ 的极限，该极限值与 $\Delta z \to 0$ 的方式无关，也就是说，如果当 Δz 沿某一路径趋于 0 时，$\dfrac{\Delta w}{\Delta z}$ 的极限不存在，或沿两条不同路径趋于 0 时，$\dfrac{\Delta w}{\Delta z}$ 趋于不同的数，则 $f(z)$ 在 z_0 处不可导，由此可见，复变函数在一点可导要比一元实函数可导条件更强.

解析函数是复变函数的主要研究对象，它有着一元实函数所没有的好性质，如解析函数的导数仍是解析函数,解析函数的虚部为实部的共轭调和函数以及解析函数可以展开为幂级数等，这些性质在后面就会学到.应当注意的是解析与可导的区别与联系.对于一个区域而言，函数解析与可导是一回事；但对于一个点，解析就比可导要求高得多.函数在某点解析不仅要求在该点可导而且要求在该点的某邻域内可导.

判断函数可导与解析的方法主要有以下三种：

（1）利用可导与解析的定义.

（2）利用可导（解析）函数的和、差、积、商及其复合仍为可导（解析）函数这一性质.

（3）利用可导与解析的充要条件（即定理 2.7 和定理 2.8）.定理 2.7 给出了函数 $f(z)$ 在一点 $z \in D$ 处可导的充要条件，由于 z 的任意性，从而可以得到函数在区域 D 内可导与解析的充要条件，即定理 2.8.

复初等函数是实初等函数在复数域的推广，它既保持了实初等函数的一些性质，又有一些不同的性质.

指数函数 $e^z = e^x(\cos y + i\sin y)$ 在 z 平面上处处解析，并且 $(e^z)' = e^z$，它具有实指数函数相同的某些性质，如加法定理.但周期为 $2\pi i$，这与实指数函数不同，实指数函数 e^x 可以看成数 e 的 x 次幂，但在复变函数中，e^z 仅仅是一个记号，而不再有幂的含义.

对数函数 Lnz=lnz+iArgz 是一多值函数，它在除去原点与负实轴的复平面上处处解析，且有 $(\ln z)' = \dfrac{1}{z}$.它保持了实对数函数的如下性质：

$$\ln(z_1 z_2) = \ln z_1 + \ln z_2, \ln\left(\frac{z_1}{z_2}\right) = \ln z_1 - \ln z_2.$$

应当注意的是，等式

$$\ln z^n = n\ln z, \quad \ln \sqrt[n]{z} = \frac{1}{n}\ln z$$

不再成立，其中 $n \geqslant 2$ ，为正整数.

幂函数 $w=z^a=\mathrm{e}^{a\mathrm{Ln}\,z}$ ，除了整幂函数 z^n（z 为正整数）外都是多值函数，在除去原点与负实轴的复平面上处处解析，且有 $(z^a)' = az^{a-1}$.而整幂函数 z^n（z 为正整数）是单值函数，在复平面上处处解析，且 $(z^n)' = nz^{n-1}$.当底数 z 为一确定的常数 b（$b\neq0$）时，$b^a=\mathrm{e}^{a\mathrm{Ln}b}$ 为乘幂.

三角正弦函数与三角余弦函数

$$\sin z = \frac{\mathrm{e}^{iz} - \mathrm{e}^{-iz}}{2i}, \qquad \cos z = \frac{\mathrm{e}^{iz} + \mathrm{e}^{-iz}}{2}$$

在复平面上处处解析，并且 $(\sin z)' = \cos z, (\cos z)' = -\sin z$.它保持了对应实函数的奇偶性、周期性，类似的三角恒等式成立，但是不再具有有界性，即 $|\sin z|\leqslant1, |\cos z|\leqslant1$ 不成立.其他三角函数与反三角函数、双曲函数与反双曲函数，读者可以自己总结其性质.

习题二

1. 求映射 $w=z+\dfrac{1}{z}$ 下，圆周 $|z|=2$ 的像.

2. 在映射 $w=z^2$ 下，下列 z 平面上的图形映射为 w 平面上的什么图形？（设 $w = \rho\mathrm{e}^{i\varphi}$ 或 $w=u+iv$）

（1）$0 < r < 2, \theta = \dfrac{\pi}{4}$；

（2）$0 < r < 2, 0 < \theta < \dfrac{\pi}{4}$；

（3）$x=a, y=b$（a,b 为实数）.

3. 求下列极限：

（1）$\lim\limits_{x \to \infty} \dfrac{1}{1+z^2}$；　（2）$\lim\limits_{z \to 0} \dfrac{\mathrm{Re}(z)}{z}$；　（3）$\lim\limits_{z \to i} \dfrac{z-i}{z(1+z^2)}$；　（4）$\lim\limits_{z \to 1} \dfrac{z\bar{z} + 2z - \bar{z} - 2}{z^2 - 1}$.

4. 讨论下列函数的连续性.

（1）$f(z)=\begin{cases}\dfrac{xy}{x^2+y^2}, & z\neq 0, \\ 0, & z=0;\end{cases}$ （2）$f(z)=\begin{cases}\dfrac{x^3 y}{x^4+y^2}, & z\neq 0, \\ 0, & z=0.\end{cases}$

5. 下列函数在何处可导？求出其导数.

（1）$f(z)=(z-1)^n$ （n 为正整数）；

（2）$f(z)=\dfrac{z-2}{(z+1)(z^2+1)}$；

（3）$f(z)=\dfrac{3z+8}{5z-7}$；

（4）$f(z)=\dfrac{x+y}{x^2+y^2}+i\dfrac{x-y}{x^2+y^2}$.

6. 试判断下列函数的可导性与解析性.

（1）$f(z)=xy^2+ix^2y$； （2）$f(z)=x^2+iy^2$；

（3）$f(z)=2x^3+3iy^3$； （4）$f(z)=\overline{z}z^2$.

7. 证明区域 D 内满足下列条件之一的解析函数必为常数.

（1）$f'(z)=0$ （2）$\overline{f(z)}$ 解析； （3）$\operatorname{Re}f(z)=$ 常数；

（4）$\operatorname{Im}f(z)=$ 常数； （5）$|f(z)|=$ 常数； （6）$\arg f(z)=$ 常数；

8. 设 $f(z)=my^3+nx^2y+i(x^3+lxy^2)$ 在 z 平面上解析，求 m,n,l 的值.

9. 试证下列函数在 z 平面上解析，并分别求其导数.

（1）$f(z)=x^3+3x^2yi-3xy^2-y^3i$；

（2）$f(z)=e^x(x\cos y-y\sin y)+ie^x(y\cos y+x\sin y)$.

10. 设

$$f(z)=\begin{cases}\dfrac{x^3-y^3+i(x^3+y^3)}{x^2+y^2}, & z\neq 0, \\ 0, & z=0.\end{cases}$$

求证：（1）$f(z)$ 在 $z=0$ 处连续；

（2）$f(z)$ 在 $z=0$ 满足柯西-黎曼方程；

（3）$f'(1)$ 不存在.

11. 设区域 D 位于上半平面，D_1 是 D 关于 x 轴的对称区域，若 $f(z)$ 在区域 D 上解析，求证：$F(z)=\overline{f(\overline{z})}$ 在区域 D_1 上解析.

12. 若 $u(x,y)$ 与 $v(x,y)$ 分别是解析函数 $f(z)$ 的实部与虚部，且 $f'(z) \neq 0$，试证明曲线族：$u(x,y) = C_1$ 与 $v(x,y) = C_2$ 互为正交（C_1, C_2 是实常数）.

13. 计算下列各值.

（1）$e^{(2-\pi i)/3}$；　　（2）$e^{(2-\pi i)/3}$；　　（3）$\mathrm{Re}(e^{(x-iy)/(x^2+y^2)})$；　　（4）$\left| e^{i-2(x+iy)} \right|$.

14. 设 z 沿通过原点的射线趋于 ∞ 点，试讨论函数 $f(z) = z + e^z$ 的极限.

15. 计算下列各值.

（1）$\ln(-2+3i)$；　　（2）$\ln(3 - \sqrt{3}i)$；　　（3）$\ln(e^i)$；　　（4）$\ln(ie)$.

16. 试讨论函数 $f(z) = |z| + \mathrm{Ln}z$ 的连续性与可导性.

17. 计算下列各值.

（1）$(1+i)^{1-i}$；　　（2）$(-3)^{\sqrt{5}}$；　　（3）1^{-i}；　　（4）$\left(\dfrac{1-i}{\sqrt{2}} \right)^{1+i}$.

18. 计算下列各值.

（1）$\cos(\pi + 5i)$；　　　　（2）$\sin(1 - 5i)$；　　　　（3）$\tan(3 - i)$；

（4）$|\sin z|^2$；　　　　　（5）$\arcsin i$；　　　　　（6）$\arctan(1 + 2i)$.

19. 求解下列方程.

（1）$\sin z = 2$；　　（2）$e^z - 1 - \sqrt{3}i = 0$；　　（3）$\ln z = \dfrac{\pi}{2}i$；　　（4）$z - \ln(1+i) = 0$.

20. 若 $z = x + iy$，试证：

（1）$\sin z = \sin x \,\mathrm{ch}\, y + i \cos x \,\mathrm{sh}\, y$；　　（2）$\cos z = \cos x \,\mathrm{ch}\, y - i \sin x \,\mathrm{sh}\, y$；

（3）$|\sin z|^2 = \sin^2 x + \mathrm{sh}^2 y$；　　（4）$|\cos z|^2 = \cos^2 x + \mathrm{sh}^2 y$.

21. 证明当 $y \to \infty$ 时，$|\sin(x+iy)|$ 和 $|\cos(x+iy)|$ 都趋向于无穷大.

第二章　自测训练题

一、选择题：（共 10 小题，每小题 3 分，共 30 分）

1. 在复数域内，下列为实数的是（　　　　　）.

A. $(1-i)^2$　　　　　　　　　　　　B. $\cos i$

C. i^{1+i}　　　　　　　　　　　　 D. $\sqrt[3]{-8}$

2. 下列函数中为解析函数的是（　　　　　）.

A. $f(z) = x^2 - iy$　　　　　　　　　　B. $f(z) = 2x^3 + i3y^3$

C. $f(z) = xy^2 + ix^2 y$　　　　　　　　D. $f(z) = 2(x-1)y + i(y^2 - x^2 + 2x)$

3. 设 $f(z) = z^3 + 8iz + 4i$，则 $f'(1-i) = ($　　　　　$)$.

A. $-2i$　　　　　　　　　　　　　　B. $2i$

C. -2 D. 2

4. 设 $e^z = 1 - i$，则 $\operatorname{Im} z = ($ $)$.

A. $2k\pi - \dfrac{\pi}{4}$ B. $2k\pi + \dfrac{\pi}{4}$

C. $\dfrac{\pi}{4}$ D. $-\dfrac{\pi}{4}$

5. 函数 $f(z)$ 在点 z 可导是 $f(z)$ 在点 z 解析的（   ）.

A. 充分不必要条件   B. 必要不充分条件

C. 充分必要条件   D. 既非充分也非必要条件

6. 下列命题中，正确的是（   ）.

A. 设 x, y 为实数，则 $|\cos(x+iy)| \leqslant 1$

B. 若 z_0 是函数 $f(z)$ 的奇点，则 $f(z)$ 在 z_0 点不可导

C. 若 u, v 在区域 D 内满足柯西—黎曼方程，则 $f(z) = u + iv$ 在 D 内解析

D. 若 $f(z)$ 在区域 D 内解析，则 $\overline{if(z)}$ 在 D 内也解析

7. 若 $f(z) = x^2 + 2xy - y^2 + i(y^2 + axy - x^2)$ 在复平面上解析，则实数 $a = ($ $)$.

A. 0   B. 1

C. 2   D. -2

8. $z = 2 - 2i$，$|z^2| = ($ $)$.

A. 8   B. $\sqrt{8}$

C. 4   D. 2

9. i^i 的主值为（   ）.

A. 0   B. 1

C. $e^{\frac{\pi}{2}}$ D. $e^{-\frac{\pi}{2}}$

10. 设 $f(z) = \sin z$，则下列命题中，不正确的是（   ）.

A. $f(z)$ 在复平面上处处解析   B. $f(z)$ 以 2π 为周期

C. $f(z) = \dfrac{e^{iz} - e^{-iz}}{2}$ D. $|f(z)|$ 是无界的

二、填空题：(共 5 小题，每小题 4 分，共 20 分)

1. 已知 $f(z) = u + iv$ 是解析函数，其中 $u = \dfrac{1}{2}\ln(x^2 + y^2)$，则 $\dfrac{\partial v}{\partial y} = $ _____.

2. 设 $f(z) = \dfrac{1}{5}z^5 - (1-i)z + 2i$，则 $f'(z) = $ _____.

3. 复数 $\ln i$ 的模为 _____.

4. 当 $a =$ _____ 时，$f(z) = a\ln(x^2 + y^2) + i\arctan\dfrac{y}{x}$ 在区域 $x > 0$ 内是解析函数.

5. $\tan z$ 的所有零点为 _____.

三、计算题（本大题共 5 小题，每小题 10 分，共 50 分）

1. 指出下列函数的解析区域，并求出其导数.

（1）$f(z) = (z-1)^5$ 　　　　　　　　（2）$f(z) = \dfrac{1}{z^2 - 1}$.

2. 求 $\mathrm{Ln}(-i), \mathrm{Ln}(-3 + 4i)$ 及其主值.

3. 已知 $f(z) = x + ay + i(bx + cy)$ 是解析函数，求常数 a, b, c.

4. 已知一调和函数 $v = e^x(y\cos y + x\sin y + x + y)$，求一解析函数 $f(z) = u + iv$，使 $f(0) = 0$.

5. 求方程 $\sin z + \cos z = 0$ 的全部根.

第三章 复变函数的积分

复变函数的积分（简称复积分）是研究解析函数的有力工具，解析函数许多重要的性质都需要利用复积分来证明.本章主要介绍复变函数积分的定义、性质与基本计算方法，解析函数积分的基本定理——柯西-古萨定理及其推广，柯西积分公式及其推论以及解析函数与调和函数的关系.柯西-古萨定理和柯西积分公式是复变函数的理论基础，以后各章都直接或间接地用到它们.

3.1 复变函数积分的概念

1. 复变函数积分的定义

在介绍复变函数积分的定义之前，首先介绍有向曲线的概念.设平面上光滑或分段光滑曲线 C 的两个端点为 A 和 B.对曲线 C 而言，有两个可能方向：从点 A 到点 B 和从点 B 到点 A.若规定其中一个方向（例如从点 A 到点 B 的方向）为正方向，则称 C 为有向曲线.此时称点 A 为曲线 C 的起点，点 B 为曲线 C 的终点.若正方向指从起点到终点的方向，那么从终点 B 到起点 A 的方向则称为曲线 C 的负方向，记作 C.

定义 3.1 设 C 为一条光滑或分段光滑的有向曲线，其中 A 为起点，B 为终点.函数 $f(z)$ 在曲线 C 上有定义.现沿着 C，按从点 A 到点 B 的方向在 C 上依次任取分点：

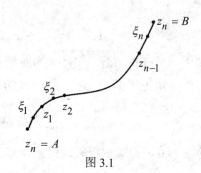

图 3.1

$$A=z_0,z_1,\cdots,z_{n-1},z_n=B,$$

将曲线 C 划分成 n 个小弧段.在每个小弧段 $\overset{\frown}{z_{k-1}z_k}$（$k=1,2,\cdots,n$）上任取一点 ξ_k,并作和式

$$S_n = \sum_{k=1}^{n} f(\xi_k)\Delta z_k.$$

其中 $\Delta z_k = z_k - z_{k-1}$.记 λ 为 n 个小弧段长度中的最大值.当 λ 趋向于零时，若不论对曲线 C 的分法及点 ξ_k 的取法如何，S_n 极限存在，则称函数 $f(z)$ 沿曲线 C 可积，并称这个极限值为函数 $f(z)$ 沿曲线 C 的积分.记作

$$\int_C f(z)\mathrm{d}z = \lim_{\lambda \to 0}\sum_{k=1}^{n} f(\xi_k)\Delta z_k,$$

$f(z)$称为被积函数，$f(z)\mathrm{d}z$ 称为被积表达式.

若 C 为闭曲线，则函数 $f(z)$ 沿曲线 C 的积分记作 $\oint_C f(z)\mathrm{d}z$.

2. 复变函数积分的性质

性质 3.1（方向性）若函数 $f(z)$ 沿曲线 C 可积，则

$$\int_{C^-} f(z)\mathrm{d}z = -\int_C f(z)\mathrm{d}z. \tag{3.1}$$

性质 3.2（线性性）若函数 $f(z)$ 和 $g(z)$ 沿曲线 C 可积，则

$$\int_C (\alpha f(z) + \beta g(z))\mathrm{d}z = \alpha \int_C f(z)\mathrm{d}z + \beta \int_C g(z)\mathrm{d}z, \tag{3.2}$$

其中 α, β 为任意常数.

性质 3.3（对积分路径的可加性）若函数 $f(z)$ 沿曲线 C 可积，曲线 C 由曲线段 $C_1, C_2, \cdots, C_n$ 依次首尾相接而成，则

$$\int_C f(z)\mathrm{d}z = \int_{C_1} f(z)\mathrm{d}z + \int_{C_2} f(z)\mathrm{d}z + \cdots + \int_{C_n} f(z)\mathrm{d}z. \tag{3.3}$$

性质 3.4（积分不等式）若函数 $f(z)$ 沿曲线 C 可积，且对 $\forall z \in C$，满足 $|f(z)| \leqslant M$，曲线 C 的长度为 L，则

$$\left| \int_C f(z)\mathrm{d}z \right| \leqslant \int_C |f(z)|\mathrm{d}s \leqslant ML, \tag{3.4}$$

其中 $\mathrm{d}s = |\mathrm{d}z| = \sqrt{\mathrm{d}x^2 + \mathrm{d}y^2}$ ，为曲线 C 的弧微分.

事实上，记 Δs_k 为 z_{k-1} 与 z_k 之间的弧长，有

$$\left| \sum_{k=1}^n f(\xi_k)\Delta z_k \right| \leqslant \sum_{k=1}^n |f(\xi_k)||\Delta z_k| \leqslant \sum_{k=1}^n f(\xi_k)\Delta s_k.$$

令 $\lambda \to 0$，两端取极限，得到

$$\left| \int_C f(z)\mathrm{d}z \right| \leqslant \int_C |f(z)|\mathrm{d}s.$$

又由于

$$\sum_{k=1}^n |f(\xi_k)| \Delta s_k \leqslant M \sum_{k=1}^n \Delta s_k = ML,$$

所以有

$$\left| \int_C f(z)\mathrm{d}z \right| \leqslant \int_C |f(z)|\mathrm{d}s \leqslant ML.$$

3. 复变函数积分的基本计算方法

定理 3.1　若函数 $f(z) = u(x,y) + iv(x,y)$ 沿曲线 C 连续，则 $f(z)$ 沿 C 可积，且

$$\int_C f(z)\mathrm{d}z = \int_C u\mathrm{d}x - v\mathrm{d}y + i\int_C v\mathrm{d}x + v\mathrm{d}y. \tag{3.5}$$

证明：设 $z_k = x_k + iy_k, \xi_k = \zeta_k + i\eta_k, \Delta x_k = x_k - x_{k-1}, \Delta y_k = y_k - y_{k-1}$，则

$$\begin{aligned}
\Delta z_k = z_k - z_{k-1} &= (x_k + iy_k) - (x_{k-1} + iy_{k-1}) \\
&= (x_k - x_{k-1}) + i(y_k - y_{k-1}) \\
&= \Delta x_k i\Delta y_k.
\end{aligned}$$

从而

$$\begin{aligned}
\sum_{k=1}^{n} f(\xi_k)\Delta z_k &= \sum_{k=1}^{n}(u(\zeta_k, \eta_k) + iv(\zeta_k, \eta_k))(\Delta x_k + i\Delta y_k) \\
&= \sum_{k=1}^{n}(u(\zeta_k, \eta_k)\Delta x_k - v(\zeta_k, \eta_k)\Delta y_k) \\
&\quad + i\sum_{k=1}^{n}(v(\zeta_k, \eta_k)\Delta x_k + u(\zeta_k, \eta_k)\Delta y_k).
\end{aligned}$$

上式右端的两个和数是两个实函数的第二类曲线积分的积分和.

已知 $f(z)$ 沿 C 连续，所以必有 u、v 都沿 C 连续，于是这两个第二类曲线积分都存在.因此存在积分 $\int_C f(z)\mathrm{d}z$，且

$$\int_C f(z)\mathrm{d}z = \int_C u\mathrm{d}x - v\mathrm{d}y + i\int_C v\mathrm{d}x + u\mathrm{d}y.$$

注意：式（3.5）可以看作是 $f(z)=u+iv$ 与 $\mathrm{d}z=\mathrm{d}x+i\mathrm{d}y$ 相乘后得到的：

$$\begin{aligned}
\int_C f(z)\mathrm{d}z &= \int_C (u + iv)(\mathrm{d}x + i\mathrm{d}y) \\
&= \int_C u\mathrm{d}x + iv\mathrm{d}x + iu\mathrm{d}y - v\mathrm{d}y \\
&= \int_C u\mathrm{d}x - v\mathrm{d}y + i\int_C v\mathrm{d}x + u\mathrm{d}x + u\mathrm{d}y.
\end{aligned}$$

定理 3.1 给出的条件仅仅是积分 $\int_C f(z)\mathrm{d}z$ 存在的充分条件.该定理告诉我们，复变函数积分的计算问题可以化为其实部和虚部两个二元实函数第二类曲线积分的计算问题.

下面介绍另一种计算方法——参数方程法.

设 C 为一光滑或为分段光滑曲线，其参数方程为

$$z = z(t) = x(t) + iy(t) \qquad (a \leqslant t \leqslant b)$$

参数 $t=a$ 时对应曲线 C 的起点，$t=b$ 时对应曲线 C 的终点.设 $f(z)$ 沿曲线 C 连续，则

$$f(z(t)) = u(x(t), y(t)) + iv(x(t), y(t)) = u(t) + iv(t).$$

由定理 3.1 有

$$\int_C f(z)\mathrm{d}z = \int_C u\mathrm{d}x - v\mathrm{d}y + i\int_C v\mathrm{d}x + u\mathrm{d}y$$

$$= \int_a^b (u(t)x'(t) - v(t)y'(t))\mathrm{d}t + i\int_a^b (u(t)y'(t) + v(t)x'(t))\mathrm{d}t,$$

容易验证

$$\mathrm{Re}(f(z(t))z'(t)) = u(t)x'(t) - v(t)y'(t),$$
$$\mathrm{Im}(f(z(t))z'(t)) = u(t)y'(t) + v(t)x'(t).$$

所以

$$\int_C f(z)\mathrm{d}z = \int_a^b f(z(t))z'(t)\mathrm{d}t. \tag{3.6}$$

例 3.1 分别沿下列路径计算积分 $\int_C z^2\mathrm{d}z$ 和 $\int_C \mathrm{Im}(z)\mathrm{d}z$.

（1）C 为从原点 $(0,0)$ 到 $(1,1)$ 的直线段；

（2）C 为从原点 $(0,0)$ 到 $(1,0)$ 再到 $(1,1)$ 的直线段.

解：（1）C 的参数方程为：$z=(1+i)t,\ t$ 从 0 到 1 .

$$\int_C z^2\mathrm{d}z = \int_0^1 ((1+i)t)^2\mathrm{d}((1+i)t) = \int_0^1 (1+i)((1+i)t)^2\mathrm{d}t$$

$$= (1+i)^3 \cdot \left(\frac{t^3}{3}\right)\Big|_0^1 = \frac{(1+i)^3}{3}.$$

（2）这两直线段分别记为 C_1 和 C_2，

C_1 的参数方程为：$y=0,\ x$ 从 0 到 1；

C_2 的参数方程为：$x=1,\ y$ 从 0 到 1.

$$\int_C z^2\mathrm{d}z = \int_0^1 x^2\mathrm{d}x + \int_0^1 (1+iy)^2\mathrm{d}(1+iy)$$

$$= \frac{x^3}{3}\Big|_0^1 + i\left(y - \frac{y^3}{3} + iy^2\right)\Big|_0^1$$

$$= \frac{1}{3} + i - \frac{i}{3} - 1 = \frac{2i-2}{3} = \frac{(1+i)^3}{3}.$$

$$\int_C \mathrm{Im}(z)\mathrm{d}z = \int_0^1 0\mathrm{d}x + \int_0^1 y\mathrm{d}(1+iy) = i\int_0^1 y\mathrm{d}y = \frac{i}{2}.$$

例 3.2 计算积分 $\oint_C \frac{\overline{z}}{z}\mathrm{d}z$，其中 C 为图 3.2 所示

半圆环区域的正向边界.

解：积分路径可分为四段，方程分别是：

C_1：$z=t\ (-2\leqslant t \leqslant -1)$； C_2：$z=e^{i\theta},\theta$ 从 π 到

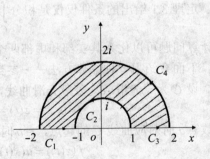

图 3.2

0;

C_3: $z=t$（$1\leqslant t\leqslant 2$）； C_4: $z=x(n)=Z^-(X(z)).$

e 从 0 到 π，于是有

$$\oint_C \frac{z}{z}\mathrm{d}z = \int_{C_1}\frac{z}{z}\mathrm{d}z + \int_{C_2}\frac{z}{z}\mathrm{d}z + \int_{C_3}\frac{z}{z}\mathrm{d}z + \int_{C_4}\frac{z}{z}\mathrm{d}z$$

$$= \int_{-2}^{-1}\frac{t}{t}\mathrm{d}t + \int_{\pi}^{0}\frac{e^{i\theta}}{e^{-i\theta}}ie^{i\theta}\mathrm{d}\theta + \int_{1}^{2}\frac{t}{t}\mathrm{d}t + \int_{0}^{\pi}\frac{2e^{i\theta}}{2e^{-i\theta}}2ie^{i\theta}\mathrm{d}\theta$$

$$= 1 + \frac{2}{3} + 1 - \frac{4}{3} = \frac{4}{3}.$$

例 3.3 计算积分 $\oint_C \dfrac{1}{(z-z_0)^{n+1}}\mathrm{d}z$，其中 C 为以 z_0 为中心，

r 为半径的正向圆周，n 为整数.

解：曲线 C 的方程为：$z = z_0 + re^{i\theta}$（$0\leqslant\theta\leqslant 2\pi$）.从而有

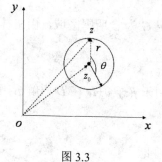

$$I = \oint_C \frac{\mathrm{d}z}{(z-z_0)^{n+1}} = \int_0^{2\pi}\frac{ire^{i\theta}}{r^{n+1}e^{i(n+1)\theta}}$$

$$= \int_0^{2\pi}\frac{i}{r^n e^{in\theta}}\mathrm{d}\theta = \frac{i}{r^n}\int_0^{2\pi}e^{-in\theta}\mathrm{d}\theta.$$

当 $n=0$ 时，$I = i\int_0^{2\pi}\mathrm{d}\theta = 2\pi i$

图 3.3

当 $n\neq 0$ 时，$I = \dfrac{i}{r^n}\int_0^{2\pi}(\cos n\theta - i\sin n\theta)\mathrm{d}\theta = 0$.

所以有

$$\oint_{|z-z_0|=r}\frac{\mathrm{d}z}{(z-z_0)^{n+1}} = \begin{cases} 2\pi i, & n=0; \\ 0, & n\neq 0. \end{cases} \tag{3.7}$$

由此可见，该积分与积分路线圆周的中心和半径无关，在后面还要多次用到这个结果，需记住.

3.2 柯西-古萨定理（Cauchy-Goursat）及其推广

1. 柯西-古萨定理

首先我们来看看上一节所举的例题，例 3.1 中被积函数 $f(z)=z^2$ 在 z 平面上处处解析，它沿连接起点与终点的任何路径的积分值相同，也就是说，该积分与路径无关.即沿 z 平面上任

何闭曲线的积分为零.而例 3.1 中另一被积函数 $f(z) = \text{Im}(z)$ 在 z 平面上处处不解析,其积分值依赖于连接起点与终点的路径.由例 3.3 得积分 $\oint_C \dfrac{1}{z - z_0}\mathrm{d}z = 2\pi i \neq 0$,曲线 C 表示圆周:$|z-z_0|=r>0$.

其中被积函数 $f(z) = \dfrac{1}{z - z_0}$ 在 z 平面上除去点 z_0 外处处解析,但这个区域是复连通区域.

由此可见,积分值与路径是否无关,可能与被积函数的解析性及区域的单连通性有关.其实,在实函数的第二类曲线积分中就有积分值与路径无关的问题.由于复变函数的积分可以用相应的两个实函数的第二类曲线积分表示,因此对于复积分与路径无关的问题,我们很自然地会想到将其转化为实函数积分与路径无关的问题来讨论.

假设函数 $f(z)=u+iv$ 在单连通域 D 内处处解析,$f'(z)$ 在 D 内连续,由 2.3 节中的式（2.9）知 u,v 对 x,y 的偏导数在 D 内连续.设 $z=x+iy$,C 为 D 内任一条简单闭曲线.则由式（3.5）,有

$$\int_C f(z)\mathrm{d}z = \int_C u\mathrm{d}x - v\mathrm{d}y + i\int_C v\mathrm{d}x + u\mathrm{d}y.$$

记 G 为 C 所围区域,由格林（Green）公式有

$$\int_C u\mathrm{d}x - v\mathrm{d}y = \iint_G \left(-\frac{\partial v}{\partial x} - \frac{\partial u}{\partial y}\right)\mathrm{d}x\mathrm{d}y,$$

由于 $f(z)=u+iv$ 在 D 内解析,所以 u、v 在 D 内处处都满足柯西-黎曼方程,即

$$\frac{\partial u}{\partial x} = \frac{\partial v}{\partial y}, \quad \frac{\partial v}{\partial x} = -\frac{\partial u}{\partial y}.$$

因此

$$\int_C u\mathrm{d}x - v\mathrm{d}y = \int_C v\mathrm{d}x - u\mathrm{d}y = 0.$$

从而

$$\oint_C f(z)\mathrm{d}z = 0.$$

下面的定理告诉我们去掉条件"$f'(z)$ 在 D 内连续",这个结论也成立.这是复变函数中最基本的定理之一.

定理 3.2（柯西-古萨定理） 若函数 $f(z)$ 是单连通域 D 内的解析函数,则 $f(z)$ 沿 D 内任一条闭曲线 C 的积分为零,即

$$\oint_C f(z)\mathrm{d}z = 0.$$

注意：其中曲线 C 不一定要求是简单曲线.事实上,对于任意一条闭曲线,它都可以看成是由有限多条简单闭曲线衔接而成的,如图 3.4 所示.

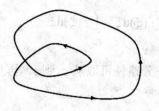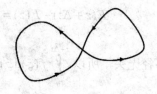

图 3.4

这个定理是由柯西提出来的,后来由古萨给出证明.由于证明过程较复杂,我们略去其证明.
由柯西-古萨定理可以得到如下两个推论:

推论 3.1　设 C 为 z 平面上的一条闭曲线,它围成单连通域 D,若函数 $f(z)$ 在 $\bar{D} = D \cup C$ 上解析,则 $\oint_C f(z)\mathrm{d}z = 0$.

推论 3.2　设函数 $f(z)$ 在单连通域 D 解析,则 $f(z)$ 在 D 内积分与路径无关.即积分 $\int_C f(z)\mathrm{d}z$ 不依赖于连接起点 z_0 与终点 z_1 的曲线 C,而只与 z_0、z_1 的位置有关.

证明:　设 C_1 和 C_2 为 D 内连接 z_0 与 z_1 的任意两条曲线.显然 C_1 和 C_2^- 连接成 D 内一条闭曲线 C.于是由柯西-古萨定理,有

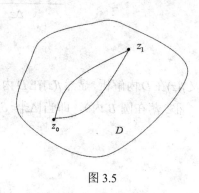

$$\int_C f(z)\mathrm{d}z = \int_{C_1} f(z)\mathrm{d}z + \int_{C_2^-} f(z)\mathrm{d}z = 0.$$

即

$$\int_{C_1} f(z)\mathrm{d}z = \int_{C_2} f(z)\mathrm{d}z.$$

图 3.5

2. 原函数

由推论可知,解析函数在单连通域 D 内的积分只与起点 z_0 和终点 z_1 有关,而与积分路径无关.因此,函数 $f(z)$ 沿曲线 C_1 和 C_2 的积分又可以表示为

$$\int_{C_1} f(z)\mathrm{d}z = \int_{C_2} f(z)\mathrm{d}z = \int_{z_2}^{z_1} f(z)\mathrm{d}z.$$

固定下限 z_0,让上限 z_1 在区域 D 内变动,并令 $z_1 = z$,则确定了一个关于上限 z 的单值函数

$$F(z) = \int_{z_0}^{z} f(\xi)\mathrm{d}\xi. \tag{3.8}$$

并称 $F(z)$ 为定义在区域 D 内的积分上限函数或变上限函数.

定理 3.3　若函数 $f(z)$ 在单连通域 D 内解析,则函数 $F(z)$ 必在 D 内解析,且有 $F'(z) = f(z)$.

证明:若 D 内任取一点 z,以 z 为中心作一个含于 D 内的小圆 B,在 B 内取点 $z + \Delta z\,(\Delta z \neq 0)$,则由式(3.8)有

$$F(z+\Delta z)-F(z)=\int_{z_0}^{z+\Delta z}f(\xi)\mathrm{d}\xi-\int_{z_0}^{z}f(\xi)\mathrm{d}\xi.$$

因为积分与路径无关，所以 $\int_{z_0}^{z+\Delta z}f(\xi)\mathrm{d}\xi$ 的积分路径可取从 z_0 到 z，再从 z 到 $z+\Delta z$，其中

从 z_0 到 z 取与 $\int_{z_0}^{z}f(\xi)\mathrm{d}\xi$ 的积分路径相同.于是有

$$F(z+\Delta z)-F(z)=\int_{z}^{z+\Delta z}f(\xi)\mathrm{d}\xi.$$

由于 $f(z)$ 是与积分变量 ξ 无关的值，故

$$\int_{z}^{z+\Delta z}f(z)\mathrm{d}\xi=f(z)\int_{z}^{z+\Delta z}\mathrm{d}\xi=f(z)\Delta z.$$

从而

$$\frac{F(z+\Delta z)-F(z)}{\Delta z}-f(z)=\frac{1}{\Delta z}\int_{z}^{z+\Delta z}f(\xi)\mathrm{d}\xi-f(z)$$

$$=\frac{1}{\Delta z}\int_{z}^{z+\Delta z}(f(\xi)-f(z))\mathrm{d}\xi.$$

又 $f(z)$ 在 D 内解析,显然 $f(z)$ 在 D 内连续.所以对于任给的 $\varepsilon>0$,必存在 $\delta>0$,使得当 $|\xi-z|<\delta$（且 ξ 落在圆 B 内），即当 $|\Delta z|<\delta$ 时，总有 $|f(\xi)-f(z)|<\varepsilon$.

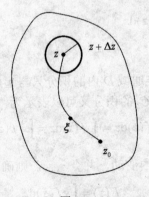

图 3.6

由复积分的性质，有

$$\left| \frac{F(z+\Delta z)-F(z)}{\Delta z}-f(z) \right| = \left| \frac{1}{\Delta z}\int_z^{z+\Delta z}(f(\xi)-f(z))\mathrm{d}\xi \right|$$

$$\leqslant \frac{1}{|\Delta z|}\int_z^{z+\Delta z}|f(\xi)-f(z)|\mathrm{d}\xi$$

$$\leqslant \frac{1}{|\Delta z|}\varepsilon|\Delta z|=\varepsilon.$$

即

$$\lim_{\Delta z\to 0}\frac{F(z+\Delta z)-F(z)}{\Delta z}=f(z),$$

也就是 $F'(z)=f(z)$.

　　与实函数相似，复变函数也有原函数的概念及类似于牛顿-莱布尼兹（Newton-Leibniz）公式的积分计算公式.

　　定义 3.2　若在区域 D 内，$\varphi(z)$ 的导数等于 $f(z)$，则称 $\varphi(z)$ 为 $f(z)$ 在 D 内的原函数.

　　由定理 3.3 可知，变上限函数 $F(z)=\int_{z_0}^z f(\xi)\mathrm{d}\xi$ 为 $f(z)$ 的一个原函数.那么函数 $f(z)$ 的全体原函数可以表示为

$$\varphi(z)=F(z)+C,$$

其中 C 为任意常数.

　　事实上，因为 $(\varphi(z)-F(z))'=\varphi'(z)-F'(z)=f(z)-f(z)=0$，所以 $\varphi(z)-F(z)=C$，即

$$\varphi(z)=F(z)+C.$$

这说明了 $f(z)$ 的任意两个原函数仅相差一个常数.利用这一性质，我们可以得到解析函数的积分计算公式.

　　定理 3.4　若函数 $f(z)$ 在单连通域 D 内处处解析，$\varphi(z)$ 为 $f(z)$ 的一个原函数，则

$$\int_{z_0}^{z_1}f(z)\mathrm{d}z=\varphi(z_1)-\varphi(z_0)=\varphi(z)\Big|_{z_0}^{z_1}, \tag{3.9}$$

其中 z_0、z_1 为 D 内的点.

　　证明： 由于 $F(z)=\int_{z_0}^z f(\xi)\mathrm{d}\xi$ 为 $f(z)$ 的一个原函数.所以

$$F(z)=\int_{z_0}^z f(\xi)\mathrm{d}\xi=\varphi(z)+C.$$

当 $z=z_0$ 时，根据柯西-古萨定理可知 $C=-\varphi(z_0)$，于是

$$\int_{z_0}^z f(\xi)\mathrm{d}\xi=\varphi(z)-\varphi(z_0).$$

　　需要特别注意的是，这个公式仅适用于定义在单连通域内的解析函数.

例 3.4 求积分 $\int_0^{\frac{\pi i}{2}} \sin 2z \mathrm{d}z$ 的值.

解：因为 $\sin 2z$ 在复平面上解析，所以积分与路径无关，可利用式（3.9）来计算. 容易验证 $-\frac{1}{2}\cos 2z$ 是 $\sin 2z$ 的一个原函数，

$$\int_0^{\frac{\pi i}{2}} \sin 2z \mathrm{d}z = -\frac{1}{2}\cos 2z \Big|_0^{\frac{\pi i}{2}} = -\frac{1}{2}(\cos \pi i - \cos 0)$$

$$= -\frac{1}{2}\left(\frac{e^{-\pi} + e^{\pi}}{2} - 1\right) = \frac{1}{2} - \frac{e^{-\pi} + e^{\pi}}{4}.$$

例 3.5 求积分 $\int_0^i (z-1)e^{-z} \mathrm{d}z$ 的值.

解：因为 $(z-1)e^{-z}$ 在复平面上解析，所以积分与路径无关. 可利用式（3.9）来计算.

$$\int_0^i (z-1)e^{-z} \mathrm{d}z = \int_0^i z e^{-z} \mathrm{d}z - \int_0^i e^{-z} \mathrm{d}z \, ,$$

上式右边第一个积分的计算可采用分部积分法，第二个积分可用凑微分法，得

$$\int_0^i (z-1)e^{-z} \mathrm{d}z = -z e^{-z} \Big|_0^i + \int_0^i e^{-z} \mathrm{d}z - \int_0^i e^{-z} \mathrm{d}z$$

$$= -i e^{-i} = -\sin 1 - i\cos 1.$$

例 3.6 设 D 为直线

$$z = \frac{3}{2} + \left(-\frac{3\sqrt{10}}{10} + i\frac{\sqrt{10}}{10}\right)t, -\infty < t < \infty$$

和直线

$$z = 4 + \left(-\frac{2\sqrt{5}}{5} + i\frac{\sqrt{5}}{5}\right)t, -\infty < t < \infty$$

所围成的区域. 求积分 $\int_3^i \frac{\mathrm{d}z}{z^2 + z - 2}$ 的值.

解：尽管 $\frac{1}{z^2 + z - 2}$ 在复平面上存在两个奇点 1 和 -2，但是单连通域 D 包含点 3 和 i，又不含奇点 1 和 -2，因此 $\frac{1}{z^2 + z - 2}$ 在区域 D 内解析，这样就可以用式（3.9）来计算.

$$\int_3^i \frac{1}{z^2 + z - 2} \mathrm{d}z = \frac{1}{3}\left(\int_3^i \frac{\mathrm{d}z}{z-1} - \int_3^i \frac{\mathrm{d}z}{z+2}\right)$$

函数 $\ln(z-1)$ 和 $\ln(z+2)$ 在单连通域 D 内可以分解为单值的解析分支，$\ln(z-1)$ 的各分支导数都

为 $\dfrac{1}{z-1}$，$\ln(z+2)$ 的各个分支的导数都为 $\dfrac{1}{z+2}$．我们可以应用任何一个分支来计算积分值，在这里我们都取主支．所以

$$\int_3^i \frac{1}{z^2+z-2}\mathrm{d}z = \frac{1}{3}\left(\ln(z-1)-\ln(z+2)\right)\Big|_3^i$$

$$= \frac{1}{3}\left(\frac{1}{2}\ln\frac{5}{2}+i\left(\frac{3\pi}{4}+\arctan\frac{1}{2}\right)\right)$$

$$= \frac{1}{6}\ln\frac{5}{2}+\frac{\pi i}{4}+\frac{i}{3}\arctan\frac{1}{2}.$$

3. 复合闭路定理

柯西-古萨定理可推广到多连通域．设有 $n+1$ 条简单闭曲线 C_0、C_1、C_2、…、C_n，其中 C_1、C_2、…、C_n 互不相交也互不包含，并且都含于 C_0 的内部．这 $n+1$ 条曲线围成了一个多连通区域 D，D 的边界 C 称作复闭路，它的正向为 C_0 取逆时针方向，其他曲线都取顺时针方向．因此复闭路记作 $C = C_0 + C_1^- + C_2^- + \cdots + C_n^-$．沿复闭路的积分通常取的是沿它的正向．

定理 3.5 若 $f(z)$ 在复闭路 $C = C_0 + C_1^- + C_2^- + \cdots + C_n^-$ 及其所围成的多连通区域内解析，则

$$\oint_{C_0} f(z)\mathrm{d}z = \oint_{C_1} f(z)\mathrm{d}z + \oint_{C_2} f(z)\mathrm{d}z + \cdots + \oint_{C_n} f(z)\mathrm{d}z, \tag{3.10}$$

也就是

$$\oint_C f(z)\mathrm{d}z = 0.$$

为了叙述的简便，我们仅对 $n=2$ 的情形进行说明．

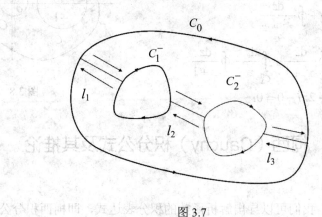

图 3.7

在图 3.7 中，作辅助线 l_1、l_2 和 l_3，将 C_0、C_1 及 C_2 连接起来，从而把多连通区域 D 划分为两个单连通区域 D_1 及 D_2，并分别用 Γ_1 及 Γ_2 表示这两个区域的边界，由柯西-古萨定理有

$$\oint_{\Gamma_1} f(z)\mathrm{d}z = 0, \quad \oint_{\Gamma_2} f(z)\mathrm{d}z = 0.$$

于是

$$\oint_{\Gamma_1} f(z)\mathrm{d}z + \oint_{\Gamma_2} f(z)\mathrm{d}z = 0.$$

上式左端，沿辅助线 l_1、l_2 和 l_3 的积分，恰好沿相反方向各取了一次，从而相互抵消.因此上式左端为沿曲线 C_0、C_1^- 及 C_2^- 上的积分，即有

$$\oint_{C_0} f(z)\mathrm{d}z - \oint_{C_1} f(z)\mathrm{d}z - \oint_{C_2} f(z)\mathrm{d}z = 0.$$

也就是

$$\oint_{C_0} f(z)\mathrm{d}z = \oint_{C_1} f(z)\mathrm{d}z + \oint_{C_2} f(z)\mathrm{d}z.$$

例 3.7   计算 $\oint_C \dfrac{\mathrm{d}z}{z^2 + 2}$ 的值，C 为包含圆周 $|z|=1$ 在内的任何正向简单闭曲线.

解：显然 $z=0$ 和 $z=-1$ 是函数 $\dfrac{1}{z^2+z}$ 的两个奇点，由于 C 为包含圆周 $|z|=1$ 在内的任何正向简单闭曲线，因此也包含了这两个奇点.在 C 的内部作两个互不包含、互不相交的正向圆周 C_1 和 C_2，其中 C_1 的内部只包含奇点 $z=-1$，C_2 的内部只包含奇点 $z=0$.

因为 $\dfrac{1}{z^2+z}$ 在由 C、C_2、C_2 所围成的复连通域内

解析，所以由定理 3.5、定理 3.2 及式（3.7），得

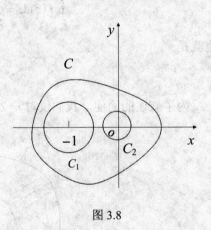

图 3.8

$$\oint_C \frac{\mathrm{d}z}{z^2+z} = \oint_{C_1} \frac{\mathrm{d}z}{z^2+z} + \oint_{C_2} \frac{\mathrm{d}z}{z^2+z}$$

$$= \oint_{C_1} \frac{\mathrm{d}z}{z} - \oint_{C_1} \frac{\mathrm{d}z}{z^2+1} + \oint_{C_2} \frac{\mathrm{d}z}{z} - \oint_{C_2} \frac{\mathrm{d}z}{z+1}$$

$$= 0 - 2\pi i + 2\pi i - 0 = 0.$$

3.3   柯西（Cauchy）积分公式及其推论

1. 柯西积分公式

利用复合闭路定理，我们可以导出解析函数的积分表达式，即柯西积分公式.

定理 3.6   若 $f(z)$ 是区域 D 内的解析函数，C 为 D 内的简单闭曲线，C 所围内部全含于 D 内，z 为 C 内部任一点，则

$$f(z) = \frac{1}{2\pi i}\oint_C \frac{f(\xi)}{\xi - z}\mathrm{d}\xi ,$$ （3.11）

其中积分沿曲线 C 的正向.

证明：取定 C 内部一点 z.因为 $f(z)$ 在 D 内解析，所以 $f(z)$ 在点 z 连续.即对任给的 $\forall \varepsilon > 0$，必存在 $\delta > 0$，当 $\|\xi - z\| < \delta$ 时，有 $|f(\xi) - f(z)| < \varepsilon$.令 $F(\xi) = \dfrac{f(\xi)}{\xi - z}$，则 $F(\xi)$ 在 D 内除去点 z 外处处解析.现以 z 为中心，r 为半径作圆周 B: $|\xi - z| = r$（见图 3.9），使圆 B 的内部及边界全含于 C 的内部.

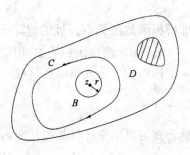

图 3.9

根据复合闭路定理有

$$\oint_C \frac{f(\xi)}{\xi - z}\mathrm{d}\xi = \oint_B \frac{f(\xi)}{\xi - z}\mathrm{d}\xi.$$

上式右端积分与圆 B 的半径 r 无关.令 $r \to 0$，只需证明

$$\oint_B \frac{f(\xi)}{\xi - z}\mathrm{d}\xi \to 2\pi i f(z)$$

即可.由例 3.3 可知，$\oint_B \dfrac{1}{\xi - z}\mathrm{d}\xi = 2\pi i$，而 $f(z)$ 与 ξ 无关.于是

$$\left|\oint_B \frac{f(\xi)}{\xi - z}\mathrm{d}\xi - 2\pi i f(z)\right| = \left|\oint_B \frac{f(\xi)}{\xi - z}\mathrm{d}\xi - \oint_B \frac{f(z)}{\xi - z}\mathrm{d}\xi\right| = \left|\oint_B \frac{f(\xi) - f(z)}{\xi - z}\mathrm{d}\xi\right|$$

$$\leq \oint_B \frac{|f(\xi) - f(z)|}{|\xi - z|}|\mathrm{d}\xi| \leq \oint_B \frac{\mathrm{d}s}{r} = 2\pi i$$

从而定理得证.

式（3.11）称为"柯西积分公式".在柯西积分公式中，等式左端表示函数 $f(z)$ 在 C 内部任一点处的函数值，而等式右端积分号内的 $f(\xi)$ 表示 $f(z)$ 在 C 上的函数值.所以，柯西积分公式反映了解析函数在其解析区域边界上的值与区域内部各点处值之间的关系：函数 $f(z)$ 在曲线 C 内部任一点的值可用它在边界上的值来表示，或者说 $f(z)$ 在边界曲线 C 上的值一旦确定，则它在 C 内部任一点处的值也随之确定.这是解析函数的重要特征.

例如，若函数 $f(z)$ 在曲线 C 上恒为常数 K，z_0 为 C 内部任一点，则根据柯西积分公式有

$$f(z_0) = \frac{1}{2\pi i}\oint_C \frac{f(\xi)}{\xi - z_0}\mathrm{d}\xi = \frac{K}{2\pi i}\oint_C \frac{1}{\xi - z_0}\mathrm{d}\xi = \frac{K}{2\pi i}\cdot 2\pi i = K.$$

即 $f(z)$ 在曲线 C 的内部也恒为常数 K.

又如，若 C 为圆周：$|\xi - z_0| = R$，即 $\xi = z_0 + Re^{i\theta}$（$0 \leq \theta \leq 2\pi$），则 $\mathrm{d}\xi = iRe^{i\theta}\mathrm{d}\theta$，从而

$$f(z_0) = \frac{1}{2\pi i} \oint_C \frac{f(\xi)}{\xi - z_0} d\xi = \frac{1}{2\pi i} \int_0^{2\pi} \frac{f(z_0 + Re^{i\theta}) \cdot i Re^{i\theta}}{Re^{i\theta}} d\theta$$

$$= \frac{1}{2\pi} \int_0^{2\pi} f(z_0 + Re^{i\theta}) d\theta.$$

即解析函数在圆心 z_0 处的值等于它在圆周上的平均值，这就是解析函数的平均值定理.

若 $f(z)$ 在简单闭曲线 C 所围成的区域内解析，且在 C 上连续，则柯西积分公式仍然成立. 柯西积分公式可以改写成

$$\oint_C \frac{f(\xi)}{\xi - z} d\xi = 2\pi i f(z). \tag{3.12}$$

此公式可以用来计算某些复变函数沿闭路积分.

例3.8 计算积分 $\oint_{|z|=2} \frac{z^2+1}{z} dz$ 的值.

解：因为 z^2+1 在|z|=2 内解析，由柯西积分公式（3.12）有

$$\oint_{|z|=2} \frac{z^2+1}{z} dz = 2\pi i \cdot (z^2+1)\Big|_{z=0} = 2\pi i.$$

例3.9 计算积分 $\oint_C \frac{\sin\frac{\pi z}{6}}{z^2-1} dz$ 的值，其中 C 为：

(1) $\left|z - \frac{3}{2}\right| = 1$;   (2) $\left|z + \frac{3}{2}\right| = 1$;   (3) $|z| = 3$.

解：（1）被积函数 $\dfrac{\sin\frac{\pi z}{6}}{z+1}$ 在 $\left|z-\frac{3}{2}\right|=1$ 的内部解析，由式（3.12）有，

$$\oint_C \frac{\sin\frac{\pi z}{6}}{z^2-1} dz = \oint_C \frac{\sin\frac{\pi z}{6}}{z+1} \cdot \frac{1}{z-1} dz = 2\pi i \left(\frac{\sin\frac{\pi z}{6}}{z+1}\right)\Bigg|_{z=1} = 2\pi i \cdot \frac{1}{4} = \frac{\pi i}{2}.$$

（2）被积函数 $\dfrac{\sin\frac{\pi z}{6}}{z-1}$ 在 $\left|z+\frac{3}{2}\right|=1$ 的内部解析，由式（3.12）有

$$\oint_C \frac{\sin\frac{\pi z}{6}}{z^2-1} dz = \oint_C \frac{\sin\frac{\pi z}{6}}{z-1} \cdot \frac{1}{z+1} dz = 2\pi i \left(\frac{\sin\frac{\pi z}{6}}{z-1}\right)\Bigg|_{z=-1} = 2\pi i \cdot \frac{1}{4} = \frac{\pi i}{2}.$$

（3）被积函数 $\dfrac{\sin\frac{\pi z}{6}}{z^2-1}$ 在$|z|=3$ 的内部有两个奇点 $z=\pm 1$.在 C 的内部作两个互不包含互不相交的正向圆周 C_1 和 C_2，其中 C_1 的内部只包含奇点 $z=1$，C_2 的内部只包含奇点 $z=-1$.由定理 3.5 的式（3.10）及式（3.12），有

$$\oint_C \frac{\sin\frac{\pi z}{6}}{z^2-1}\mathrm{d}z=\oint_{C_1}\frac{\sin\frac{\pi z}{6}}{z^2-1}\mathrm{d}z+\oint_{C_2}\frac{\sin\frac{\pi z}{6}}{z^2-1}\mathrm{d}z=\frac{\pi i}{2}+\frac{\pi i}{2}=\pi i.$$

例 3.10 求积分 $\oint\limits_{|z|=2}\dfrac{\mathrm{d}z}{z^4-1}$ 的值，其中 C 为：$|z|=2$ 为正向.

解：因为 z^4-1=0 之解为 $z_1=1, z_2=\mathrm{i}, z_3=-1, z_4=-\mathrm{i}$，分别作简单正向闭路 C_j 包围 z_j，使 C_j（$j=1, 2, 3, 4$）互不包含，互不相交，均位于 $|z|=2$ 内，则由复合闭路定理有

$$\oint_C \frac{\mathrm{d}z}{z^4-1}=\sum_{j=1}^{4}\oint_{C_j}\frac{\mathrm{d}z}{z^4-1}$$

又由柯西积分公式得

$$\begin{aligned}\oint_{C_1}\frac{\mathrm{d}z}{z^4-1}&=\oint_{C_1}\frac{1}{(z_1-z_2)(z_1-z_3)(z_1-z_2)}\cdot\frac{\mathrm{d}z}{z-z_1}\\&=2\pi\mathrm{i}\frac{1}{(z_1-z_2)(z_1-z_3)(z_1-z_2)}\\&=2\pi\mathrm{i}\frac{1}{(1-\mathrm{i})(1+1)(1+\mathrm{i})}=\frac{\pi\mathrm{i}}{2}\end{aligned}$$

同理可得

$$\oint_{C_2}\frac{\mathrm{d}z}{z^4-1}=-\frac{\pi}{2},\oint_{C_3}\frac{\mathrm{d}z}{z^4-1}=-\frac{\pi\mathrm{i}}{2},\oint_{C_4}\frac{\mathrm{d}z}{z^4-1}=\frac{\pi}{2}.$$

所以 $\oint\limits_{|z|=2}\dfrac{\mathrm{d}z}{z^4-1}=\sum\limits_{j=1}^{4}\oint\limits_{C_j}\dfrac{\mathrm{d}z}{z^4-1}=0$.

2. 高阶导数公式

我们知道，一个实函数在某一区间上可导，并不能保证该函数在这个区间上二阶导数存在.但在复变函数中，如果一个函数在某一区域内解析，那么根据 3.3 节中的柯西积分公式推知，该解析函数是无穷次可微的.

定理 3.7 定义在区域 D 的解析函数 $f(z)$有各阶导数，且有

$$f^{(n)}(z)=\frac{n!}{2\pi i}\oint_C\frac{f(\xi)}{(\xi-z)^{n+1}}\mathrm{d}\xi\quad(n=1,2,\cdots),\tag{3.13}$$

其中 C 为区域 D 内围绕 z 的任何一条简单闭曲线，积分沿曲线 C 的正向.

　　证明：用数学归纳法证明. 当 $n=1$ 时，即证明

$$f'(z) = \frac{1}{2\pi i}\oint_C \frac{f(\xi)}{(\xi - z)^2}\mathrm{d}\xi.$$

也就是要证明

$$\lim_{\Delta z \to 0}\frac{f(z + \Delta z)}{\Delta z} = \frac{1}{2\pi i}\oint_C \frac{f(\xi)}{(\xi - z)^2}\mathrm{d}\xi.$$

由柯西积分公式（3.11）有

$$f(z) = \frac{1}{2\pi i}\oint_C \frac{f(\xi)}{\xi - z}\mathrm{d}\xi,$$

$$f(z + \Delta z) = \frac{1}{2\pi i}\oint_C \frac{f(\xi)}{\xi - z - \Delta z}\mathrm{d}\xi.$$

于是

$$\left| \frac{f(z + \Delta z) - f(z)}{\Delta z} - \frac{1}{2\pi i}\oint_C \frac{f(\xi)}{(\xi - z)^2}\mathrm{d}\xi \right|$$

$$= \left| \frac{1}{2\pi i\Delta z}\left(\oint_C \frac{f(\xi)}{\xi - z - \Delta z}\mathrm{d}\xi - \oint_C \frac{f(\xi)}{\xi - z}\mathrm{d}\xi \right) - \frac{1}{2\pi i}\oint_C \frac{f(\xi)}{(\xi - z)^2}\mathrm{d}\xi \right|$$

$$= \left| \frac{1}{2\pi i\Delta z}\oint_C \frac{f(\xi)}{(\xi - z - \Delta z)(\xi - z)}\mathrm{d}\xi - \frac{1}{2\pi i}\oint_C \frac{f(\xi)}{(\xi - z)^2}\mathrm{d}\xi \right|$$

$$= \frac{1}{2\pi}\left| \oint_C \frac{\Delta z f(\xi)}{(\xi - z - \Delta z)(\xi - z)^2}\mathrm{d}\xi + \oint_C \frac{f(\xi)}{(\xi - z)^2}\mathrm{d}\xi - \oint_C \frac{f(\xi)}{(\xi - z)^2}\mathrm{d}\xi \right|.$$

令上式为 Q，显然

$$Q = \frac{1}{2\pi}\left| \oint_C \frac{\Delta z f(\xi)}{(\xi - z - \Delta z)(\xi - z)^2}\mathrm{d}\xi \right|.$$

根据积分不等式（3.4）有

$$Q \leqslant \frac{1}{2\pi}\oint_C \frac{|\Delta z||f(\xi)|}{|\xi - z - \Delta z||\xi - z|^2}|\mathrm{d}\xi|.$$

因为 $f(z)$ 在区域 D 内解析，所以在闭曲线 C 上解析并连续，从而在 C 上是有界的. 即对于 $\forall z \in C$，一定存在一个正数 M，使得 $|f(z)| \leqslant M$. 设 d 为从 z 到 C 上各点的最短距离，取 Δz 充分小，满足 $|\Delta z| < \dfrac{d}{2}$. 那么

$$|\xi - z| \geqslant d, \quad |\xi - z - \Delta z| \geqslant |\xi - z| - |\Delta z| > \frac{d}{2}.$$

因此

$$Q < \frac{1}{2\pi}\oint_C \frac{|\Delta z|M}{\frac{d}{2}\cdot d^2}ds = \frac{|\Delta z|}{2\pi}\cdot\frac{2M}{d^3}L = \frac{ML}{\pi d^3}|\Delta z|,$$

这里 L 为 C 的长度. 令 $\Delta z \to 0$，则 $Q \to 0$，于是有

$$f'(z) = \lim_{\Delta z \to 0}\frac{f(z+\Delta z)-f(z)}{\Delta z} = \frac{1}{2\pi i}\oint_C \frac{f(\xi)}{(\xi-z)}d\xi.$$

假设 $n=k$ 时的情形成立，证明 $n=k+1$ 时的情形成立.证明方法与 $n=1$ 时的情形相似，但证明过程稍微复杂，这里就不证明了.

这个定理实际上说明了解析函数具有无穷可微性.

定理 3.8 若 $f(z)$ 为定义在区域 D 内的解析函数，则在 D 内其各阶导数都存在并且解析.换句话说，解析函数的导数也是解析函数.由解析函数的无穷可微性，我们可以得到判断函数在区域内解析的又一个充要条件.

定理 3.9 函数 $f(z)=u(x,y)+iv(x,y)$ 在区域 D 内解析的充要条件是

（1）u_x,u_y,v_x,v_y 在 D 内连续；

（2）$u(x,y),v(x,y)$ 在 D 内满足柯西-黎曼方程.

证明： 充分性即定理 2.8.

下面证明必要性. 条件（2）的必要性由定理 2.7 给出.再来看条件（1），由于解析函数的导数仍然是解析函数，所以 $f'(z)$ 在 D 内解析，从而在 D 内连续.而 $f'(z) = u_x + iv_x = v_y - iu_y$，所以 u_x,u_y,v_x,v_y 在 D 内连续.

下面我们来看高阶导数公式的应用.高阶导数公式（3.13）可改写为

$$\oint_C \frac{f(\xi)}{(\xi-z)^{n+1}}d\xi = \frac{2\pi i}{n!}f^{(n)}(z). \tag{3.14}$$

可通过此式计算某些复变函数的积分.

例 3.11 求积分的 $\oint_C \frac{e^z}{(\xi-z)^{n+1}}d\xi$ 值，其中 C 为：$x^2+y^2=6y$.

解： $x^2+y^2=6y$ 可化为 $x^2+(y-3)^2=9$，即 $|z-3i|=3$.

被积函数 $\dfrac{e^z}{\left(z-\frac{\pi i}{2}\right)^2}$ 在 C 的内部有一个奇点 $z=\frac{\pi i}{2}$，由式（3.14）有

$$\oint_C \frac{e^z}{\left(z-\frac{\pi i}{2}\right)^2} = 2\pi i(e^z)'\big|_{z=\pi i/2} = 2\pi i e^{\pi i/2} = 2\pi i\cdot i = -2\pi.$$

例 3.12 求积分 $\displaystyle\oint_C \frac{\cos \pi z}{z^3(z-1)^2}\mathrm{d}z$ 的值，其中 C 为：$|z|=2$.

解 被积函数 $\dfrac{\cos \pi z}{z^3(z-1)^2}$ 在 C 的内部有两个奇点 $z=0$ 和 $z=1$，作两条闭曲线 C_1 和 C_2 互不相交且互不包含，分别包围奇点 $z=0$ 和 $z=1$，且两曲线所围区域全含于 C 的内部，则根据复合闭路定理 3.5 和高阶导数公式（3.14），有

$$\oint_C \frac{\cos \pi z}{z^3(z-1)^2}\mathrm{d}z = \oint_{C_1} \frac{\cos \pi z}{z^3(z-1)^2}\mathrm{d}z + \oint_{C_2} \frac{\cos \pi z}{z^3(z-1)^2}\mathrm{d}z$$

$$= \oint_{C_1} \frac{\cos \pi z}{(z-1)^2}\cdot \frac{1}{z^3}\mathrm{d}z + \oint_{C_2} \frac{\cos \pi z}{z^3}\cdot \frac{1}{(z-1)^2}\mathrm{d}z$$

$$= \frac{2\pi i}{2!}\left(\frac{\cos \pi z}{(z-1)^2}\right)''\bigg|_{z=0} + 2\pi i\left(\frac{\cos \pi z}{z^3}\right)'\bigg|_{z=0} + 2\pi i \cdot 3$$

$$= (6-\pi^2)\pi i + 6\pi i = (12-\pi^2)\pi i.$$

3.4　解析函数与调和函数的关系

根据"解析函数的导数仍是解析函数"这个结论，我们来讨论解析函数与调和函数的关系.

定义 3.3 在区域 D 内具有二阶连续偏导数并且满足拉普拉斯方程

$$\frac{\partial^2 \varphi}{\partial x^2} + \frac{\partial^2 \varphi}{\partial y^2} = 0$$

的二元实函数 $\varphi(x,y)$ 称为在 D 内的调和函数.

调和函数是流体力学、电磁学和传热学中经常遇到的一类重要函数.

定理 3.10 任何在区域 D 内解析的函数 $f(z)=u(x,y)+iv(x,y)$，其实部 $u(x,y)$ 和虚部 $v(x,y)$ 都是 D 内的调和函数.

证明 由柯西-黎曼方程有

$$\frac{\partial \varphi}{\partial x} = \frac{\partial v}{\partial y}, \qquad \frac{\partial u}{\partial y} = -\frac{\partial v}{\partial x}.$$

于是

$$\frac{\partial^2 u}{\partial x^2} = \frac{\partial^2 v}{\partial y \partial x}, \qquad \frac{\partial^2 u}{\partial y^2} = -\frac{\partial^2 v}{\partial x \partial y}.$$

由定理 3.8 可知，$u(x,y)$ 与 $v(x,y)$ 具有任意阶连续偏导，所以

$$\frac{\partial^2 v}{\partial y \partial x} = \frac{\partial^2 v}{\partial x \partial y}.$$

从而

$$\frac{\partial^2 u}{\partial x^2} + \frac{\partial^2 v}{\partial y^2} = 0.$$

同理可证

$$\frac{\partial^2 v}{\partial x^2} + \frac{\partial^2 v}{\partial y^2} = 0.$$

即 $u(x,y)$ 与 $v(x,y)$ 都是调和函数.

使 $u(x,y)+iv(x,y)$ 在区域 D 内构成解析函数的调和函数 $v(x,y)$，称为 $u(x,y)$ 的共轭调和函数. 或者说，在区域 D 内满足柯西-黎曼方程 $u_x=v_y, v_x=-u_y$ 的两个调和函数 u 和 v 中，v 称为 u 的共轭调和函数.

注意：u 与 v 的关系不能颠倒，任意两个调和函数 u 与 v 所构成的函数 $u+iv$ 不一定就是解析函数. 例如，$f(z)=z^2=x^2-y^2+2xyi$，其中实部 $u=x^2-y^2$，虚部 $v=2xy$. 由于 $f(z)=z^2$ 解析，显然 $v=2xy$ 是 $u=x^2-y^2$ 的共轭调和函数. 但是 $v_x=2y, u_y=-2y$. 因此以 v 作为实部、u 作为虚部的函数 $g(z)=v+iu$ 不解析.

下面介绍已知单连通域 D 内的解析函数 $f(z)=u+iv$ 的实部或虚部，求 $f(z)$ 的方法.

这里仅对已知实部的情形进行说明，关于已知虚部求 $f(z)$ 的方法可以类似得到.

（1）偏积分法

利用柯西-黎曼方程先求得 v 对 y 的偏导 $v_y=u_x$，此式关于 y 积分得 $v = \int \frac{\partial u}{\partial x} dy + g(x)$，然后两边对 x 求偏导，由 $v_x=-u_y$，于是有

$$-u_y = \frac{\partial}{\partial x} \int \frac{\partial u}{\partial x} dy + g'(x).$$

从而

$$g(x) = \int \left(-\frac{\partial u}{\partial x} - \frac{\partial}{\partial x} \int \frac{\partial u}{\partial x} dy \right) dx + C.$$

故

$$v = \int \frac{\partial u}{\partial x} dy + \int \left(-\frac{\partial u}{\partial x} - \frac{\partial}{\partial x} \int \frac{\partial u}{\partial x} dy \right) dx + C.$$

例 3.13　已知 $u(x,y)=2(x-1)y, f(2)=-i$，求其共轭调和函数，并写出 $f(z)$ 的形式.

解　由柯西-黎曼方程，有 $v_y=u_x=2y$，此式两边关于 y 积分：

$$v = \int \frac{\partial u}{\partial x} dy + g(x) = y^2 + g(x).$$

而

$$v_x = g'(x),$$

又

$$v_x = -u_y = 2(1-x),$$

所以

$$g(x) = \int 2(1-x)\mathrm{d}x = 2x - x^2 + C,$$

其中 C 为实常数. 于是

$$v = y^2 - x^2 + 2x + C.$$

从而

$$f(z) = 2(x-1)y + i(y^2 - x^2 + 2x + C).$$

由条件 $f(2)=-i$，得 $C=-1$，故

$$f(z) = 2(x-1)y + i(y^2 - x^2 + 2x - 1)$$
$$= -i(x^2 - y^2 + 2ixy - 2(x+iy) + 1)$$
$$= -i(z-1)^2.$$

（2）线积分法

利用柯西-黎曼方程，有 $\mathrm{d}v = v_x \mathrm{d}x + v_y \mathrm{d}y = -u_y \mathrm{d}x + u_x \mathrm{d}y$，故

$$v = \int_{(x_0, y_0)}^{(x,y)} -u_y \mathrm{d}x + u_x \mathrm{d}y + C.$$

由于该积分与积分路径无关，因此可选取简单路径（如折线）进行计算.其中（x_0, y_0）为区域 D 中的点.

以例 3.13 进行说明，$u_x=2y$，$u_y=2x-2$．取（x_0, y_0）=（0,0），路径为从（0,0）到（x,0）的直线段，再从（x,0）到（x,y）的直线段.

于是

$$v = \int_{(0,0)}^{(x,y)} (2-2x)\mathrm{d}x + 2y\mathrm{d}y + C$$
$$= \int_0^x (2-2x)\mathrm{d}x + \int_0^y 2y\mathrm{d}x + C$$
$$= 2x - x^2 + y^2 + C.$$

以下同前.

（3）不定积分法

根据柯西-黎曼方程及解析函数的导数公式有

$$f'(z) = u_x + iv_x = u_x - iu_y.$$

将 $u_x - iu_y$ 表示成 z 的函数 $h(z)$，于是

$$f(z) = \int h(z)\mathrm{d}z + C.$$

还是以例 3.13 进行说明，$u_x = 2y, u_y = 2x - 2$.

$$f'(z) = 2y - i(2x - 2) = -2i(x + iy - 1) = -2i(z - 1).$$

从而

$$f(z) = \int -2i(z-1)\mathrm{d}z + C = -iz^2 + 2iz + C.$$

由条件 $f(2) = -i$，得 $C = -i$，故

$$f(z) = -i(z-1)^2.$$

小结

复变函数的积分定义与微积分中定积分的定义在形式上十分相似，只是被积函数由后者的一元实函数换成了前者的复变函数，积分区间 $[a,b]$ 换成了平面区域内的一条光滑有向曲线. 复变函数的积分值不仅与积分曲线的起点和终点有关，而且一般也与积分路径有关. 这些特点与微积分中第二类曲线积分相似，因而具有与第二类曲线积分类似的性质.

计算复变函数的积分有两个基本方法：

（1）若被积函数为 $f(z) = u(x,y) + iv(x,y)$，积分曲线为 C，则

$$\int_C f(z)\mathrm{d}z = \int_C u\mathrm{d}x - v\mathrm{d}y + i\int_C v\mathrm{d}x + v\mathrm{d}y.$$

（2）参数方程法. 设积分曲线 C 的参数方程为 $z = z(t)$（$a \leqslant t \leqslant b$），则

$$\int_C f(z)\mathrm{d}z = \int_a^b f(z(t))z'(t)\mathrm{d}t.$$

解析函数积分的基本定理主要包括柯西-古萨定理、柯西积分公式、高阶导数公式及其一些推论.

柯西-古萨定理指在单连通域 D 内解析的函数 $f(z)$ 沿该区域内任一条闭曲线 C 的积分为零，即 $\int_C f(z)\mathrm{d}z = 0$. 由此定理可以得到一个重要推论：在单连通域 D 内解析的函数 $f(z)$ 沿该区域内任一条曲线积分与路径无关. 复变函数与实函数一样，也有原函数的概念，并且任何两个原函数之间仅相差一个常数. 基于此，对于单连通域内的解析函数，有类似于实函数的牛顿-莱布尼兹公式，即 $\int_{z_0}^{z_1} f(z)\mathrm{d}z = \varphi(z_1) - \varphi(z_0)$，其中 $f(z)$ 为单连通域 D 内的解析函数，$\varphi(z)$ 为 $f(z)$ 的一个原函数，$z_0, z_1 \in D$，分别为积分曲线的起点和终点.

复合闭路定理是柯西-古萨定理的推广，即若函数 $f(z)$ 在复闭路 $C = C_0 + C_1^- + C_2^- + \cdots + C_n^-$ 及其所围成的多连通区域内解析，则

$$\int_{C_0} f(z)\mathrm{d}z = \sum_{k=1}^{n} \int_{C_k} f(z)\mathrm{d}z,$$

也就是 $\int_{C_0} f(z)\mathrm{d}z = 0$.

柯西积分公式

$$f(z) = \frac{1}{2\pi i} \oint \frac{f(\xi)}{\xi - z}\mathrm{d}\xi$$

与高阶导数公式

$$f^n(z) = \frac{n!}{2\pi i} \oint \frac{f(z)}{(\xi-z)^{n+1}}\mathrm{d}\xi, \quad n=1,2,\cdots$$

是复变函数两个十分重要的公式，它们都是计算积分的重要工具.柯西积分公式反映了解析函数在其解析区域边界上的值与区域内部各点处之间的密切关系，而高阶导数公式表明解析函数的导数仍是解析函数，即解析函数具有无穷可微性.这是解析函数与实函数的本质区别.

下面归纳复变函数积分的计算方法：

（1）如果被积函数不是解析函数，那么不论积分路径是否封闭，只能运用上面提到的两种基本计算方法，即化为二元实函数的线积分和参数方程法.

（2）如果被积函数是解析函数（包括含有有限个奇点的情形），并且积分路径封闭，那么可以考虑柯西积分公式、高阶导数公式，并常常需要联合运用柯西-古萨定理、复合闭路定理，有时还需将被积函数变形为公式中的相应形式.若积分路径不封闭，那么只要被积函数在单连通域内解析，就可用定理 3.4 进行计算.

（3）若被积函数是解析函数（含有有限个或无限个奇点），积分路径封闭，而被积函数不能表示为柯西积分公式和高阶导数公式中所要求的形式，那么就只能用到第五章中的留数方法.

解析函数 $f(z)=u+iv$ 的虚部 v 为实部 u 的共轭调和函数，u 与 v 的关系不能颠倒，任意两个调和函数 u 与 v 所构成的函数 $u+iv$ 不一定是解析函数.已知单连通域 D 内的解析函数 $f(z)$ 的实部或虚部求 $f(z)$ 的方法要求掌握，前面已经详细介绍了三种方法，这里不再赘述.

习题三

1. 计算积分 $\int_C (x-y+ix^2)\mathrm{d}z$,其中 C 为从原点到点 $1+i$ 的直线段.

2. 计算积分 $\int_C (1-\bar{z})\mathrm{d}z$ ，其中积分路径 C 为

（1）从点 0 到点 $1+i$ 的直线段；

（2）沿抛物线 $y=x^2$ ，从点 0 到点 $1+i$ 的弧段.

3. 计算积分 $\int_C |z|\,\mathrm{d}z$，其中积分路径 C 为

（1）从点 $-i$ 到点 i 的直线段；

（2）沿单位圆周 $|z|=1$ 的左半圆周，从点 $-i$ 到点 i；

（3）沿单位圆周 $|z|=1$ 的右半圆周，从点 $-i$ 到点 i.

4. 计算积分 $\int_C \dfrac{2z-3}{z}\,\mathrm{d}z$，其中积分路径 C 为

（1）从 $z=-2$ 到 $z=2$ 沿圆周 $|z|=2$ 的上半圆周；

（2）从 $z=-2$ 到 $z=2$ 沿圆周 $|z|=2$ 的下半圆周；

（3）沿圆周 $|z|=2$ 的正向.

5. 计算积分 $\oint_C \dfrac{1}{z(3z+1)}\,\mathrm{d}z$，其中 C 为 $|z|=\dfrac{1}{6}$.

6. 计算积分 $\oint_C (|z|-\mathrm{e}^z \sin z)\,\mathrm{d}z$，其中 C 为 $|z|=a>0$.

7. 计算积分，其中积分路径 C 为：

（1）C_1: $|z|=\dfrac{1}{2}$;

（2）C_2: $|z|=\dfrac{3}{2}$;

（3）C_3: $|z+i|=\dfrac{1}{2}$;

（4）C_4: $|z-i|=\dfrac{3}{2}$.

8. 利用 $\oint_C \dfrac{1}{z+2}\,\mathrm{d}z=0, C:|z|=1$，证明：

$$\int_0^\pi \frac{1+2\cos\theta}{5+4\cos\theta}\,\mathrm{d}\theta=0.$$

9. 计算积分 $\oint_C \dfrac{1}{\left(z-\dfrac{i}{2}\right)(z+1)}\,\mathrm{d}z$，其中 C 为 $|z|=2$.

10. 利用牛顿-莱布尼兹公式计算下列积分.

（1）$\displaystyle\int_0^{\pi+2i} \cos\frac{z}{2}\,\mathrm{d}z$;　　　　　（2）$\displaystyle\int_{-\pi i}^{0} \mathrm{e}^{-z}\,\mathrm{d}z$;

（3）$\displaystyle\int_1^i (2+iz)^2\,\mathrm{d}z$;　　　　　（4）$\displaystyle\int_1^i \frac{\ln(z+1)}{z+1}\,\mathrm{d}z$;

（5）$\int_0^1 z\sin z\,dz$；　　　　　　（6）$\int_1^i \dfrac{1+\tan z}{\cos^2 z}\,dz$（沿 1 到 i 的直线段）.

11. 求积分 $\oint_C \dfrac{e^z}{z^2+1}\,dz$，其中 C 为：

（1）$|z-i|=1$；（2）$|z+i|=1$；（3）$|z|=2$

12. 计算积分 $\oint_C \dfrac{2z^2-z+1}{z-1}\,dz$，其中 C 为$|z|=2$.

13. 计算积分 $\oint_C \dfrac{1}{z^4+1}\,dz$，其中 C 为 $x^2+y^2=2x$.

14. 求积分 $\oint_{|z|=r} \dfrac{\sin z}{z^2+9}\,dz$，其中 C 为$|z-2i|=2$.

15. 求积分 $\oint_C \dfrac{dz}{(z-1)^3(z+1)^3}\,dz$，其中 $r\neq 1$.

16. 求下列积分的值，其中积分路径 C 均为$|z|=1$.

（1）$\oint_C \dfrac{\cos z}{z^3}\,dz$；　　　　　　（2）$\oint_C \dfrac{\cos z}{z^3}\,dz$；

（3）$\oint_C \dfrac{\tan z/2}{(z-z_0)^2}\,dz,\quad |z_0|<\dfrac{1}{2}$.

17. 计算积分 $\oint_C \dfrac{dz}{(z-1)^3(z+1)^3}\,dz$，其中 C 为

（1）中心位于点 $z=1$，半径为 $R<2$ 的正向圆周；

（2）中心位于点 $z=-1$，半径为 $R<2$ 的正向圆周；

（3）中心位于点 $z=1$，半径为 $R>2$ 的正向圆周；

（4）中心位于点 $z=-1$，半径为 $R>2$ 的正向圆周.

18. 设函数 $f(z)=ax^3+bx^2y+cxy^2+dy^3$ 是调和函数，其中 a,b,c 为常数.问 a,b,c 之间应满足什么关系？

19. 验证下列函数为调和函数.

（1）$\omega=x^3-6x^2y-3xy^2+2y^3$；

（2）$\omega=e^x\cos y+1+i(e^x\sin y+1)$.

20. 证明：函数 $u=x^2-y^2,\,v=\dfrac{x}{x^2+y^2}$ 都是调和函数，但 $f(z)=u+iv$ 不是解析函数.

21. 设 u 是调和函数，且不恒为常数，问：

（1）u^2 是否是调和函数？

（2）对怎样的 f，函数 $f(u)$ 为调和函数？

22. 由下列各已知调和函数，求解析函数 $f(z)=u+iv$：

（1） $u = x^2 - y^2 + xy$;

（2） $u = \dfrac{y}{x^2+y^2}, f(1)=0$;

（3） $v = e^x(y\cos y + x\sin y) + x + y, f(0)=2$;

（4） $v = \arctan\dfrac{y}{x}, x > 0$.

23. 设 $p(z) = (z-a_1)(z-a_2)\cdots(z-a_n)$，其中 a_i（$i=1,2,\cdots,n$）各不相同，闭路 C 不通过 $a_1,a_2,\cdots,a_n$，证明积分

$$\frac{1}{2\pi i}\oint_C \frac{p'(z)}{p(z)}\mathrm{d}z$$

等于位于 C 内的 $p(z)$ 的零点的个数.

24. 试证明下述定理（无界区域的柯西积分公式）：设 $f(z)$ 在闭路 C 及其外部区域 D 内解析，且 $\lim\limits_{z\to\infty} f(z) = A \neq \infty$，则

$$\frac{1}{2\pi i}\int_C \frac{f(\xi)}{\xi-z}\mathrm{d}\xi = \begin{cases} -f(z)+A, & z\in D, \\ A, & z\in G. \end{cases}$$

其中 G 为 C 所围内部区域.

第三章　自测训练题

一、选择题：（共 10 小题，每小题 3 分，共 30 分）

1. 设 C 为正向圆周 $|z|=2$，则积分 $\oint_C \dfrac{\sin z}{(1-z)^2}\mathrm{d}z$ 等于（　　　　）.

A. $\cos 1$ 　　　　　　　　　B. $\sin 1$

C. $2\pi i\cos 1$ 　　　　　　　D. $2\pi i\sin 1$

2. 下列积分中其积分值不为零的是（　　　　）.

A. $\oint_C \dfrac{z}{z-3}\mathrm{d}z$，$C$ 为正向圆周：$|z|=2$ 　　B. $\oint_C z^3\cos z\,\mathrm{d}z$，$C$ 为正向圆周：$|z|=\dfrac{1}{2}$

C. $\oint_C \dfrac{\sin z}{z}\mathrm{d}z$，$C$ 为正向圆周：$|z|=1$ 　　D. $\oint_C \dfrac{e^z}{z^5}\mathrm{d}z$，$C$ 为正向圆周：$|z|=1$

3. 复积分 $\int_0^i e^{iz} dz$ 的值是（   ）.

A. $-(1-e^{-1})i$ B. $e^{-1}i$

C. $(1-e^{-1})i$ D. $-e^{-1}i$

4. 复积分 $\oint_{|z-1-i|=2} \dfrac{e^z}{z-i} dz$ 的值是（   ）.

A. e^i B. e^{-i}

C. $2\pi i e^i$ D. $2\pi i e^{-i}$

5. 设 C 为正向圆周 $|z|=1$,则 $\oint_C \bar{z} dz = $（   ）.

A. $6\pi i$ B. $4\pi i$

C. $2\pi i$ D. 0

6. 设 C 为正向圆周 $|z-1|=2$，则 $\oint_C \dfrac{e^z}{z-2} dz = $（   ）.

A. e^2 B. $2\pi e^2 i$

C. $\pi e^2 i$ D. $-2\pi e^2 i$

7. 设 C 为正向圆周 $|z|=2$，则 $\oint_C \dfrac{z+e^z}{(z+1)^4} dz = $（   ）.

A. $\dfrac{\pi}{3e}i$ B. $\dfrac{\pi}{6e}$

C. $2\pi ei$ D. $\dfrac{\pi e}{3}i$

8. 设 C 为正向圆周 $|z|=\dfrac{1}{2}$，则 $\oint_C \dfrac{z^3 \cos \dfrac{1}{z-2}}{(1-z)^2} dz = $（   ）.

A. $2\pi i(3\cos 1 - \sin 1)$ B. 0

C. $6\pi i \cos 1$ D. $-2\pi i \sin 1$

9. 设 C 是从 0 到 $1+\dfrac{\pi}{2}i$ 的直线段，则积分 $\int_C z e^z dz = $（   ）.

A. $1-\dfrac{\pi e}{2}$ B. $-1-\dfrac{\pi e}{2}$

C. $1+\dfrac{\pi e}{2}i$ D. $1-\dfrac{\pi e}{2}i$

10. $\int_{|z-i|=3} \dfrac{dz}{z} = $（   ）.

A. 0 B. 2π

C. $\pi i \pi i$ D. $2\pi i$

二、填空题：(共 5 小题，每小题 4 分，共 20 分)

1. 设 $f(z) = e^{\frac{1}{z^2}}$，C 为正向圆周 $|z| = 1$，则积分 $\oint_C e^{\frac{1}{z^2}} dz = $ _____.

2. 设 C 为沿原点 $z = 0$ 到点 $z = 1 + i$ 的直线段，则 $\int_C 2\bar{z}dz = $ _____.

3. 设 C 为负向圆周 $|z| = 4$，则 $\oint_C \dfrac{e^z}{(z - \pi i)^5} dz = $ _____.

4. 设 C 为正向圆周 $|z| = 1$，则 $\oint_c \dfrac{e^z}{2 - \dfrac{\pi}{2}i} dz = $ _____.

5. 设 C 为正向单位圆周在第一象限的部分，则积分 $\int_C (\bar{z})^3 zdz = $ _____.

三、计算题：(本大题共 5 小题，每小题 10 分，共 50 分)

1. 计算积分 $\oint_C \dfrac{\bar{z}}{|z|} dz$ 的值，其中 C 为正向圆周：$|z| = 2$.

2. 计算积分 $\oint_C \dfrac{1}{z^2 + 2z + 4} dz$ 的值，其中 C 为正向圆周：$|z| = 1$.

3. 计算积分 $\oint_C \dfrac{1}{\left(z - \dfrac{i}{2}\right)(z + 2)} dz$ 的值，其中 C 为正向圆周：$|z| = 1$.

4. 计算积分 $\int_0^1 z \sin z dz$ 的值.

5. 计算积分 $\oint_C \dfrac{\sin z}{\left(z - \dfrac{\pi}{2}\right)^2} dz$ 的值，其中 C 为正向圆周：$|z| = 2$.

第四章 解析函数的级数表示法

在高等数学中，无穷级数是一个十分重要的内容，它是用来研究函数性质以及进行数值计算的一种工具.在复变函数中，无穷级数同样是研究解析函数的重要工具.我们将看到，关于复数项级数和复变函数项级数的某些概念和定理，都是实变数的相应内容在复变数范围内的直接推广.一个重要的结论是，解析函数可以用级数来表示：圆盘中的解析函数可以用泰勒级数来表示，圆环中的解析函数可以用罗朗级数来表示.这两类级数都是研究解析函数的重要工具，应用这些工具可以得到解析函数的一系列重要结论.

4.1 复数项级数

1. 复数列和复数列的极限

定义 4.1 设 $\{a_n\}$（$n=1,2,\cdots$）为一复数列，其中 $a_n = \alpha_n + i\beta_n$. $a = \alpha + i\beta$ 为一确定的复数. 如果对任意的正数 ε，存在正整数 N，使得当 $n>N$ 时，有

$$|a_n - a| < \varepsilon \tag{4.1}$$

成立，则称 a 为复数列 $\{a_n\}$ 当 $n \to \infty$ 时的极限，记作

$$\lim_{n \to \infty} a_n = a.$$

并称复数列 $\{a_n\}$ 收敛于 a.

下面的定理说明复数列 $\{a_n\}$ 收敛等价于数列的实部和虚部组成的实数列收敛.

定理 4.1 复数列 $\{a_n\}$ 收敛于 a 的充分必要条件是：$\lim_{n \to \infty} \alpha_n = \alpha, \lim_{n \to \infty} \beta_n = \beta$.

证明：如果 $\lim_{n \to \infty} a_n = a$，则对 $\varepsilon > 0$，存在正整数 N，使得当时 $n > N$，有

$$|a_n - a| < \varepsilon.$$

从而有

$$|\alpha_n - \alpha| \leqslant |a_n - a| < \varepsilon,$$

所以有

$$\lim_{n \to \infty} \alpha_n = \alpha.$$

同理有

$$\lim_{n \to \infty} \beta_n = \beta.$$

反之，如果 $\lim\limits_{n\to\infty}\alpha_n=\alpha$，$\lim\limits_{n\to\infty}\beta_n=\beta$，对 $\varepsilon>0$，存在正整数 N，使得当 $n>N$ 时，有

$$|\alpha_n-\alpha|<\frac{\varepsilon}{2},|\beta_n-\beta|<\frac{\varepsilon}{2},$$

所以有

$$|a_n-a|\leqslant|\alpha_n-\alpha|+|\beta_n-\beta|<\varepsilon,$$

即是

$$\lim_{n\to\infty}a_n=a.$$

2. 复级数

设 $a_n=\alpha_n+i\beta_n$（$n=1,2,3,\cdots$）为一复数列，表达式为

$$\sum_{n=1}^{\infty}a_n=a_1+a_2+\cdots a_n+\cdots \tag{4.2}$$

称为复数域上的无穷级数，简称复级数或级数.记该级数的前 n 项部分和为

$$S_n=a_1+a_2+\cdots+a_n,n=1,2,\cdots$$

$\{S_n\}$ 称为该级数的部分和数列.

显然，若一般项 a_n 的虚部 $\beta_n=0$（$n=1,2,\cdots$），则级数 $\sum_{n=1}^{\infty}a_n$ 实质上是实级数，因此实级数可以看作是复级数的特例.

定义 4.2　若级数 $\sum\limits_{n=1}^{\infty}a_n$ 对应的部分和数列 $\{S_n\}$ 收敛于常数 S，即

$$\lim_{n\to\infty}S_n=S$$

那么 $\sum\limits_{n=1}^{\infty}a_n$ 称为收敛的级数.数 S 叫做该级数的和，记为

$$\sum_{n=1}^{\infty}a_n=S.$$

若 $\lim\limits_{n\to\infty}S_n$ 不存在，则称 $\sum\limits_{n=1}^{\infty}a_n$ 为发散的级数.

我们首先研究级数(4.2)的收敛性问题.

定理 4.2　复级数 $\sum\limits_{n=1}^{\infty}a_n$ 收敛于 S 的充要条件是，实级数 $\sum\limits_{n=1}^{\infty}\alpha_n$ 和 $\sum\limits_{n=1}^{\infty}\beta_n$ 分别收敛于 δ 和 τ，其中 $S=\delta+i\tau,a_n=\alpha_n+\beta_n$（$n=1,2,\cdots$）

证明：

$$S_n = a_1 + a_2 + \cdots a_n$$
$$= (\alpha_1 + \alpha_2 + \cdots + \alpha_n) + \mathrm{i}(\beta_1 + \beta_2 + \cdots + \beta_n)$$
$$= \delta_n + \mathrm{i}\tau_n.$$

其中 $\delta_n = \sum\limits_{i=1}^{n} \alpha_i, \tau_n = \sum\limits_{i=1}^{n} \beta_i$，它们分别为实级数 $\sum\limits_{i=1}^{n} \alpha_i$ 和 $\sum\limits_{i=1}^{n} \beta_i$ 的部分和.由定义 4.2 及定理 4.1，S_n 收敛于 S 的充要条件是 $\{\delta_n\}$ 和 $\{\tau_n\}$ 分别收敛于 δ 和 τ，从而定理得证.

定理 4.2 表明复级数的收敛问题可以转化为实级数的收敛问题，因此有关实级数的收敛判别和性质可以推广到复级数中. 下面我们看到实级数的一些重要性质的推广.

定理 4.3   复级数 $\sum\limits_{n=1}^{\infty} a_n$ 收敛的必要条件是

$$\lim_{n\to\infty} a_n = 0.$$

证明：由定理 4.2，$\sum\limits_{n=1}^{\infty} a_n$ 收敛的充要条件是对应的两个实级数 $\sum\limits_{n=1}^{\infty} \alpha_n$ 和 $\sum\limits_{n=1}^{\infty} \beta_n$ 均收敛，其中 $a_n = \alpha_n + \mathrm{i}\beta_n$（$n=1,2,\cdots$）.由高等数学的结论指出：实级数收敛的必要条件是其通项的极限为零.于是有

$$\lim_{n\to\infty} \alpha_n = 0 \text{ 和 } \lim_{n\to\infty} \beta_n = 0$$

从而得到

$$\lim_{n\to\infty} a_n = 0.$$

定义 4.3   对于复级数 $\sum\limits_{n=1}^{\infty} a_n$，若 $\sum\limits_{n=1}^{\infty} |a_n|$ 收敛，则称级数 $\sum\limits_{n=1}^{\infty} a_n$ 绝对收敛；若 $\sum\limits_{n=1}^{\infty} |a_n|$ 发散，而 $\sum\limits_{n=1}^{\infty} a_n$ 收敛，则称级数 $\sum\limits_{n=1}^{\infty} a_n$ 条件收敛.

定理 4.4   如果级数 $\sum\limits_{n=1}^{\infty} a_n$ 绝对收敛，则 $\sum\limits_{n=1}^{\infty} a_n$ 也收敛，且不等式 $\left| \sum\limits_{n=1}^{\infty} a_n \right| \leqslant \sum\limits_{n=1}^{\infty} |a_n|$ 成立.

证明：记 $a_n = \alpha_n + \mathrm{i}\beta_n, n=1,2,\cdots$，则有

$$\sum_{n=1}^{\infty} |a_n| = \sum_{n=1}^{\infty} \sqrt{\alpha_n^2 + \beta_n^2}.$$

由于 $|\alpha_n| \leqslant \sqrt{\alpha_n^2 + \beta_n^2}, |\beta_n| \leqslant \sqrt{\alpha_n^2 + \beta_n^2}$.根据实级数的比较准则，得知 $\sum\limits_{n=1}^{\infty} \alpha_n$ 和 $\sum\limits_{n=1}^{\infty} \beta_n$ 均收敛，于是 $\sum\limits_{n=1}^{\infty} a_n$ 是收敛的.由三角不等式

$$\left|\sum_{k=1}^{\infty} a_k\right| \leqslant \sum_{k=1}^{\infty}|a_k|$$

又

$$\lim_{n\to\infty}\sum_{k=1}^{\infty}|a_k| = \sum_{k=1}^{\infty}|a_k|$$

故有

$$\lim_{n\to\infty}\left|\sum_{k=1}^{\infty} a_k\right| \leqslant \lim_{n\to\infty}\sum_{k=1}^{\infty}|a_k|$$

即

$$\left|\sum_{k=1}^{\infty} a_k\right| \leqslant \sum_{k=1}^{\infty}|a_k|$$

利用不等式 $|a_n| = \sqrt{\alpha_n{}^2 + \beta_n{}^2} \leqslant |a_n| + |\beta_n|$ 很容易得到下面的结论.

推论 4.1 设 $a_n = \alpha_n + \mathrm{i}\beta_n, n = 1, 2, \cdots$. 则级数 $\sum_{n=1}^{\infty} a_n$ 绝对收敛的充要条件是级数 $\sum_{n=1}^{\infty}\alpha_n$ 和 $\sum_{n=1}^{\infty}\beta_n$ 都绝对收敛.

顺便指出，由于 $\sum_{n=1}^{\infty}|a_n|$ 的各项都是非负实数，所以其收敛性可用正项级数判别法来确定.

例 4.1 下列级数是否收敛？是否绝对收敛？

$$（1）\ \sum_{n=1}^{\infty}\frac{(3i)^n}{n!};\quad（2）\ \sum_{n=1}^{\infty}(1+\frac{1}{n})\mathrm{e}^{\frac{\mathrm{i}\pi}{n}};\quad（3）\ \sum_{n=1}^{\infty}[\frac{(-1)^n}{n} + \frac{1}{3n}i]$$

解 （1）$\left|\dfrac{(3i)^n}{n!}\right| = \dfrac{3^n}{n!}$，由正项级数的比值判别法和 $\sum_{n=1}^{\infty}\dfrac{3^n}{n!}$ 收敛，故原级数为绝对收敛.

（2）$(1+\dfrac{1}{n})\mathrm{e}^{\mathrm{i}\pi/n} = (1+\dfrac{1}{n})\cos\dfrac{\pi}{n} + \mathrm{i}(1+\dfrac{1}{n})\sin\dfrac{\pi}{n}$，因为

$$\lim_{n\to\infty}(1+\frac{1}{n})\cos\frac{\pi}{n} = 1, \lim_{n\to\infty}(1+\frac{1}{n})\sin\frac{\pi}{n} = 0,$$

因此，级数一般项的极限为

$$\lim_{n\to\infty}(1+\frac{1}{n})\mathrm{e}^{\mathrm{i}\pi/n} = 1.$$

由定理 4.3 知 $\lim_{n\to\infty}(1+\dfrac{1}{n})\mathrm{e}^{\mathrm{i}\pi/n}$ 发散.

（3）因为 $\sum\limits_{n=1}^{\infty} \dfrac{(-1)^n}{n}$ 收敛，$\sum\limits_{n=1}^{\infty} \dfrac{1}{3^n}$ 也收敛，故原级数收敛，但 $\sum\limits_{n=1}^{\infty} \dfrac{(-1)^n}{n}$ 为条件收敛，由推论

4.1 知，原级数为条件收敛.

4.2　幂级数

1. 幂级数的概念

解析函数最重要的性质之一是可以展开成幂级数，而幂级数在其收敛圆内确定了一个解析函数，所以解析函数的幂级数表示解析函数的一种最简单的分析表达式.

所谓幂级数，是指形如

$$\sum_{n=0}^{\infty} a_n(z-z_0)^n = a_0 + a_1(z-z_0) + \cdots + a_n(z-z_0)^n + \cdots \tag{4.3}$$

的表达式，其一般项是幂函数 $a_n(z-z_0)^n$，这里 a_n（$n=0,1,\cdots$）和 z_0 是复常数，而 z 为复变数.

给定 z 的一个确定值 z_1，则式（4.3）为复数项级数

$$\sum_{n=0}^{\infty} a_n(z_1-z_0)^n = a_0 + a_1(z_1-z_0) + \cdots + a_n(z_1-z_0)^n + \cdots \tag{4.4}$$

若式（4.4）所表示的级数收敛，则称幂级数（4.3）在 z_1 处收敛，z_1 称为（4.3）的一个收敛点，否则则称为发散点.若 D 为级数（4.3）所有收敛点的集合，则级数在 D 上的和确定一个函数 $S(z)$：

$$S(z) = a_0 + a_1(z-z_0) + \cdots + a_n(z-z_0)^n + \cdots, z \in D, \tag{4.5}$$

称 $S(z)$ 为（4.3）的和函数.

对于幂级数（4.3），我们需要知道它在哪些点收敛？它的和函数具有什么样的性质？为讨论简便起见，不妨假定 $z_0=0$，这时级数成为

$$\sum_{n=0}^{\infty} a_n z^n = a_0 + a_1 z + \cdots + a_n z^n + \cdots. \tag{4.6}$$

通常只要作变化 $\omega = z - z_0$，就可以把级数（4.3）化为级数（4.6）.

同高等数学中的实幂级数一样，复幂级数也有相应的阿贝尔（Abel）收敛定理.

定理 4.5　如果幂级数 $\sum\limits_{n=0}^{\infty} a_n z^n$ 在 $z=z_1$（$\neq 0$）收敛，则对于满足 $|z| < |z_1|$ 的 z，级数必绝对收敛；如果在 $z=z_2$ 处级数发散，则对于 $|z| > |z_2|$ 的 z，级数必发散.

证明：　我们只证明定理的前半部分，后半部分的证明留给读者.

由于级数 $\sum\limits_{n=0}^{\infty} a_n z_1^n$ 收敛，根据定理 4.2 有

$$\lim_{n\to\infty} a_n z_1^{\ n} = 0,$$

因而存在正数 M，使对所有的 n 成立

$$\left| a_n z_1^{\ n} \right| < M$$

如果 $|z| < |z_1|$，那么 $\dfrac{|z|}{|z_1|} = q < 1$，而

$$\left| a_n z^n \right| = \left| a_n z_1^{\ n} \right| \cdot \left| \frac{z}{z_1} \right|^n < M q^n.$$

由于 $\sum\limits_{n=0}^{\infty} M q^n$ 是公比小于 1 的等比数列，故收敛.由正项级数的比较判别法知级数

$$\sum_{n=0}^{\infty} \left| a_n z^n \right| = |a_0| + |a_1 z| + \cdots + |a_n z^n| + \cdots$$

收敛，从而级数 $\sum\limits_{n=0}^{\infty} a_n z^n$ 是绝对收敛的.

2. 收敛半径和收敛圆

根据定理 4.5，幂级数（4.6）的收敛情况必是下列情形之一：

（1）除 $z=0$ 外，级数处处发散；

（2）对于所有 z 级数都收敛，由定理 4.5 知，级数在复平面内处处绝对收敛；

（3）存在一个正实数 R，使级数在 $|z|<R$ 中收敛，在 $|z|>R$ 中发散（如图 4.1 所示）.

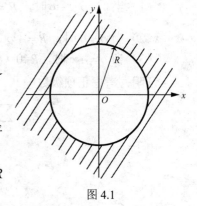

图 4.1

我们把该正实数 R 称为级数（4.6）的收敛半径，以原点为中心，半径为 R 的圆盘称为级数的收敛圆.对幂级数（4.3）来说，它的收敛圆是以 z_0 为中心的圆盘.值得注意的是，在收敛圆的圆周上，对于级数是收敛还是发散，不能作出一般的结论，要对具体级数进行具体分析.

例 4.2 论幂级数

$$\sum_{n=0}^{\infty} z^n = 1 + z + z^2 + \cdots + z^n + \cdots$$

的收敛范围与和函数.

解： 级数的部分和为

$$S_n(z) = 1 + z + z^2 + \cdots + z^{n-1} = \begin{cases} \dfrac{1-z^n}{1-z}, & z \neq 1; \\ n, & z = 1. \end{cases}$$

于是

$$\lim_{n \to \infty} S_n(z) = \begin{cases} \dfrac{1}{1-z}, & |z| < 1; \\ \text{发散}, & |z| \geqslant 1. \end{cases}$$

由此我们得到该级数的收敛半径为 1，收敛圆为 $|z| < 1$，且在圆周 $|z| = 1$ 上处处发散.

3. 收敛半径的求法

对于某些幂级数，我们可以根据下面的定理来求其收敛半径.

定理 4.6 若 $\sum\limits_{n=0}^{\infty} a_n z^n$ 的系数满足

$$\lim_{n \to \infty} = \frac{|a_n + 1|}{|a_n|} = \rho,$$

则

（1）当 $0 < \rho < +\infty$ 时，$R = \dfrac{1}{\rho}$；

（2）当 $\rho = 0$ 时，$R = +\infty$（处处收敛）；

（3）当 $\rho = +\infty$ 时，$R = 0$（仅有一个收敛点 $z=0$）.

证明： 考虑正项级数

$$\sum_{n=0}^{\infty} \left| a_n z^n \right| = |a_0| + |a_1 z| + \cdots + |a_n z^n| + \cdots$$

由于

$$\lim_{n \to \infty} \left| \frac{a_{n+1} z^{n+1}}{a_n z^n} \right| = \lim_{n \to \infty} \frac{|a_{n+1}|}{|a_n|} |z| = \rho |z|. \tag{4.7}$$

若 $0 < \rho < +\infty$，由正项级数的比值判别法知，当 $\rho |z| < 1$，即 $|z| < \dfrac{1}{\rho}$ 时，$\sum\limits_{n=0}^{\infty} |a_n z^n|$ 收敛，从而 $\sum\limits_{n=0}^{\infty} a_n z^n$ 收敛；而当 $\rho |z| > 1$，即 $|z| > \dfrac{1}{\rho}$ 时，由式（4.7）知

$$\lim_{n \to \infty} \left| \frac{a_{n+1} z^{n+1}}{a_n z^n} \right| > 1,$$

故当 n 充分大时，有 $|a_{n+1} z^{n+1}| \geqslant |a_n z^n|$. 所以，当 $n \to \infty$，一般项 $|a_n z^n|$ 不能趋于零，由定理 4.3 知级数 $\sum\limits_{n=0}^{\infty} a_n z^n$ 发散，故收敛半径 $R = \dfrac{1}{\rho}$

若 $\rho = 0$，则 $\rho |z| < 1$，由式（4.7）及比值法知，对任何 z，级数 $\sum\limits_{n=0}^{\infty} |a_n z^n|$ 收敛，从而 $\sum\limits_{n=0}^{\infty} a_n z^n$ 收敛，即收敛半径 $R = +\infty$.

若 $\rho = +\infty$，对任意 $z \neq 0$，当 n 充分大时，必有 $\left| a_{n+1} z^{n+1} \right| \geqslant \left| a_n z^n \right|$，由此得 $\sum\limits_{n=0}^{\infty} a_n z^n$ 发散，故收敛半径 $R = 0$.

定理 4.7 若幂级数 $\sum\limits_{n=0}^{\infty} a_n z^n$ 的系数满足

$$\lim_{n \to \infty} \sqrt[n]{\left| a_n \right|} = \rho,$$

则

（1）当 $0 < \rho < +\infty$ 时，$R = \dfrac{1}{\rho}$；

（2）当 $\rho = 0$ 时，$R = +\infty$；

（3）当 $\rho = +\infty$ 时，$R = 0$.

证明请读者自己完成.

4. 幂级数的运算及性质

下面给出复变幂级数得一些重要性质，其证明从略.

性质 4.1 若幂级数 $\sum\limits_{n=0}^{\infty} a_n z^n$ 和 $\sum\limits_{n=0}^{\infty} b_n z^n$ 的收敛半径分别为 R_1 和 R_2，则幂级数 $\sum\limits_{n=0}^{\infty} (a_n \pm b_n) z^n$ 的收敛半径不小于 $R = \min(R_1, R_2)$，且在 $|z| < R$ 内有：

$$\sum_{n=0}^{\infty} a_n z^n \pm \sum_{n=0}^{\infty} b_n z^n = \sum_{n=0}^{\infty} (a_n \pm b_n) z^n.$$

性质 4.2 若幂级数 $\sum\limits_{n=0}^{\infty} a_n z^n$ 和 $\sum\limits_{n=0}^{\infty} b_n z^n$ 的收敛半径分别为 R_1 和 R_2，则幂级数

$$a_0 b_0 + (a_0 b_1 + a_1 b_0) z + (a_0 b_2 + a_1 b_1 + a_2 b_0) z^2 + \cdots + (\sum_{i=0}^{n} a_i b_{n-i}) z^n + \cdots$$

的收敛半径不小于 $R = \min(R_1, R_2)$，且在 $|z| < R$ 内有：

$$\sum_{n=0}^{\infty} a_n z^n \cdot \sum_{n=0}^{\infty} b_n z^n = \sum_{n=0}^{\infty} (\sum_{i=0}^{n} a_i b_{n-i}) z^n.$$

上述性质说明，由两个幂级数经过相加或相乘的运算后，所得到的幂级数的收敛半径只是大于或等于 R_1 和 R_2 中较小的一个. 下面举一个例子来说明.

例 4.3 设有幂级数 $\sum\limits_{n=0}^{\infty} z^n$ 与 $\sum\limits_{n=0}^{\infty} \dfrac{1}{1+a^n} z^n$ （$0 < a < 1$），求

$$\sum_{n=0}^{\infty} (1 - \frac{1}{1+a^n}) z^n = \sum_{n=0}^{\infty} \frac{a^n}{1+a^n} z^n \text{ 的收敛半径.}$$

解　根据前面的定理 4.6 和定理 4.7，容易得到 $\sum_{n=0}^{\infty} z^n$ 和 $\sum_{n=0}^{\infty} \dfrac{1}{1+a^n} z^n$ 的收敛半径都为 1，而

$\sum_{n=0}^{\infty} \dfrac{a^n}{1+a^n} z^n$ 的收敛半径为 $\dfrac{1}{a}$　（>1）.但应注意，使等式

$$\sum_{n=0}^{\infty} z^n - \sum_{n=0}^{\infty} \frac{1}{1+a^n} z^n = \sum_{n=0}^{\infty} (1 - \frac{1}{1+a^n}) z^n$$

成立的范围仍为 $|z|<1$，当 $1 \leqslant |z| < \dfrac{1}{a}$ 时，等式左边的两个级数都不收敛，所以等式没有意义.

和实幂级数一样，复幂级数的和函数在收敛圆内有一些好的性质.

定理 4.8　设幂级数 $\sum_{n=0}^{\infty} a_n (z-z_0)^n$ 的收敛半径为 R，那么

（1）它的和函数 $f(z) = \sum_{n=0}^{\infty} a_n (z-z_0)$ 在收敛圆 $|z-z_0| < R$ 内是解析函数.

（2）$f(z)$ 的导数可通过对其幂级数逐项求导得到，即

$$f'(z) = \sum_{n=0}^{\infty} n a_n (z-z_0)^{n-1}.$$

（3）$f(z)$ 在 $|z-z_0| < R$ 内可以逐项积分，即

$$\int_C f(z) \mathrm{d}z = \sum_{n=0}^{\infty} a_n \int_C (z-z_0)^n \mathrm{d}z$$

其中 C 为 $|z-z_0| < R$ 内的曲线（证明略）.

利用上面的结果，我们可以求得一些幂级数的和函数.

例 4.4　求出下列幂级数的和函数.

（1）$\sum_{n=1}^{\infty} (2^n - 1) z^{n-1}$；

（2）$\sum_{n=0}^{\infty} (n+1) z^n$.

解：（1）因为

$$\lim_{n \to \infty} \frac{|a_{n+1}|}{|a_n|} = \lim_{n \to \infty} \frac{|2^{n+1} - 1|}{|2^n - 1|} = 2,$$

故收敛半径为 $R = \dfrac{1}{2}$.同样，$\sum_{n=1}^{\infty} 2^n z^{n-1}$ 和 $\sum_{n=1}^{\infty} z^{n-1}$ 的收敛半径分别为 $R_1 = \dfrac{1}{2}$ 和 $R_2 = 1$，于是由性质

4.1 知，当 $|z| < \dfrac{1}{2}$ 时，有

$$\sum_{n=1}^{\infty}(2^n - 1)z^{n-1} = \sum_{n=1}^{\infty}2^n z^{n-1} - \sum_{n=1}^{\infty}z^{n-1}$$

$$= 2\sum_{n=1}^{\infty}(2z)^{n-1} - \sum_{n=1}^{\infty}z^{n-1}$$

$$= 2(\frac{1}{1-2z}) - \frac{1}{1-z}$$

$$= \frac{1}{(1-2z)(1-z)}.$$

（2）因为

$$\lim_{n\to\infty}\left|\frac{a_{n+1}}{a_n}\right| = \lim_{n\to\infty}\frac{n+2}{n+1} = 1,$$

故收敛半径为 $R=1$. 在 $|z|<1$ 内取一条连接 0 和 z 的简单曲线 C，由逐项积分性质得

$$\int_0^z \sum_{n=0}^{\infty}(n+1)z^n \mathrm{d}z = \sum_{n=0}^{\infty}\int_0^z (n+1)z^n \mathrm{d}z$$

$$= \sum_{n=0}^{\infty}z^{n+1}$$

$$= \frac{z}{1-z}$$

所以

$$\sum_{n=0}^{\infty}(n+1)z^n = (\frac{z}{1-z})' = \frac{1}{(1-z)^2}, |z|<1$$

4.3　解析函数的泰勒展开

定理 4.8 指出，幂级数在其收敛圆内的和函数是一个解析函数.现在我们来研究相反的问题：给定一个圆盘内的解析函数，是否能用幂级数来表示呢？回答是肯定的.

定理4.9　设 K 表示以 z_0 为中心，半径为 r 的一个圆，$f(z)$ 在 K 内解析，则 $f(z)$ 可以在 K 内展开成幂级数，即

$$f(z) = \sum_{n=0}^{\infty}\frac{f^{(n)}(z_0)}{n!}(z-z_0)^n, z \in K, \qquad (4.8)$$

并称它为 $f(z)$ 在 z_0 的泰勒（Taylor）展开式，式（4.8）右端的级数称为 $f(z)$ 的泰勒级数.

证明：任意取定 $z \in K$，再取正数 ρ，使 $\rho < r$，且 $|z-z_0| < \rho \subset K$（见图4.2），根据柯希

积分公式，得

$$f(z) = \frac{1}{2\pi i} \oint_{|\xi - z_0| = \rho} \frac{f(\xi)}{\xi - z} \mathrm{d}\xi.$$

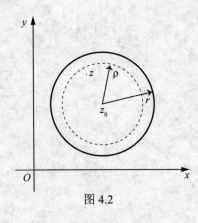

图 4.2

其中积分取正向. 又

$$\frac{1}{\xi - z} = \frac{1}{\xi - z_0 - (z - z_0)}$$

$$= \frac{1}{\xi - z_0}(1 - \frac{z - z_0}{\xi - z_0})^{-1}$$

$$= \frac{1}{\xi - z_0} \sum_{n=0}^{\infty} (\frac{z - z_0}{\xi - z_0})^n.$$

最后一个等式成立是因为 $\left|\dfrac{z - z_0}{\xi - z}\right| = \dfrac{|z - z_0|}{\rho} < 1$ 及例 4.2 的缘故. 把此式代入到式（4.9），并把它写成

$$f(z) = \sum_{n=0}^{N-1} (\frac{1}{2\pi i} \oint_{|\xi - z_0|} \frac{f(\xi)\mathrm{d}\xi}{(\xi - z_0)^{n+1}})(z - z_0)^n + R_N(z)$$

$$= \sum_{n=0}^{N-1} \frac{f^{(n)}(z_0)}{n!}(z - z_0)^n + R_N(z). \tag{4.10}$$

其中

$$R_N(z) = \frac{1}{2\pi i} \oint_{|\xi - z_0|} (\sum_{n=N}^{\infty} \frac{f(\xi)}{(\xi - z_0)^{n+1}}(z - z_0)^n)\mathrm{d}\xi. \tag{4.11}$$

对给定的 z，我们来证明

$$\lim_{N \to \infty} R_N(z) = 0$$

成立. 为此令 $\left|\dfrac{z - z_0}{\xi - z}\right| = \dfrac{|z - z_0|}{\rho} = q$，则 $0 \leqslant q < 1$. 由于 $f(z)$ 在 K 内解析，因此 $f(\xi)$ 在 $|\xi - z_0| = \rho$ 上连续，于是 $f(\xi)$ 在 $|\xi - z_0| = \rho$ 上有界，即存在一个正常数 M，使得

$$|f(\xi)| \leqslant M, \xi \in |\xi - z_0| = \rho.$$

由式（4.11），有

$$|R_N(z)| \leqslant \frac{1}{2\pi} \oint_{|\xi - z_0|} \left|\sum_{n=N}^{\infty} \frac{f(\xi)}{(\xi - z_0)^{n+1}}(z - z_0)^n\right| |\mathrm{d}\xi|$$

$$\leqslant \frac{1}{2\pi} \oint_{|\xi - z_0|} \sum_{n=N}^{\infty} \frac{|f(\xi)|}{|\xi - z_0|} \left|\frac{z - z_0}{\xi - z_0}\right|^n |\mathrm{d}\xi|$$

$$\leqslant \frac{1}{2\pi} \sum_{n=N}^{\infty} \frac{M}{\rho} q^n \cdot 2\pi\rho$$

$$= \frac{Mq^N}{1-q}.$$

因为

$$\lim_{N \to \infty} q^N = 0,$$

所以

$$\lim_{N \to \infty} R_N(z) = 0.$$

在式（4.10）右端令 $N \to \infty$，则有

$$f(z) = \sum_{n=0}^{\infty} a_n(z - z_0)^n.$$

由 z 的任意性，故有式（4.8）在 K 内成立.

下面证明 $f(z)$ 的展开式（4.8）的唯一性. 假设有展开式

$$f(z) = \sum_{n=0}^{\infty} a_n(z - z_0)^n.$$

由定理 4.8 有

$$f^{(k)}(z) = \sum_{n=k}^{\infty} n(n-1)\cdots(n-k+1) a_n(z - z_0)^{n-k}.$$

令 $z = z_0$，即得 $f^{(k)}(z_0) = k! a_k$，所以有公式

$$a_n = \frac{f^{(n)}(z_0)}{n!}, n = 0, 1, 2, \cdots.$$

综合定理 4.8 和定理 4.9，得到下面关于解析函数的重要性质.

定理 4.10 $f(z)$ 在 z_0 处解析的充要条件是 $f(z)$ 在 z_0 的领域内有泰勒展式（4.8）.

利用解析函数的泰勒展开式可以研究解析函数在零点附近的性质. 设 $f(z)$ 在 z_0 处解析且 $f(z_0) = 0$，则称 z_0 为 $f(z)$ 的零点.

根据式（4.8）及定理 4.8，不难得到下面的性质.

性质 4.3 z_0 为 $f(z)$ 的零点的充要条件是 $f(z)$ 在 z_0 的邻域内可以表示为

$$f(z) = (z - z_0)^m g(z), \tag{4.12}$$

其中 m 为某一正整数，$g(z)$ 在 z_0 处解析且 $g(z_0) \neq 0$. 此时称 z_0 是 $f(z)$ 的 m 级零点.

例如，$z=0$ 和 $z=2$ 分别是 $f(z) = z^2(z-2)^3$ 的二级和三级零点，而表达式（4.12）中，相应的 $g(z)$ 分别是 $(z-2)^3$ 和 z^2.

性质 4.4 z_0 为 $f(z)$ 的 m 级零点的充要条件是

$$f^{(n)}(z_0) = 0, (n = 0, 1, \cdots, m-1), \text{但有 } f^{(m)}(z_0) \neq 0.$$

这个性质告诉我们，零点的级数可以通过导数反映出来.例如，$z = 0$ 为 $f(z) = z \sin z$ 的零点，又

$$f'(z)\big|_{z=0} = (\sin z + z \cos z)\big|_{z=0} = 0,$$

且有

$$f''(z)\big|_{z=0} = (2\cos z - z \sin z)\big|_{z=0} = 2 \neq 0.$$

从而知 $z=0$ 是 $z \sin z$ 的二级零点.

性质 4.5 设 z_0 为 $f(z)$ 的零点，且 $f(z)$ 在 z_0 处任意阶导数都为零，即

$$f^{(n)}(z_0) = 0, n = 0, 1, 2, \cdots,$$

则存在 $\delta > 0$，使 $f(z)$ 在 $|z - z_0| < \delta$ 内恒等于零.

这个性质说明：一个不恒为零的解析函数的零点是孤立的.可导的实变函数不具备这种性质.例如，

$$\varphi(x) = \begin{cases} 0, & x = 0; \\ e^{-1/x^2}, & x \neq 0. \end{cases}$$

在实轴上各点处有任意阶导，且 $\varphi^{(n)}(0) = 0$（$n = 0, 1, 2, \cdots$），然而 $\varphi(x)$ 在零点的任何领域内不恒等于零.

前面的例 4.2 给出了函数 $\dfrac{1}{1-z}$ 的展开式：

$$\frac{1}{1-z} = 1 + z + z^2 + \cdots + z^n + \cdots, |z| < 1. \tag{4.13}$$

现在我们再给出几个常用的初等函数的泰勒展开式.直接利用公式

$$a_n = \frac{f^{(n)}(z_0)}{n!}, n = 0, 1, 2, \cdots$$

计算解析函数 $f(z)$ 的泰勒展开式的方法称为直接法.例如，$f(z) = e^z$ 在 $z = 0$ 处有 $f^{(n)}(0) = 1$（$n = 0, 1, 2, \cdots$），故有

$$e^z = 1 + z + \cdots + \frac{z^n}{n!} + \cdots, |z| < \infty \tag{4.14}$$

右端级数的收敛半径 $R = \infty$，故上式在复平面内处处成立.

用同样的方法可得

$$\cos z = \sum_{n=0}^{\infty} (-1)^n \frac{z^{2n}}{(2n)!} = 1 - \frac{z^2}{2!} + \frac{z^5}{5!} + \cdots + (-1)^n \frac{z^{2n}}{(2n)!} + \cdots, |z| < \infty. \tag{4.15}$$

$$\sin z = \sum_{n=0}^{\infty} (-1)^n \frac{z^{2n+1}}{(2n+1)!} = z - \frac{z^3}{3!} + \frac{z^5}{5!} + \cdots + (-1)^n \frac{z^{2n+1}}{(2n+1)!} + \cdots, |z| < \infty. \qquad (4.16)$$

由于解析函数在一点的泰勒展开式是唯一的，借助于已知函数的展开式，并利用幂级数的一些性质来求得另一函数的泰勒展开式，这种方法称为间接法. 例如式（4.16）也可以用间接法得到.

$$\sin z = \frac{1}{2i}(e^{iz} - e^{-iz}) = \frac{1}{2i}\left[\sum_{n=0}^{\infty} \frac{(iz)^n}{n!} - \sum_{n=0}^{\infty} \frac{(-iz)^n}{n!} \right] = \sum_{n=0}^{\infty} (-1)^n \frac{z^{2n+1}}{(2n+1)!}.$$

例 4.5 把函数 $\dfrac{1}{(1+z)^2}$ 展开成 $z-1$ 的幂级数.

解：
$$\frac{1}{(1+z)^2} = \frac{1}{4}\frac{1}{(1+\dfrac{z-1}{2})^2} = \frac{1}{4}\frac{1}{(1+\xi)^2} \quad (\text{令}\ \xi = \frac{z-1}{2}).$$

把公式（4.13）中的 z 换成 $-\xi$ 得

$$\frac{1}{1+\xi} = 1 - \xi + \xi^2 + \cdots + (-1)^n \xi^n + \cdots, |\xi| < 1.$$

上式两边逐项求导，得

$$\frac{1}{(1+\xi)^2} = 1 - 2\xi + 3\xi^2 - 4\xi^3 + \cdots + (-1)^{n-1} n\xi^{n-1} + \cdots, |\xi| < 1.$$

于是有

$$\frac{1}{(1+z)^2} = \frac{1}{4}(1 - 2\xi + 3\xi^2 - 4\xi^3 + \cdots + (-1)^{n-1} n\xi^{n-1} + \cdots)$$
$$= \frac{1}{4}(1 - 2(\frac{z-1}{2}) + 3(\frac{z-1}{2})^2 + \cdots + (-1)^{n-1} n(\frac{z-1}{2})^{n-1} + \cdots)$$
$$= \sum_{n=1}^{\infty} (-1)^{n-1} \frac{n}{2^{n+1}} (z-1)^{n-1}, |z-1| < 2.$$

4.4　解析函数的罗朗展开

上一节已经证明了在以 z_0 为中心的圆盘内解析的函数 $f(z)$ 一定可以展开为 $z-z_0$ 的幂级数. 现在我们要问，在圆环 $r < |z-z_0| < R$ 内解析的函数 $f(z)$（在 z_0 处不解析）是否也可以展成为 $z-z_0$ 的幂级数？回答是否定的，因为幂级数的和函数在它的收敛圆中是解析的（包括 z_0 点）. 本节将讨论在以 z_0 为中心的圆环内解析的函数的级数表示法.

考虑级数

$$\sum_{n=-\infty}^{\infty} a_n(z-z_0)^n = \cdots + a_{-n}(z-z_0)^{-n} + \cdots + a_{-1}(z-z_0)^{-1}$$

$$+ a_0 + a_1(z-z_0) + \cdots + a_n(z-z_0)^n + \cdots,$$

（4.17）

其中，z_0 和 a_n（$n = 0, \pm1, \pm2, \cdots$）为常数，$z$ 为变量. 级数（4.17）由两个部分组成，第一个部分是 $z - z_0$ 的正幂级数：

$$\sum_{n=0}^{\infty} a_n(z-z_0)^n = a_0 + a_1(z-z_0) + \cdots + a_n(z-z_0) + \cdots.$$

（4.18）

第二部分是 $z - z_0$ 的负幂级数：

$$\sum_{n=1}^{\infty} a_{-n}(z-z_0)^{-n} = a_{-1}(z-z_0)^{-1} + \cdots + a_{-n}(z-z_0)^{-n} + \cdots.$$

（4.19）

如果在 $z = z_1$ 处，级数（4.18）和（4.19）都收敛，就称 z_1 为级数（4.17）的一个收敛点. 不是收敛点的点，就称为该级数的发散点.

我们首先来讨论级数（4.17）的全体收敛点的集合.

级数（4.18）是 $z - z_0$ 的幂级数，其收敛范围是圆盘 $|z - z_0| < R$，且 $|z - z_0| > R$ 时级数发散.

对级数（4.19）来说，作变换 $\xi = \dfrac{1}{z - z_0}$，就得到 ξ 的幂级数

$$\sum_{n=1}^{\infty} a_{-n}(z-z_0)^{-n} = \sum_{n=1}^{\infty} a_{-n}\xi^n.$$

其收敛半径为 ρ，则当 $|\xi| < \rho$ 时收敛，$|\xi| > \rho$ 时发散. 记 $r = \dfrac{1}{\rho}$，于是负幂级数（4.19）当 $|z - z_0| > r$ 时收敛，而 $|z - z_0| < r$ 时发散.

综上所述，级数（4.17）的收敛集合取决于 r 和 R.

（1）若 $r > R$（见图 4.3），此时级数（4.18）和（4.19）没有公共的收敛范围，故级数（4.17）在复平面上处处发散.

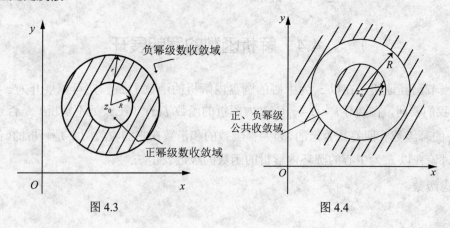

图 4.3   图 4.4

（2）若 $r < R$（见图 4.4），此时级数（4.18）和（4.19）的公共收敛范围圆环 $r < |z - z_0| < R$，所以级数(4.17)在这个圆环内收敛，而在其外部发散.在其边界 $|z - z_0| = r$ 和 $|z - z_0| = R$ 上，级数（4.17）可能有收敛点，也可能有发散点，需要根据具体情况而定.

（3）若 $r = R$，此时级数在 $|z - z_0| = R$ 以外的点处处发散，而在 $|z - z_0| = R$ 上的点无法直接断定其收敛性，要根据具体情况而定.

级数（4.17）在其收敛圆环上的和函数也有类似于幂级数的性质.

定理 4.11 级数（4.17）在其收敛圆环内的和函数是解析的，而且可以逐项求积分和逐项求导数.

定理 4.11 的证明从略.

例 4.6 讨论级数的收敛集，并求和函数，其中 a 与 b 为复常数.

解 我们分别讨论负幂级数和正幂级数. 负幂级数

$$\sum_{n=1}^{\infty} \frac{a^n}{z^n} = \sum_{n=1}^{\infty} \left(\frac{a}{z}\right)^n.$$

当 $\left|\frac{a}{z}\right| < 1$，即 $|z| > |a|$ 时收敛，且和函数为 $\frac{a}{z-a}$.

正幂级数

$$\sum_{n=0}^{\infty} \frac{z^n}{b^n} \sum_{n=0}^{\infty} \left(\frac{z}{b}\right)^n.$$

当 $\left|\frac{z}{b}\right| < 1$，即 $|z| > |b|$ 时收敛，且和函数为 $\frac{b}{b-z}$.

所以，当 $|a| > |b|$ 时，原级数收敛且收敛圆环为 $|a| < |z| < |b|$，和函数为

$$\frac{a}{z-a} + \frac{b}{b-z} = \frac{(a-b)z}{(a-z)(b-z)}.$$

当 $|a| > |b|$ 时，负幂级数和正幂级数的收敛域没有公共点，故原级数发散.

此例还告诉我们这样一个事实，在圆环 $|a| < |z| < |b|$ 内解析的函数 $\frac{(a-b)z}{(a-z)(b-z)}$ 可以展开为级数：

$$\frac{(a-b)z}{(a-z)(b-z)} = \sum_{n=1}^{\infty} \frac{a^n}{z^n} + \sum_{n=0}^{\infty} \frac{z^n}{b^n}.$$

现在我们要问：一个圆环内的任一解析函数是否一定能展开成级数？回答是肯定的.

定理 4.12 设 $f(z)$ 在圆环 $r < |z - z_0| < R$ 内解析，那么

$$f(z) = \sum_{-\infty}^{\infty} a_n (z-z_0)^n, r < |z-z_0| < R. \tag{4.20}$$

其中

$$a_n = \frac{1}{2\pi i} \oint_C \frac{f(\xi)}{(\xi-z_0)^{n+1}} \mathrm{d}\xi, n = 0, \pm1, \pm2, \cdots. \tag{4.21}$$

这里 C 为圆环 $r < |z-z_0| < R$ 内任何一条绕 z_0 的正向简单闭曲线（见图4.5），且式（4.20）是唯一的.

证明从略.公式（4.20）称为函数 $f(z)$ 在以 z_0 为中心的圆环 $r < |z-z_0| < R$ 内的罗朗（Lanrent）展开式. 其右端称为 $f(z)$ 在此圆环内的罗朗级数.

读者应该注意，在上一节的泰勒展开式（4.8）中，幂级数的各项系数可用函数 $f(z)$ 在 z_0 处的高阶导数来计算，即 $a_n = \dfrac{f^{(n)}(z_0)}{n!}$（$n=0,1,2,\cdots$）.而罗朗级数（4.20）中的系数 $\dfrac{1}{2\pi i} \oint_C \dfrac{f(\xi)\mathrm{d}\xi}{(\xi-z_0)^{n+1}}$ 不能用 $\dfrac{f^{(n)}(z_0)}{n!}$ 来代替，这两者并不相等.这是因为此时的函数 $f(z)$ 并非在以 z_0 为圆心的圆盘内解析.

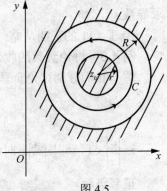

图 4.5

另外公式（4.21）虽然给出了求函数的罗朗展开式的一般方法，但用它直接求系数 a_n 通常很困难.实际上，根据由正、负整次幂组成的级数的唯一性，我们可以像上一节求函数的泰勒展开式那样采用间接法，特别是利用代数运算、变量代换、逐项求导和积分等方法，对于一些函数会简便很多.

例 4.7 求函数 $f(z) = \dfrac{1}{(z-1)(z-2)}$ 在下列圆环内的罗朗级数.

（1）$0 < |z| < 1$；　　　　　　（2）$1 < |z| < 2$；

（3）$2 < |z| < +\infty$；　　　　　（4）$0 < |z-1| < 1$；　　　　（5）$1 < |z-1| < +\infty$.

解 将函数表示成部分分式，有

$$f(z) = \frac{1}{1-z} - \frac{1}{2-z}$$

（1）在 $0 < |z| < 1$ 内，由于 $|z| < 1$，因此 $\dfrac{1}{1-z} = 1 + z + z^2 + \cdots + z^n + \cdots$ $\left|\dfrac{z}{2}\right| < 1$，从而有

$$\frac{1}{1-z} = 1 + z + z^2 + \cdots + z^n + \cdots$$

和

$$\frac{1}{2-z} = \frac{1}{2} \cdot \frac{1}{1-z/2} = \frac{1}{2}\left(1 + \frac{z}{2} + \cdots + \frac{z^n}{2^n} + \cdots\right).$$

因此，

$$f(z) = (1 + z + \cdots + z^n + \cdots) - \frac{1}{2}(1 + \frac{z}{2} + \cdots + \frac{z^n}{2^n} + \cdots)$$

$$= \frac{1}{2} + \frac{3}{4}z + \frac{7}{8}z^2 + \cdots.$$

注意到展开式中不含 z 的负幂项，这是因为 $f(z) = \dfrac{1}{(z-1)(z-2)}$ 在 $z = 0$ 处解析，故 $f(z)$ 在圆盘 $|z| < 1$ 内的泰勒展开式及其在圆环 $0 < |z| < 1$ 内的罗朗展开式是相同的. 因此可认为泰勒级数是罗朗级数的特殊情形.

（2）在 $1 < |z| < 2$ 内，$\left|\dfrac{1}{z}\right| < 1, \left|\dfrac{2}{z}\right| < 1$，故

$$f(z) = \frac{1}{1-z} - \frac{1}{2-z} = -\frac{1}{z} \cdot \frac{1}{1-1/z} - \frac{1}{2} \cdot \frac{1}{1-z/2}$$

$$= -\frac{1}{z}(1 + \frac{1}{z} + \frac{1}{z^2} + \cdots) - \frac{1}{2}(1 + \frac{z}{2} + \frac{z^2}{4} + \cdots)$$

$$= -\sum_{n=1}^{\infty} \frac{1}{z^{n+1}} - \sum_{n=0}^{\infty} \frac{z^n}{2^{n+1}}.$$

（3）在 $2 < |z| < \infty$ 内，有 $\left|\dfrac{1}{z}\right| < 1, \left|\dfrac{2}{z}\right| < 1$，故

$$f(z) = \frac{1}{1-z} - \frac{1}{2-z} = \frac{1}{z} \cdot \frac{1}{1-2/z} - \frac{1}{z} \cdot \frac{1}{1-1/z}$$

$$= \frac{1}{z}(1 + \frac{2}{z} + \frac{4}{z^2} + \cdots) - \frac{1}{z}(1 + \frac{1}{z} + \frac{1}{z^2} + \cdots)$$

$$= \frac{1}{z^2} + \frac{3}{z^3} + \frac{7}{z^4} + \cdots.$$

（4）在 $0 < |z-1| < 1$ 内，有

$$f(z) = \frac{1}{z-2} - \frac{1}{z-1} = -\frac{1}{1-(z-1)} - \frac{1}{z-1}$$

$$= -\sum_{n=0}^{\infty}(z-1)^n - \frac{1}{z-1}$$

$$= -\frac{1}{z-1} - 1 - (z-1) - (z-1)^2 - \cdots - (1-z)^n - \cdots.$$

（5）在 $1<|z-1|<\infty$ 内，$\left|\dfrac{1}{z-1}\right|<1$，所以有

$$f(z)=\frac{1}{(z-1)-1}-\frac{1}{z-1}$$

$$=\frac{1}{z-1}\cdot\frac{1}{1-1/(z-1)}-\frac{1}{z-1}$$

$$=\frac{1}{z-1}+\frac{1}{(z-1)^2}+\cdots+\frac{1}{(z-1)^n}+\cdots-\frac{1}{z-1}$$

$$=\frac{1}{(1-z)^2}+\frac{1}{(z-1)^3}+\cdots+\frac{1}{(z-1)^n}+\cdots.$$

从这个例子可以看到，给定点 z_0 后，可以把复平面分成（由 $f(z)$ 的奇点隔开）若干个以 z_0 为圆心的圆环，函数 $f(z)$ 在这些圆环内都是解析的. 而且因为圆环的不同，函数 $f(z)$ 可以有不同的 $z-z_0$ 的罗朗级数. 这个结果与罗朗展开式的唯一性不矛盾. 事实上，**所谓罗朗展开式的唯一性，是指函数在某一个给定的圆环的罗朗展开式是唯一的**. 另外要注意，我们虽然可以通过函数的罗朗展开式得到函数的一些信息，但仅局限于展开式的收敛圆环中.例如，在例 4.7 中可知，当 $2<|z|<\infty$ 时，有 $\dfrac{1}{(z-1)(z-2)}=\sum_{n=1}^{\infty}\dfrac{2^n-1}{z^{n+1}}$，对圆环外的点 $z=0$，它是右边级数的奇点，但不是函数 $\dfrac{1}{(z-1)(z-2)}$ 的奇点（是解析点）.

4.5 孤立奇点

本节我们来研究解析函数的孤立奇点. 下面将看到罗朗级数中的负幂项部分对函数在孤立奇点附近的性质起到决定性作用.

定义 4.4 若 $z=z_0$ 为函数 $f(z)$ 的一个奇点，且存在一个去心邻域 $0<|z-z_0|<\delta$，$f(z)$ 在其中处处解析，则 z_0 称为 $f(z)$ 的孤立奇点.

例如，$z=0$ 和 $z=\dfrac{1}{n\pi}$（$n=\pm1,\pm2,\cdots$）都是函数 $f(z)=\dfrac{1}{\sin\dfrac{1}{z}}$ 的奇点，其中 $z=\dfrac{1}{n\pi}$（$n=\pm1,\pm2,\cdots$）是孤立奇点，但 $z=0$ 不是孤立奇点.这是因为在 $z=0$ 的任何去心邻域内，只要 n 充分大，总有奇点 $\dfrac{1}{n\pi}$ 包含在其中.

设 z_0 为 $f(z)$ 的一个孤立点，因为在 $0<|z-z_0|<\delta$ 中 $f(z)$ 解析，由定理 4.12 可知，$f(z)$ 可

展开成 $z - z_0$ 的罗朗级数，即

$$f(z) = \sum_{n=0}^{\infty} a_n(z-z_0)^n + \sum_{n=1}^{\infty} a_{-n}(z-z_0)^{-n}.$$

我们按展开式中的负幂项部分的状况，把孤立奇点分为以下三类：

（1）级数中不出现负幂项，此时称点 z_0 为 $f(z)$ 的可去奇点；

（2）级数中只含有有限个负幂项，则点 z_0 称为 $f(z)$ 的极点；

（3）级数中含有无穷多个负幂项，点 z_0 称为 $f(z)$ 的本性奇点.

下面我们对这三类孤立奇点一一剖析.

1. 可去奇点

这时，$f(z)$ 在 $0 < |z - z_0| < \delta$ 内的罗朗级数实际为一个幂级数：

$$a_0 + a_1(z-z_0) + \cdots + a_n(z-z_0)^n + \cdots$$

这个幂级数在圆盘 $|z - z_0| < \delta$ 内是内敛的，其和函数为.

$$F(z) = \begin{cases} a_0, & z = z_0; \\ f(z), & 0 < |z-z_0| < \delta. \end{cases}$$

由定理 4.8，$F(z)$ 在 $|z - z_0| < \delta$ 内解析. 所以不论 $f(z)$ 原来在 z_0 是否有定义，我们用 $F(z)$ 来代替 $f(z)$，或令 $f(z_0) = a_0$，这样就把奇点除去了. 因此，z_0 称为可去奇点.

例如，$z = 0$ 是 $\dfrac{\sin z}{z}$ 的可去奇点，这是因为

$$\frac{\sin z}{z} = 1 - \frac{1}{3!}z^2 + \frac{1}{5!}z^4 - \cdots, \quad 0 < |z| < \infty$$

其中不含有负幂项. 若补充定义当 $z = 0$ 时，$\dfrac{\sin z}{z} = 1$，则 $\dfrac{\sin z}{z}$ 就成为 $|z| < \infty$ 内的解析函数. 对于可去奇点 z_0，显然有

$$\lim_{z \to z_0} f(z) = a_0$$

成立.

2. 极点

设 $z = z_0$ 为函数 $f(z)$ 的极点. 若 $f(z)$ 在 $0 < |z - z_0| < \delta$ 的内罗朗展开式为

$$f(z) = \frac{a_{-m}}{(z-z_0)^m} + \cdots + \frac{a_{-1}}{(z-z_0)} + \sum_{n=0}^{\infty} a_n(z-z_0)^n, m \geq 1, a_{-m} \neq 0,$$

则称 z_0 为 $f(z)$ 的 m 级极点.

上式可写成

$$\varphi(z) = a - m \tag{4.22}$$

其中

$$\varphi(z) = a_{-m} + a_{-m+1}(z - z_0) + a_{-m+2}(z - z)^2 + \cdots + a_{-1}(z - z_0)^{m-1} + \sum_{n=0}^{\infty} a_n(z - z_0)^{n+m}$$

$\varphi(z)$ 在 $|z - z_0| < \delta$ 内解析且 $\varphi(z) \neq 0$. 反之，若有在 $|z - z_0| < \delta$ 内解析且在 z_0 处函数值不为零的函数 $\varphi(z)$，使得（4.22）成立，则容易看出 z_0 是 $f(z)$ 的 m 级极点. 根据式（4.12）和式（4.22）不难发现，函数的零点和极点有以下关系。

定理4.13 如果 z_0 是 $f(z)$ 的 m 级极点，那么 z_0 就是 $\dfrac{1}{f(z)}$ 的 m 级零点. 反过来也成立.

例如，对函数 $f(z) = \dfrac{z}{(z+1)^2(z-1)^3}$ 来说，$z = 1$ 为它的一个三级极点，$z = -1$ 为它的一个二级极点. 而它们又分别是 $\dfrac{1}{f(z)}$ 的三级和二级零点.

另外，从式（4.22）还得到，若 z_0 是 $f(z)$ 的极点，则

$$\lim_{z \to z_0} f(z) = \infty$$

3. 本性奇点

若 z_0 为 $f(z)$ 的本性奇点，则它在 $0 < |z - z_0| < \delta$ 内的罗朗展开式中含有无穷多个 $z - z_0$ 的负幂项，它不能像前面两种情况那样，可以转化为解析函数和用式（4.22）来表示. 当 $z \to z_0$ 时，$f(z)$ 的变化也相当复杂.

定理4.14 如果 z_0 为 $f(z)$ 的本性奇点，那么对于任意给定的复数 A，总可以找到一个趋于 z_0 的数列 z_n，使得

$$\lim_{n \to \infty} f(z_n) = A.$$

证明从略.

例如，函数 $f(z) = \mathrm{e}^{\frac{1}{z}}$ 在 $z = 0$ 处的罗朗级数为

$$\mathrm{e}^{\frac{1}{z}} = 1 + z^{-1} + \frac{1}{2!}z^{-2} + \cdots + \frac{1}{n!}z^{-n} + \cdots.$$

因而 $z = 0$ 为本性奇点，对给定复数 $z_n = \dfrac{1}{\left(\dfrac{\pi}{2} + 2n\pi\right)\mathrm{i}}$（$n = 1, 2, \cdots$）存在，当 $n \to \infty$ 时，$z_n \to 0$，

且 $f(z_n) = \mathrm{e}^{\frac{1}{z_n}} = \mathrm{e}^{(\frac{\pi}{2} + 2n\pi)\mathrm{i}} = i$，故

$$\lim_{n \to \infty} f(z_n) = i$$

综上所述，得知在 $f(z)$ 的孤立奇点 z_0 的领域中，按可去奇点、极点、本性奇点的顺次有

（1）$\lim\limits_{z \to z_0} f(z) =$ 有限数；

（2）$\lim\limits_{z \to z_0} f(z) = \infty$；

（3）$\lim\limits_{z \to z_0} f(z)$ 不存在.

其逆亦成立.事实上，若 z_0 为 $f(z)$ 的孤立奇点，且

$$\lim\limits_{z \to z_0} f(z)$$

为有限数，则可以肯定 z_0 不是极点和本性极点，因而 z_0 为可去奇点. 同理可根据（2）和（3）来断定孤立奇点 z_0 必为极点或本性奇点. 这就是说，我们可以利用上述极限的不同情形来判别孤立奇点的类型.

4. 函数在无穷远点的性质

上面讨论的是孤立奇点为有限点的情形，现在讨论无穷远点为孤立奇点的情形.

如果函数 $f(z)$ 在无穷点 $z = \infty$ 的去心领域 $R < |z| < \infty$ 内解析，那么称点 ∞ 为 $f(z)$ 的孤立奇点. 在这种情况下，作变换 $z = \dfrac{1}{t}$，记 $g(t) = f(\dfrac{1}{t})$，则 $g(t)$ 在 $0 < |t| < \dfrac{1}{R}$ 中解析，即 $t = 0$ 是 $g(t)$ 的孤立奇点. 这样我们就可以把在去心领域 $R < |z| < \infty$ 内对函数 $f(z)$ 的研究化为去心领域 $0 < |t| < \dfrac{1}{R}$ 内对函数 $g(t)$ 的研究.

很自然地，我们规定：如果 $t = 0$ 是 $g(t)$ 的可去奇点、m 级极点或是本性奇点，那么就称点 $z = \infty$ 是 $f(z)$ 的可去奇点、m 级极点或本性奇点.

因为 $g(t)$ 在原点的领域内有罗朗展开：

$$g(t) = \sum_{n=-\infty}^{\infty} a_n t^n, \ \ 0 < |t| < \frac{1}{R}$$

所以 $f(z)$ 在 $R < |z| < \infty$ 中有下面的罗朗展开：

$$f(z) = \sum_{n=-\infty}^{\infty} b_n z^n, \ \ R < |z| < \infty, \tag{4.23}$$

其中 $b_n = a_{-n}$ 　（$n = 0, \pm 1, \pm 2, \cdots$）.类似于定理 4.12 有

$$b_n = \frac{1}{2\pi i} \oint_C \frac{f(\xi)}{\xi^{n+1}} d\xi, \ n = 0, \pm 1, \pm 2 \cdots, \tag{4.24}$$

其中 c 为圆环域 $R < |z| < \infty$ 内绕原点的任何一条正向简单闭曲线.

根据前面的规定，我们有：如果在级数（4.23）中

（1）不含正幂项 $\Leftrightarrow \infty$ 为可去奇点 $\Leftrightarrow \lim\limits_{z \to \infty} f(z)$ 存在；

（2）含有有限多个正幂项，且 z^m 为最高正幂 $\Leftrightarrow \infty$ 为 m 级极点 $\Leftrightarrow \lim\limits_{z \to \infty} f(z) = \infty$；

（3）含有无穷多正幂项 $\Leftrightarrow \infty$ 为本性奇点 $\Leftrightarrow \lim\limits_{z \to \infty} f(z)$ 不存在.

例 4.8   函数 $\dfrac{(e^z - 1)(z-2)^4}{(\sin \pi z)^4}$ 在扩充的复平面内有无奇点？是什么类型？若是极点，求出

其级点.

解：函数有奇点 $0, \pm 1, \pm 2, \cdots$ 和 ∞. 这是因为函数在这些点无定义，所以是奇点.

（1）$z = 0$ 是 $\sin \pi z$ 的一级零点，从而是 $(\sin \pi z)^4$ 的四级零点，但它又是分子 $e^z - 1$ 的一级零点，故 $z = 0$ 是函数的三级极点.

（2）同（1），$\pm 1, \pm 2, \pm 3, \pm 4, \cdots$ 是函数的四级极点.

（3）因为

$$\lim_{z \to 2} f(z) = \lim_{z \to 2} (e^x - 1)(\frac{z-2}{\sin \pi z})^4 = \lim_{z \to 2}(e^x - 1) \cdot \lim_{z \to 2}(\frac{z-2}{\sin \pi z})^4 = (e^2 - 1) / \pi^4.$$

所以，$z = 2$ 是可去奇点.

（4）关于 $z = \infty$，因为

$$f(\frac{1}{t}) = \frac{(e^{\frac{1}{t}} - 1)(1 - 2t)^4}{t^4 (\sin \frac{\pi}{t})^4}$$

所以 $t = 0, t_n = \dfrac{1}{n}$ （$n = 1, 2, \cdots$）均为上式的奇点，显然当 $n \to \infty$ 时，$t_n \to 0$，所以 $t = 0$ 不

是 $f(\dfrac{1}{t})$ 的孤立奇点，也就是说，$z = \infty$ 不是 $f(z)$ 的孤立奇点.

小结

复级数的敛散性定义和实级数的敛散性定义完全类似，都是相应的部分和数列收敛或发散. 如果级数 $\sum\limits_{n=1}^{\infty} |a_n|$ 收敛，我们称为绝对收敛. 如果级数 $\sum\limits_{n=1}^{\infty} |a_n|$ 发散，但级数 $\sum\limits_{n=1}^{\infty} a_n$ 收敛，则称

级数为条件收敛. 复级数的敛散性可转化为实级数的敛散性讨论，即复级数 $\sum\limits_{n=1}^{\infty} a_n$ 收敛的充分

必要条件是对应的实部和虚部组成的级数 $\sum\limits_{n=1}^{\infty} \alpha_n$ 和 $\sum\limits_{n=1}^{\infty} \beta_n$ 都收敛，其中 $a_n = \alpha_n + i\beta_n$. 这样关于

实级数的收敛判别方法，完全可以用于复级数的收敛判别问题. 特别是讨论级数的绝对收敛性，这时已经转化为一个正项级数的收敛判别.

反映幂级数 $\sum\limits_{n=0}^{\infty} a_n(z-z_0)^n$ 收敛性的定理是阿贝尔定理，该定理告诉我们幂级数的收敛域为：①仅在 z_0 点收敛，此时收敛半径为零；②在以 z_0 为圆心，大于零的实数 R 为半径的圆盘 $|z-z_0| < R$ 内收敛，收敛半径为有限数 R；③在整个复平面上收敛，收敛半径为 ∞.

下列公式给出了一部分幂级数的收敛半径的计算：

（1）比值公式：如果

$$\lim_{n\to\infty}\left|\frac{a_{n+1}}{a_n}\right| = \rho ,$$

当 $\rho \neq 0$ 时，则 $R = \dfrac{1}{\rho}$；当 $\rho = 0$ 时，则 $R = \infty$.

（2）根值公式：如果

$$\lim_{n\to\infty}\sqrt[n]{|a_n|} = \rho ,$$

当 $\rho \neq 0$ 时，则 $R = \dfrac{1}{\rho}$；当 $\rho = 0$ 时，则 $R = \infty$.

幂级数的和函数在收敛域内是一个解析函数，而且可以逐项求导数，对于收敛域内的任何一条闭曲线，积分可以逐项计算.

如果 $f(z)$ 在圆盘 $|z-z_0| < R$ 内解析，则在此圆盘内可以展开成幂级数，即

$$f(z) = \sum_{n=0}^{\infty} \frac{f^{(n)}(z_0)}{n!}(z-z_0)^n ,$$

并称它为 $f(z)$ 在 z_0 的泰勒（Taylor）展开式，上式右端的级数称为 $f(z)$ 在 z_0 的泰勒级数.

将一个函数展开为泰勒级数常用的方法有：

（1）直接展开法：通过公式

$$\frac{f^{(n)}(z_0)}{n!}, \ n = 0,1,2,\cdots$$

来计算系数.

（2）间接展开法：利用一些已知的展开式，结合解析函数的性质及幂级数的运算性质. 一些数学方法（如代换法、部分分式法、逐项求导法、逐项积分法等）是经常使用的方法.

应用函数的泰勒级数展开式，我们知道，不为常数的解析函数的零点是孤立的，而且如果 z_0 是函数 $f(z)$ 的 m 级零点，则在 z_0 的邻域内解析函数 $f(z) = (z-z_0)^m \varphi(z)$，其中 $\varphi(z)$ 在 z_0 点解析，且 $\varphi(z_0) \neq 0$.

如果函数 $f(z)$ 在圆环 $r < |z-z_0| < R$ 内解析，那么函数 $f(z)$ 有罗朗级数

$$f(z) = \sum_{-\infty}^{\infty} a_n(z-z_0)^n , \ r < |z-z_0| < R,$$

其中

$$a_n = \frac{1}{2\pi i}\oint_C \frac{f(\xi)}{(\xi - z_0)^{n+1}}\mathrm{d}\xi, \quad n = 0, \pm 1, \pm 2, \cdots,$$

这是 C 为圆环 $r < |z - z_0| < R$ 内任何一条绕 z_0 的正向简单闭曲线，求一个在圆环内解析函数的罗朗级数的方法与泰勒级数的方法相似，常用的方法为直接法和间接法，在求罗朗级数中，更多地利用间接法。要注意的是，在圆环内，导数公式

$$\frac{f^{(n)}(z_0)}{n!} = \frac{1}{2\pi i}\oint_C \frac{f(\xi)}{(\xi - z_0)^{n+1}}\mathrm{d}\xi$$

不再成立。同时，一个函数在同一个圆环内的罗朗级数是唯一的，不论用什么方法得到这个展开式，但是，在不同圆环内的展开式可以是不同的。

应用解析函数的罗朗展开式，我们可以研究解析函数的孤立奇点的性质。如果函数 $f(z)$ 在 z_0 的去心邻域内的罗朗展开式为

$$f(z) = \sum_{n=1}^{\infty} a_{-n}(z - z_0)^{-n} + \sum_{n=0}^{\infty} a_n(z - z_0)^n,$$

则我们可以把孤立奇点分成三类：不含 $z - z_0$ 的负幂项，称为可去奇点；含有 $z - z_0$ 的负幂项，称为极点；含无穷项 $z - z_0$ 的负幂项，称为本性奇点。三类型奇点分别对应函数的极限：$\lim\limits_{z \to z_0} f(z)$ 存在极限；$\lim\limits_{z \to z_0} f(z) = \infty$；$\lim\limits_{z \to z_0} f(z)$ 不存在。解析函数的极点与零点之间有很好的对应关系，z_0 为函数 $f(z)$ 的 m 级零点的充分必要条件是，z_0 为函数 $\dfrac{1}{f(z)}$ 的 m 级极点。

若函数在无穷远点 ∞ 的去心邻域 $R < |z| < \infty$ 内解析，则 ∞ 称为函数的孤立奇点。规定 $f(z)$ 在 ∞ 处的性态就是 $\varphi(t) = f(\dfrac{1}{t})$ 在 $t = 0$ 点处的性态，即若 $t = 0$ 为 $\varphi(t)$ 的可去奇点、m 级极点或本性奇点，则称 ∞ 为函数 $f(z)$ 的去奇点、m 级极点或本性奇点。三类型奇点分别对应函数在 ∞ 处的极限：$\lim\limits_{z \to \infty} f(z)$ 存在极限；$\lim\limits_{z \to \infty} f(z) = \infty$；$\lim\limits_{z \to \infty} f(z)$ 不存在。若用函数的罗朗展开式来描述三类型奇点，则有：

（1）级数不含正幂项 $\Leftrightarrow \infty$ 为函数 $f(z)$ 的可去奇点；

（2）级数含有限项正幂项 $\Leftrightarrow \infty$ 为函数 $f(z)$ 的极点；

（3）级数含无限项正幂项 $\Leftrightarrow \infty$ 为函数 $f(z)$ 的本性奇点；

习题四

1.　"复级数 $\sum\limits_{n=1}^{\infty} a_n$ 与 $\sum\limits_{n=1}^{\infty} b_n$ 都发散，则级数 $\sum\limits_{n=1}^{\infty}(a_n \pm b_n)$ 和 $\sum\limits_{n=1}^{\infty} a_n b_n$ 也发散。"这个命题是否成立？为什么？

2. 下列复数项基数是否收敛？是绝对收敛还是条件收敛？

（1）$\sum_{n=1}^{\infty} \frac{1+i^{2n+1}}{n}$；（2）$\sum_{n=1}^{\infty} (\frac{1+5i}{2})^n$；（3）$\sum_{n=1}^{\infty} \frac{e^{i\pi/n}}{n}$；（4）$\sum_{n=2}^{\infty} \frac{i^n}{\ln n}$；（5）$\sum_{n=0}^{\infty} \frac{\cos in}{2^n}$.

3. 证明：若 $\mathrm{Re}(a_n) \geqslant 0$，且 $\sum_{n=1}^{\infty} a_n$ 与 $\sum_{n=1}^{\infty} a_n^2$ 都收敛，则级数 $\sum_{n=1}^{\infty} a_n^2$ 绝对收敛.

4. 讨论级数 $\sum_{n=0}^{\infty} (z^{n+1} - z^n)$ 的收敛性.

5. 幂函数 $\sum_{n=0}^{\infty} c_n(z-2)^n$ 能否在 $z=0$ 收敛，而在 $z=3$ 处发散？

6. 下列说法是否正确？为什么？

（1）每一个幂级数在其收敛圆周上处处收敛；

（2）每一个幂级数的和函数在收敛圆内可能有奇点.

7. 若 $\sum_{n=0}^{\infty} c_n z^n$ 的收敛半径为 R，求 $\sum_{n=0}^{\infty} \frac{c_n}{b^n} z^n$ 的收敛半径（$b \neq 0$）.

8. 若幂级数 $\sum_{n=0}^{\infty} a_n z^n$ 的系数满足

$$\lim_{n \to \infty} \sqrt[n]{|a_n|} = \rho$$

则

（1）当 $0 < \rho < +\infty$ 时，$R = \frac{1}{\rho}$；

（2）当 $\rho = 0$ 时，$R = +\infty$；

（3）当 $\rho = +\infty$ 时，$R = 0$.

9. 求下列级数的收敛半径，并写出收敛圆周.

（1）$\sum_{n=1}^{\infty} \frac{(z-i)^n}{n^p}$（$p$ 为正整数）；（2）$\sum_{n=0}^{\infty} n^p z^n$（$p$ 为正实数）；

（3）$\sum_{n=1}^{\infty} (-i)^{n-1} \frac{2n-1}{2^n} z^{2n-1}$；（4）$\sum_{n=1}^{\infty} (\frac{i}{n})^n (z-1)^{n(n+1)}$.

10. 求出下列级数的和函数.

（1）$\sum_{n=1}^{\infty} (-1)^n \cdot n z^{n-1}$；（2）$\sum_{n=0}^{\infty} (-1)^n \frac{z^{2n}}{(2n)!}$.

11. 设级数 $\sum_{n=0}^{\infty} c_n$ 收敛，而 $\sum_{n=0}^{\infty} |c_n|$ 发散，证明 $\sum_{n=0}^{\infty} c_n z^n$ 的收敛半径为 1.

12. 若 $\displaystyle\sum_{n=0}^{\infty} c_n z^n$ 在点 z_0 处发散，证明级数对于所有满足 $|z| > |z_0|$ 的点 z 都发散.

13. 用直接法将函数 $\ln(1 + e^{-x})$ 在 $z = 0$ 处展开为泰勒级数（到 z^4 项），并指出其收敛半径.

14. 用直接法将 $\dfrac{1}{1 + z^2}$ 在 $|z - 1| < \sqrt{2}$ 中展开为泰勒级数（到 $(z-1)^4$ 项）.

15. 用间接法将下列函数展开为泰勒级数，并指出收敛半径.

（1） $\dfrac{1}{2z - 3}$ 分别在 $z = 0$ 和 $z = 1$ 处；

（2） $\sin^3 z$ 在 $z = 0$ 处；

（3） $\arctan z$ 在 $z = 0$ 处；

（4） $\dfrac{z}{(z+1)(z+2)}$ 在 $z = 2$ 处；

（5） $\ln(1 + z)$ 在 $z = 0$ 处.

16. 为什么区域 $|z| < R$ 内解析，且在区间 $(-R, R)$ 取实数值的函数 $f(z)$ 展开成 z 的幂级数时，展开式的系数都是实数？

17. 求 $f(z) = \dfrac{2z + 1}{z^2 + z - 2}$ 的以 $z = 0$ 为中心的各个圆环域内的罗朗级数.

18. 在 $0 < |z - 1| < +\infty$ 内，将 $f(z) = \sin\dfrac{z}{z - 1}$ 展开成罗朗级数.

19. 在 $1 < |z| < +\infty$ 内，将 $f(z) = e^{1/1-z}$ 展开成罗朗级数.

20. 有人做了下列运算，并根据运算作出了如下结果：

$$\frac{z}{1 - z} = z + z^2 + z^3 + \cdots$$

$$\frac{z}{z - 1} = 1 + \frac{1}{z} + \frac{1}{z^2} + \cdots$$

因为 $\dfrac{z}{1 - z} + \dfrac{z}{z - 1} = 0$，所以有结果

$$\cdots + \frac{1}{z^3} + \frac{1}{z^2} + \frac{1}{z} + 1 + z + z^2 + z^3 + \cdots = 0$$

你认为正确吗？为什么？

21. 证明 $f(z) = \cos\left(z + \dfrac{1}{z}\right)$ 用 z 的幂表示出的罗朗展开式中的系数为

$$c_n = \frac{1}{2\pi} \int_0^{2\pi} \cos(2\cos\theta)\cos n\theta \, \mathrm{d}\theta, \quad n = 0, \pm 1, \cdots.$$

22. $z = 0$ 是函数 $f(z) = \dfrac{1}{\cos(1/z)}$ 的孤立奇点吗? 为什么?

23. 用级数展开法指出函数 $6\sin z^3 + z^3(z^6 - 6)$ 在 $z = 0$ 处零点的级.

24. 判断 $z = 0$ 是否为下列函数的孤立奇点, 并确定奇点的类型:

(1) $e^{1/z}$; (2) $\dfrac{1 - \cos z}{z^2}$.

25. 下列函数有些什么奇点? 如果是极点, 请指出.

(1) $\dfrac{\sin z}{z^3}$; (2) $\dfrac{1}{z^2(e^z - 1)}$; (3) $\dfrac{2z}{3 + z^2}$.

26. 判定 $z = \infty$ 是下列各函数的什么奇点?

(1) e^{1/z^2}; (2) $\cos z - \sin z$; (3) $\dfrac{2z}{3 + z^2}$.

27. 函数 $f(z) = \dfrac{1}{z(z-1)^2}$ 在 $z = 1$ 处有一个二级极点, 但根据下面罗朗展开式:

$$\frac{1}{z(z-1)^2} = \cdots + \frac{1}{(z-1)^5} - \frac{1}{(z-1)^4} + \frac{1}{(z-1)^3}, \quad |z-1| > 1.$$

我们得到 "$z = 1$ 又是 $f(z)$ 的本性奇点", 这两个结果哪一个是正确的? 为什么?

28. 如果 C 为正向圆周 $|z| = 3$, 求积分 $\displaystyle\int_C f(z)\mathrm{d}z$ 的值

(1) $f(z) = \dfrac{1}{z(z+2)}$; (2) $f(z) = \dfrac{z}{(z+1)(z+2)}$.

第四章 自测训练题

一、选择题:(共 10 小题, 每题 3 分, 总分 30 分).

1. 当 $|z| < 1$ 时, 级数 $\displaystyle\sum_{n=0}^{\infty}(-1)^n z^n$ 的和为 ( ).

A. $\dfrac{1}{1-z}$ B. $\dfrac{1}{1+z}$

C. 1   D. 不存在

2. 对于级数 $\displaystyle\sum_{n=0}^{\infty}\dfrac{(4+3i)^n}{9^n}$, 以下命题正确的是 ( ).

A. 条件收敛   B. 绝对收敛

C. 级数的和为 ∞ D. 级数的和不存在, 也不为 ∞

3. 下列级数绝对收敛的是（　　　　　）.

A. $\sum\limits_{n=1}^{\infty}\dfrac{(-i)^n}{n}$

B. $\sum\limits_{n=1}^{\infty}(\dfrac{1}{n}+\dfrac{i}{2^n})$

C. $\sum\limits_{n=0}^{\infty}\dfrac{(3+4i)^n}{n!}$

D. $\sum\limits_{n=1}^{\infty}(\dfrac{1+3i}{2})^n$

4. 级数 $\sum\limits_{n=0}^{\infty}(-i)^n$ 的和为（　　　　　）.

A. $-i$

B. 0

C. i

D. 不存在

5. 设 $f(z)=\sum\limits_{n=0}^{\infty}\dfrac{z^n}{n!}$，则 $f^{(8)}(0)$ 为（　　　　　）.

A. 0

B. 1

C. $\dfrac{1}{8!}$

D. 8!

6. 对于幂级数，下列命题正确的是（　　　　　）.

A. 在收敛圆内，幂级数条件收敛

B. 在收敛圆上，幂级数可以逐项求导

C. 在收敛圆外，幂级数绝对收敛

D. 在收敛圆内，幂级数可以逐项积分

7. 幂级数 $\sum\limits_{n=1}^{\infty}\dfrac{z^{n-1}}{n!}$ 的收敛域为（　　　　　）.

A. $0<|z|<+\infty$

B. $|z|<+\infty$

C. $|z|<1$

D. $0<|z|<1$

8. $f(z)=\dfrac{1}{e^z-1}$ 在 $z=\pi i$ 处泰勒展开式的收敛半径为（　　　　　）.

A. πi

B. $2\pi i$

C. π

D. 2π

9. 使 $f(z)=\dfrac{1}{z(z+3)^3}$ 在 $z=0$ 处的罗朗展开式的收敛域是（　　　　　）.

A. $0<|z|<3$ 或 $3<|z|<+\infty$

B. $0<|z+3|<3$ 或 $3<|z+3|<+\infty$

C. $0<|z+3|<+\infty$

D. $0<|z|<+\infty$

10. 设 $f(z)=\dfrac{\sin z}{z(z-1)}$ 的罗朗级数展开式为 $\sum\limits_{n=-\infty}^{+\infty}C_n z^n$，则收敛的圆环域为（　　　　　）.

A. $0<|z|<1$ 或 $1<|z|<+\infty$

B. $0<|z-1|<1$ 或 $1<|z-1|<+\infty$

C. $0<|z-1|<+\infty$

D. $0<|z|<+\infty$

二、填空题：（共 5 小题，每题 3 分，共 15 分）.

1. 幂级数 $\sum_{n=1}^{\infty} \dfrac{n!}{n^n} z^n$ 的收敛半径为＿＿＿＿＿＿＿.

2. 罗朗级数 $\sum_{n=-\infty}^{+\infty} 3^{-|n|}(z-1)^n$ 的收敛域为＿＿＿＿＿＿＿.

3. $f(z) = \tan z$ 在 $z=0$ 处的泰勒展开式的收敛半径为＿＿＿＿＿＿＿.

4. $f(z) = \dfrac{1}{1+z^2}$ 在 $z=0$ 处的泰勒展开式为＿＿＿＿＿＿＿.

5. $f(z) = \sin \dfrac{z}{z-1}$ 在 $0<|z-1|<1$ 内展开的罗朗级数为＿＿＿＿＿＿＿.

三、计算题：（共 7 小题，第 1 题 7 分，2~7 题均每题 8 分，共 55 分）.

1. 求函数 $f(z) = \dfrac{1}{4-3z}$ 在 $z=1$ 处的泰勒级数展开式？

2. 求 $f(z) = \dfrac{1}{(1-z)^2}$ 在 $z=0$ 处的泰勒级数展开式？

3. 试求出函数 $f(z) = \int_0^z e^{-\varsigma^2} d\varsigma$ 在点 $z=0$ 处的泰勒级数？

4. 求 $f(z) = \ln(2z+1)$ 在 $z=1$ 处的 Taylor 级数展开式.

5. 将下列函数在 $0<|z|<+\infty$ 内展开成罗朗级数？

（1）$f(z) = e^{\frac{1}{z}}$；　　（2）$f(z) = \sin \dfrac{1}{z}$；　　（3）$f(z) = \dfrac{e^z}{z^3}$.

6. 将 $f(z) = \dfrac{1}{(z-1)(z-2)}$ 在下面指定圆环域上进行罗朗级数展开.

（1）$1<|z|<2$；　　（2）$1<|z-1|<2$；　　（3）$1<|z-2|<+\infty$.

7. 求 $f(z) = \dfrac{1}{z^2}$ 在圆环域 $1<|z-1|<+\infty$ 内的罗朗级数展开式？

第五章 留数理论及其应用

本章的中心问题是留数定理.借助第四章的讨论,我们引入留数概念并计算留数.柯西-古萨基本定理和柯西积分公式都是留数定理的特殊情况.作为留数定理的应用,我们可以把沿闭曲线的积分的计算转化为孤立奇点处的留数计算.对于高等数学中的一些定积分和广义积分,按过去的计算方法可能比较复杂,甚至难以算出结果,而用留数计算的方法则相对简便.因此留数定理在理论和实际应用中都具有重要意义.

5.1 留数理论

1. 留数的定义

如果 $f(z)$ 在 z_0 处解析,那么对于 z_0 邻域中的任意一条简单闭曲线 C,都有 $\oint_C f(z)\mathrm{d}z = 0$.

如果 z_0 是 $f(z)$ 的孤立奇点,那么对于解析圆环 $0<|z-z_0|<\delta$ 内包含 z_0 的正向简单闭曲线 C,上述积分只与 $f(z)$ 和 z_0 有关,而与 C 无关,但积分值不一定为零.现在我们来计算这个积分.由定理 4.12,$f(z)$ 在 z_0 的邻域内可展开成罗朗级数:

$$f(z) = \sum_{n=-\infty}^{\infty} a_n(z-z_0)^n,$$

其中

$$a_n = \frac{1}{2\pi i}\oint_C \frac{f(\xi)\mathrm{d}\xi}{(\xi-z_0)^{n+1}}, \quad n = 0,\pm1,\pm2,\cdots.$$

特别地,$a_{-1} = \dfrac{1}{2\pi i}\oint_C f(\xi)\mathrm{d}\xi$.于是得到

$$\oint_C f(\xi)\mathrm{d}\xi = 2\pi i a_{-1}.$$

因此 a_{-1} 这个系数有其特殊的含义.我们把 $f(z)$ 在 z_0 处的罗朗级数中 $(z-z_0)^{-1}$ 项的系数 a^{-1} 称为 **$f(z)$ 在孤立奇点 z_0 处的留数**,记为

$$\mathrm{Res}\,[f(z),z_0]=a^{-1}, \tag{5.1}$$

即

$$\mathrm{Res}[f(z),z_0]= \frac{1}{2\pi i}\oint_C f(z)\mathrm{d}z . \tag{5.2}$$

例 5.1 求下列积分的值,其中 C 为包含 $z=0$ 的简单正向闭曲线.

(1) $\oint_C z^{-3}\cos z\,\mathrm{d}z$;

(2) $\oint_C \mathrm{e}^{\frac{1}{z^2}}\mathrm{d}z$.

解:(1)令 $f(z)=z^{-3}\cos z$,则 $z=0$ 为 $f(z)$ 的孤立奇点.又因

$$\cos z=1-\frac{z^2}{2!}+\frac{z^4}{4!}-\frac{z^6}{6!}+\cdots,|z|<\infty.$$

故

$$f(z)=\frac{1}{z^3}-\frac{1}{2z}+\frac{z}{4!}-\frac{z^3}{6!}+\cdots,0<|z|<\infty,$$

所以 $\text{Res}\,[f(z),0]=-\frac{1}{2}$.

(2)令 $f(z)=\mathrm{e}^{\frac{1}{z^2}}$,则 $z=0$ 为 $f(z)$ 的孤立奇点.因为

$$\mathrm{e}^{\xi}=1+\frac{\xi}{1!}+\frac{\xi^2}{2!}+\cdots\frac{\xi^n}{n!}+\cdots,|z|<\infty.$$

以 $\xi=\frac{1}{z^2}$ 代入上式,得

$$f(z)=1+\frac{1}{1!}\cdot\frac{1}{z^2}+\frac{1}{2!}\cdot\frac{1}{z^4}+\cdots+\frac{1}{n!}\cdot\frac{1}{z^{2n}}+\cdots,0<|z|<\infty.$$

所以,$\text{Res}[f(z),0]=0$.

2. 留数定理

考察积分 $\oint_C f(z)\mathrm{d}z$,若闭曲线 C 内仅含有 $f(z)$ 的一个孤立奇点,则可利用公式(5.2)来求积分值.但是如果多于一个孤立奇点,则由下述留数定理,可以把积分的计算转化成 $f(z)$ 在 C 中的各孤立奇点的留数的计算.

定理 5.1 留数定理

设函数 $f(z)$ 在区域 D 内除有有限个孤立奇点 $z_1,z_2,\ldots,z_n$ 外处处解析,C 是 D 内包围这些奇点的一条正向简单闭曲线,那么

$$\oint_C f(z)\mathrm{d}z=2\pi i\sum_{k=1}^{n}\text{Res}\big[f(z),z_k\big]. \qquad (5.3)$$

证明: 如图 5.1 所示,以 z_k 为圆心,作完全含在 C 内且互不相交的正向小圆 $C_k:|z-z_k|=\delta_k$($k=1,2,\ldots,n$),那么由复合闭路上的柯西积分定理,有

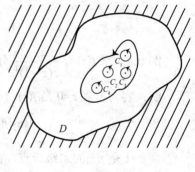

$$\oint_C f(z)\mathrm{d}z=\oint_{C_1}f(z)\mathrm{d}z+\oint_{C_2}f(z)\mathrm{d}z+\cdots+\oint_{C_n}f(z)\mathrm{d}z.$$

但

$$\oint_{C_k}f(z)\mathrm{d}z=2\pi i\,\text{Res}\big[f(z),z_k\big].k=1,2,\cdots,n.$$

图 5.1

于是有

$$\oint_{C_k}f(z)\mathrm{d}z=2\pi i\sum_{k=1}^{n}\text{Res}\big[f(z),z_k\big].$$

一般来说，求函数在其孤立奇点 z_0 处的留数，只须求出它在以 z_0 为中心的圆环域内，罗朗级数中 $(z-z_0)^{-1}$ 的系数 a^{-1} 就可以了.但在很多情况下，函数在孤立奇点的罗朗展开式并不易得到，因此有必要讨论在不知道罗朗展开式的情况下计算留数的方法.

3. 留数的计算方法

（1）如果 z_0 为 $f(z)$ 的 m 级极点，那么

$$\text{Res}\left[f(z),z_0\right] = \frac{1}{(m-1)!}\lim_{z\to z_0}\frac{\text{d}^{m-1}}{\text{d}z^{m-1}}\left\{(z-z_0)^m f(z)\right\} \tag{5.4}$$

证明： 因为 z_0 是 $f(z)$ 的 m 级极点，故在 z_0 的邻域中有

$$f(z) = \frac{1}{(z-z_0)^m}g(z).$$

其中 $g(z)$ 在 z_0 处解析，且 $g(z_0)\neq 0$.于是

$$f(z) = \frac{1}{(z-z_0)^m}\sum_{n=0}^{\infty}\frac{g^n(z_0)}{n!}(z-z_0)^n = \sum_{n=0}^{\infty}\frac{g^n(z_0)}{n!}(z-z_0)^{n-m}.$$

其中 $(z-z_0)^{-1}$ 的系数为 $\dfrac{g^{m-1}(z_0)}{(m-1)!}$.又 $g(z)=(z-z_0)^m f(z)$，因而得到：

$$\frac{g^{m-1}(z_0)}{(m-1)!} = \frac{1}{(m-1)!}\lim_{z\to z_0}\frac{\text{d}^{m-1}}{\text{d}z^{m-1}}\left\{(z-z_0)^m f(z)\right\}.$$

从而（5.4）成立.

特别地，当 $m=1$ 时，我们有下面的结果.

（2）若 z_0 是 $f(z)$ 的一级极点，那么

$$\text{Res}\left[f(z),0\right] = \lim_{z\to z_0}(z-z_0)f(z). \tag{5.5}$$

例 5.2　求 $f(z)=\dfrac{5z-2}{z(z-1)^2}$ 分别在 $z=0$ 和 $z=1$ 的留数.

解： 容易看到 $z=0$ 是 $f(z)$ 的一级极点，故由式（5.5）得

$$\text{Res}[f(z),0] = \lim_{z\to 1}z\cdot f(z) = \lim_{z\to 0}\frac{5z-2}{(z-1)^2} = -2.$$

而 $z=1$ 是 $f(z)$ 的二级极点，由式（5.4）得

$$\text{Res}[f(z),1] = \lim_{z\to 1}\frac{d}{dz}\left\{(z-1)^2 f(z)\right\} = \lim_{z\to 1}\frac{5z-(5z-2)}{z^2} = 2.$$

在某些情况下，下面的命题用起来更方便.

（3）设 $f(z) = \dfrac{P(z_0)}{Q'(z_0)}$，$P(z)$，$Q(z)$ 在 z_0 都是解析的. 如果 $P(z_0) \neq 0$，$Q(z_0)=0$ 且 $Q'(z_0) \neq 0$，那么 z_0 是 $f(z)$ 的一级极点，因此有

$$\operatorname{Res}[f(z),z_0] = \frac{P(z_0)}{Q'(z_0)}. \tag{5.6}$$

证明：事实上，因为 $Q(z_0)=0$ 及 $Q'(z_0) \neq 0$，所以 z_0 为 $Q(z)$ 的一级零点，由 $\dfrac{1}{Q(z)} = \dfrac{1}{z-z_0}\varphi(z)$，其中 $\varphi(z)$ 在 z_0 解析且 $\varphi(z_0) \neq 0$，于是

$$f(z) = \frac{1}{z-z_0}\varphi(z)P(z).$$

因为 z_0 解析且 $\varphi(z_0)P(z_0) \neq 0$，故 z_0 为 $f(z)$ 的一级极点. 根据式（5.5），有

$$\operatorname{Res}[f(z),z_0] = \lim_{z \to z_0}(z-z_0)f(z) = \lim_{z \to z_0}(z-z_0)\frac{P(z)}{Q(z)} = \lim_{z \to z_0}(z-z_0)\frac{P(z)}{Q(z)-Q(z_0)}$$

$$= \lim_{z \to z_0}\frac{P(z)}{\dfrac{Q(z)Q(z_0)}{z-z_0}} = \frac{P(z_0)}{Q'(z_0)}.$$

例 5.3　计算 $f(z) = \dfrac{\mathrm{e}^z}{\sin z}$ 在 $z=0$ 处的留数.

解：这时 $P(z)=\mathrm{e}^z$，$Q(z)=\sin z$，于是 $P(0)=1$，$Q(0)=0$，$Q'(z_0)=1$. 由式（5.6）得

$$\operatorname{Res}[f(z),0] = \frac{P(0)}{Q'(0)} = 1.$$

上述几种方法实质上是把留数的计算变成了微分运算，从而带来了方便. 但如果 z_0 是 $f(z)$ 的本性奇点，我们没有像上面那种简单的留数计算公式，这时只能通过求 $f(z)$ 的罗朗展开来得到 $f(z)$ 在 z_0 的留数. 有时候，对于级比较高的极点，或者求导比较复杂的函数，运用上面的公式也十分复杂，选择求罗朗展开或者其他方法可能更好些.

例 5.4　计算 $f(z) = \dfrac{z-\sin z}{z^6}$ 在 $z=0$ 处的留数.

解：因为

$$\frac{z-\sin z}{z^6} = \frac{1}{z^6}\left[z-\left(z-\frac{1}{3!}\cdot z^3+\frac{1}{5!}\cdot z^5+\cdots\right)\right]$$

$$= \frac{1}{3!}\cdot\frac{1}{z^3}-\frac{1}{5!}\cdot\frac{1}{z}+\cdots,$$

所以

$$\operatorname{Res}\left[\frac{z-\sin z}{z^6},0\right] = a^{-1} = -\frac{1}{5!}.$$

此题若选择微分的方法，运算相对复杂一些，读者可做验算比较.

例 5.5　计算积分 $\oint_C \dfrac{z}{(z^2-1)^2(z^2+1)}\mathrm{d}z$，这里 $C: |z-1|=\sqrt{3}$ 取正向.

解：令 $f(z)=\dfrac{z}{(z^2-1)^2(z^2+1)}$，则 $z_1=i, z_2=-i$ 为 $f(z)$ 的两个一级极点，$z_3=1, z_4=-1$ 为 $f(z)$ 两个二级极点.容易看出，z_1, z_2, z_3 位于 C 的内部.由留数定理，

$$\oint_C f(z)\mathrm{d}z = 2\pi i \sum_{k=1}^{3} \mathrm{Re}\,s[f(z), z_k].$$

又

$$\mathrm{Res}\,[f(z), i] = \lim_{z\to i}(z-i)f(z) = \lim_{z\to i}\frac{z}{(z^2-1)^2(z+i)} = \frac{1}{8}.$$

同理

$$\mathrm{Res}\,[f(z), -i] = \frac{1}{8}.$$

$$\mathrm{Res}\,[f(z), 1] = \lim_{z\to 1}\frac{\mathrm{d}}{\mathrm{d}z}\{(z-1)^2 f(z)\} = \lim_{z\to 1}\frac{\mathrm{d}}{\mathrm{d}z}\left\{\frac{z}{(z+1)^2(z^2+1)}\right\}$$

$$= \lim_{z\to 1}\frac{-3z^3-z^2-z+1}{(z+1)^3(z^2+1)^2} = \frac{1}{8}.$$

于是

$$\oint_C f(z)\mathrm{d}z = 2\pi i\left(\frac{1}{8}+\frac{1}{8}-\frac{1}{8}\right) = \frac{\pi i}{4}.$$

4. 在无穷远点的留数

设函数 $f(z)$ 在圆环域 $R<|z|<\infty$ 内解析，C 为这圆环域内绕原点的任何一条简单闭曲线，那么称 $f(z)$ 沿 C 的负向积分值

$$\frac{1}{2\pi i}\oint_C f(z)\mathrm{d}z$$

称为 $f(z)$ 在 ∞ 点的留数，记作

$$\mathrm{Res}\,[f(z), \infty] = \frac{1}{2\pi i}\oint_C f(z)\mathrm{d}z. \tag{5.7}$$

这个积分值与 C 无关，且根据公式（4.23）和（4.24）得

$$\mathrm{Res}[f(z), \infty] = \frac{1}{2\pi i}\oint_{C^-} f(z)\mathrm{d}z = \frac{1}{2\pi i}\oint_C f(z)\mathrm{d}z = -b_{-1}. \tag{5.8}$$

即 $f(z)$ 在 ∞ 点的留数等于其在 ∞ 点的去心邻域 $R<|z|<\infty$ 内的罗朗展开式中，z^{-1} 的系数的相

反数.

由式（5.7），我们有以下定理.

定理 5.2 如果函数 $f(z)$ 在扩充的复平面内只有有限个孤立奇点，那么 $f(z)$ 在所有奇点（包括 ∞ 点）的留数之和为零.

证明： 取 r 充分大，使 $f(z)$ 的有限个孤立奇点 z_k（$k=1,2,\ldots,n$）都在 $|z|<r$ 中.

由留数定理，得

$$\oint_{|z|<r} f(z)\mathrm{d}z = 2\pi i\sum_{k=1}^{n} \mathrm{Res}[f(z),z_k].$$

其中积分取圆周的正项.由式（5.8），得

$$\mathrm{Res}\,[f(z),\infty] = -\oint_{|z|<r} f(z)\mathrm{d}z.$$

于是有

$$\mathrm{Res}[f(z),\infty] + \sum_{k=1}^{n}\mathrm{Res}[f(z),z_k] = 0.$$

例 5.6 判定 $z=\infty$ 是函数 $f(z)=\dfrac{2z}{3+z^2}$ 的什么奇点？并求 $f(z)$ 在 ∞ 点的留数.

解： 因为
$$\lim_{z\to\infty} f(z) = 0,$$

所以 ∞ 点是可去奇点.又 $f(z)$ 在复平面内仅有 $\sqrt{3}\,i$ 和 $-\sqrt{3}\,i$ 为一级极点，且

$$\mathrm{Res}[f(z),\ \sqrt{3}\,i] = \lim_{z\to\sqrt{3}i}\frac{2z}{z+\sqrt{3}i} = 1,$$

$$\mathrm{Res}\,[f(z),-\sqrt{3}\,i] = \lim_{z\to-\sqrt{3}i}\frac{2z}{z-\sqrt{3}i} = 1.$$

故由定理 5.2，得
$$\mathrm{Res}[f(z),\infty] = -\mathrm{Res}[f(z),\sqrt{3}\,i] - \mathrm{Res}\,[f(z),-\sqrt{3}\,i] = -1-1 = -2.$$

例 5.7 已知 $X(z)=\dfrac{3}{1-\dfrac{1}{2}z^{-1}} + \dfrac{2}{1-2z^{-1}}$，求出 $X(z)$ 对应的各种可能的序列表达式.

解： $X(z)$ 有两个极点：$z_1=0.5, z_2=2$，因为收敛域总是以极点为界，因此收敛域有三种情况：$|z|<0.5$，$0.5<|z|<2$，$|z|>2$.三种收敛域对应三种不同的原序列.

（1）在收敛域 $|z|<0.5$ 内：$x(n)=\dfrac{1}{2\pi i}\oint_c X(z)z^{n-1}\mathrm{d}z$.

令 $F(z)=X(z)z^{n-1}=\dfrac{5-7z^{-1}}{(1-0.5z^{-1})(1-2z^{-1})}z^{n-1}=\dfrac{5z-7}{(z-0.5)(z-2)}z^n$

$n\geqslant 0$ 时，因为 c 内无极点，$x(n)=0$；

$n\leqslant -1$ 时，c 内有极点 0，但 $z=0$ 是一个 n 阶极点，改为求 c 外极点留数，c 外极点有

$z_1 = 0.5, z_2 = 2$，那么

$$x(n) = -\mathrm{Re}\,s[F(z), 0.5] - \mathrm{Re}\,s[F(z), 2]$$

$$= -\frac{(5z-7)z^n}{(z-0.5)(z-2)}(z-0.5)\Big|_{z=0.5} - \frac{(5z-7)z^n}{(z-0.5)(z-2)}(z-2)\Big|_{z=2}$$

$$= -[3 \cdot (\frac{1}{2})^n + 2 \cdot 2^n]u(-n-1).$$

（2）在收敛域 $0.5 < |z| < 2$ 内：$F(z) = \dfrac{5z-7}{(z-0.5)(z-2)}z^n$.

$n \geqslant 0$ 时 c 内有极点 0.5，$x(n) = \mathrm{Re}\,s[F(z), 0.5] = 3 \cdot (\frac{1}{2})^n$.

$n \leqslant -1$ 时，c 内有极点 0.5和0，但 $z=0$ 是一个 n 阶极点，改为求 c 外极点留数，c 外只有一个极点 $z_2 = 2$，那么

$$x(n) = -\mathrm{Re}\,s[F(z), 2] = -2 \cdot 2^n u(-n-1).$$

最后得到：$x(n) = 3 \cdot (\frac{1}{2})^n u(n) - 2 \cdot 2^n u(-n-1)$.

（3）在收敛域 $|z| > 2$ 内：$F(z) = \dfrac{5z-7}{(z-0.5)(z-2)}z^n$.

$n \geqslant 0$ 时，c 内有极点 0.5和2.

$$x(n) = \mathrm{Re}\,s[F(z), 0.5] + \mathrm{Re}\,s[F(z), 2]$$

$$= 3 \cdot (\frac{1}{2})^n + 2 \cdot 2^n.$$

$n \leqslant -1$ 时，由收敛域判断，这是一个因果序列，因此 $x(n) = 0$；或者这样分析：c 内有极点 $0.5, 2, 0$，但 0 是一个 n 阶极点，改为求 c 外极点留数，c 外无极点，所以 $x(n) = 0$.

最后得到：$x(n) = 3 \cdot (\frac{1}{2})^n u(n) + 2 \cdot 2^n u(n)$.

5.2　留数在积分计算上的应用

在高等数学中，我们知道，有很多函数的原函数不能用初等函数来表达，因此，通过求原函数的方法求定积分或广义积分就受到限制.利用留数理论可以求一些重要实函数的积分.下面我们分几种类型，介绍怎样利用留数求积分的值.

1. 形如 $\displaystyle\int_{-\infty}^{\infty} R(x)\mathrm{d}x$ 的积分

这里 $R(x) = \dfrac{P(z)}{Q(z)}$ 为有理函数，$P(x) = x^m + a_1 x^{m-1} + \ldots + a_m$，$Q(x) = x_n + b_1 x^{n-1} + \ldots + b_n$，$P(x)$ 和 $Q(x)$ 为两

个既约实多项式形式，$Q(x)$没有实零点，且$n-m \geqslant 2$.

我们取复函数$R(z)=\dfrac{P(z)}{Q(z)}$，则除$Q(z)$的有限个零点外，$R(z)$

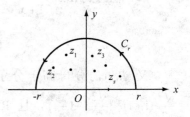

图 5.2

处处解析.取积分路线如图 5.2 所示，其中C_r是以原点为中心、r 为半径的上半圆周，令 r 足够大，使$R(z)$在上半平面上的所有极点z_k（$k=1,2,\dots,s$）都含在曲线C_r和$[-r,r]$所围成的区域内.由留数定理，得

$$\int_{-r}^{r} R(x)\mathrm{d}x + \int_{C_r} R(z)\mathrm{d}z = 2\pi i\sum_{k=1}^{s}\mathrm{Res}[f(z),z_k].$$

当 r 充分大时，右端的值与 r 无关.又

$$|R(z)| = \frac{1}{|z|^{n-m}}\cdot\frac{\left|1+a_1 z^{-1}+\cdots+a_m z^{-m}\right|}{\left|1+b_1 z^{-1}+\cdots+b_n z^{-n}\right|} \leqslant \frac{1}{|z|^{n-m}}\cdot\frac{1+\left|a_1 z^{-1}+\cdots+a_m z^{-m}\right|}{1-\left|b_1 z^{-1}+\cdots+b_n z^{-n}\right|}.$$

故存在常数 M，当$|z|$充分大时，有

$$|R(z)| \leqslant \frac{M}{|z|^{n-m}} \leqslant \frac{M}{|z|^{2}}.$$

令$z=re^{i\theta}$，于是

$$\left|\int_{C_r} R(z)\mathrm{d}z\right| = \left|\int_0^{\pi} R(re^{i\theta})rie^{i\theta}\mathrm{d}\theta\right| \leqslant \int_0^{\pi}\left|R(re^{i\theta})\right|r\mathrm{d}\theta$$

$$\leqslant \int_0^{\pi}\frac{M}{r^2}r\mathrm{d}\theta = \frac{\pi M}{r} \to 0 \quad (r\to\infty).$$

因此在式（5.9）中，令$r\to\infty$得

$$\int_{-\infty}^{+\infty} R(x)\mathrm{d}x = 2\pi i\sum_{k=1}^{n}\mathrm{Res}[R(z),z_k]. \tag{5.10}$$

例 5.7　计算积分$\displaystyle\int_{-\infty}^{+\infty}\frac{x^2-x+2}{x^4+10x+9}\mathrm{d}x$.

解：记$R(z)=\dfrac{x^2-x+2}{x^4+10x+9}$，则$R(z)$满足式（5.10）的条件，且$R(z)$在上半平面内有两个一

级极点$z_1=i$ 和$z_2=3i$.容易得到 $\mathrm{Res}[R(z),i]=\dfrac{-1-i}{16}$，$\mathrm{Res}[R(z),3i]=\dfrac{3-7i}{48}$，因此

$$\int_{-\infty}^{+\infty}\frac{x^2-x+2}{x^4+10x+9}\mathrm{d}x = 2\pi i\left[\frac{-1-i}{16}+\frac{3-7i}{48}\right] = \frac{5}{12}\pi.$$

例 5.8　计算积分$\displaystyle\int_0^{+\infty}\frac{x^2}{1+x^4}\mathrm{d}x$.

解： 注意到 $R(x)=\dfrac{x^2}{1+x^4}$ 为偶函数，于是有

$$\int_0^{+\infty}\frac{x^2}{1+x^4}\mathrm{d}x=\frac{1}{2}\int_{-\infty}^{+\infty}\frac{x^2}{1+x^4}\mathrm{d}x.$$

又 $R(z)$ 的分母高于分子两次，在实轴上无奇点，在上半平面上有两个一级极点 $\dfrac{\sqrt{2}}{2}(1+i)$ 和 $\dfrac{\sqrt{2}}{2}(-1+i)$，且 $\mathrm{Res}[R(z),\dfrac{\sqrt{2}}{2}(1+i)]=\dfrac{1+i}{4\sqrt{2}i}$，$\mathrm{Res}[R(z),\dfrac{\sqrt{2}}{2}(-1+i)]=\dfrac{1-i}{4\sqrt{2}i}$，由公式（5.10）有

$$\int_0^{+\infty}\frac{x^2}{1+x^4}\mathrm{d}x=2\pi[\frac{1+i}{4\sqrt{2}}+\frac{1-i}{4\sqrt{2}i}]=\frac{\sqrt{2}}{2}\pi.$$

故得

$$\int_0^{+\infty}\frac{x^2}{1+x^4}\mathrm{d}x=\frac{\sqrt{2}}{4}\pi.$$

2. 形如 $\displaystyle\int_{-\infty}^{+\infty}R(x)\mathrm{e}^{\alpha ix}\mathrm{d}x$ （$\alpha>0$）的积分

这里 $R(x)$ 是实轴上连续的有理函数，而分母的次数 n 至少要比分子的次数 m 高一次（$n-m\geqslant1$）.这时有

$$\int_{-\infty}^{+\infty}R(x)\mathrm{e}^{\alpha ix}\mathrm{d}x=2\pi i\sum_{k=1}^{s}\mathrm{Re}\,s[\mathrm{e}^{\alpha ix}R(z),z_k]. \qquad (5.11)$$

其中 z_k（$k=1,2,\ldots,s$）是 $R(z)$ 在上半平面的孤立奇点.

事实上，如同类型 1 中处理的一样，取如图 5.2 所示的积分曲线 C_r，当 r 充分大，使 z_k（$k=1,2,\ldots,s$）全落在曲线 C_r 与 $[-r,r]$ 所围成的区域内.于是

又 $n-m\geqslant1$，故有充分大的 $|z|$，有

$$|R(z)|\leqslant\frac{M}{|z|}.$$

因此

$$\left|\int_{C_r}R(z)\mathrm{e}^{\alpha iz}\mathrm{d}z\right|=\left|\int_0^{\pi}R(r\mathrm{e}^{i\theta})\mathrm{e}^{-\alpha r\sin\theta+i\alpha r\cos\theta}\cdot r\mathrm{d}\theta\right|$$

$$\leqslant\int_0^{\pi}\left|R(r\mathrm{e}^{i\theta})\right|\mathrm{e}^{-\alpha r\sin\theta}\cdot r\mathrm{d}\theta$$

$$\leqslant M\int_0^{\pi}\mathrm{e}^{-\alpha r\sin\theta}\mathrm{d}\theta=2M\int_0^{\frac{\pi}{2}}\mathrm{e}^{-\alpha r\sin\theta}\mathrm{d}\theta.$$

当 $0 \leqslant \theta \leqslant \dfrac{\pi}{2}$ 时，$\sin\theta \geqslant \dfrac{2\theta}{\pi}$，所以有

$$\left| \int_{C_r} R(z)\mathrm{e}^{\alpha iz}\mathrm{d}z \right| \leqslant 2M \int_0^{\frac{\pi}{2}} \mathrm{e}^{-\alpha r\left(\frac{2\theta}{\pi}\right)}\mathrm{d}\theta = \frac{M\pi}{2r}(1-\mathrm{e}^{-\alpha r}).$$

于是，当 $r \to \infty$ 时，$\displaystyle\int_{C_r} R(z)\mathrm{e}^{\alpha iz}\mathrm{d}z \to 0$，故式（5.11）成立.

式（5.11）还可以变形为

$$\int_{-\infty}^{+\infty} R(x)\cos\alpha x\mathrm{d}x + i\int_{-\infty}^{+\infty} R(x)\sin\alpha x\mathrm{d}x = 2\pi i\sum_{k=1}^{s}\mathrm{Res}[R(z)\mathrm{e}^{\alpha iz},z_k]. \tag{5.12}$$

例 5.9　求积分 $\displaystyle\int_0^{+\infty} \frac{\cos x}{x^2+4x+5}\mathrm{d}x$.

解：设 $R(z)=\dfrac{1}{x^2+4x+5}$，则 $R(z)$ 的分母高于分子两次，实轴上无奇点，上半平面只有一个一级极点 $z=-2+i$，故

$$\int_{-\infty}^{+\infty} R(x)\mathrm{e}^{ix}\mathrm{d}x = 2\pi i\,\mathrm{Res}[R(z)\mathrm{e}^{iz},-2+i] = 2\pi i \lim_{z\to -2+i}[z-(-2+i)]R(z)\mathrm{e}^{iz}$$

$$= 2\pi i \lim_{z\to -2+i}\frac{\mathrm{e}^{iz}}{z+2+i} = 2\pi i\frac{\mathrm{e}^{-1-2i}}{2i}.$$

由公式（5.12），有

$$\int_{-\infty}^{+\infty} \frac{\cos x}{x^2+4x+5}\mathrm{d}x = \mathrm{Re}\left[2\pi i\frac{\mathrm{e}^{-1-2i}}{2i}\right] = \pi\mathrm{e}^{-1}\cos 2.$$

在上面两种类型的积分中，都要求 $R(z)$ 在实轴上无孤立奇点，这时我们取积分闭曲线为图 5.2 的形式.当 $R(z)$ 在实轴上有奇点时，我们要根据具体情况，对积分曲线稍作改变.下面以例题说明如何计算此类型的积分.

例 5.10　计算积分 $\displaystyle\int_0^{+\infty} \frac{\sin x}{x}\mathrm{d}x$ 的值.

解：取函数 $f(z)=\dfrac{\mathrm{e}^{iz}}{z}$，并取围道如图 5.3 所示，在此围道中 $f(z)$ 是解析的.由柯西积分定理，得

$$\int_{-R}^{-r} \frac{\mathrm{e}^{ix}}{x}\mathrm{d}x + \int_{C_r} \frac{\mathrm{e}^{iz}}{z}\mathrm{d}z + \int_r^R \frac{\mathrm{e}^{ix}}{x}\mathrm{d}x + \int_{C_R} \frac{\mathrm{e}^{iz}}{x}\mathrm{d}z = 0.$$

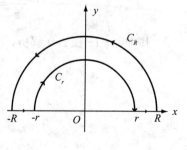

图 5.3

令 $x = -t$，则有

$$\int_{-R}^{-r} \frac{e^{ix}}{x} dx = \int_{R}^{r} \frac{e^{-it}}{t} dt = -\int_{r}^{R} \frac{e^{-ix}}{x} dx.$$

所以有

$$\int_{r}^{R} \frac{e^{ix} - e^{-ix}}{x} dx + \int_{C_R} \frac{e^{iz}}{z} dz + \int_{C_r} \frac{e^{iz}}{z} dz = 0.$$

即

$$2i \int_{r}^{R} \frac{\sin x}{x} dx + \int_{C_R} \frac{e^{iz}}{z} dz + \int_{C_r} \frac{e^{iz}}{z} dz = 0.$$

现在证明

$$\lim_{R \to \infty} \int_{C_R} \frac{e^{iz}}{z} dz = 0 \text{和} \lim_{r \to 0} \int_{C_r} \frac{e^{iz}}{z} dz = -\pi i.$$

由于

$$\left| \int_{C_R} \frac{e^{iz}}{z} dz \right| \leqslant \int_{0}^{\pi} \frac{|e^{iR e^{i\theta}}|}{R} \cdot R d\theta = \int_{0}^{\pi} e^{-R\sin\theta} d\theta$$

$$= 2 \int_{0}^{\frac{\pi}{2}} e^{-R\sin\theta} d\theta \quad (0 \leqslant \theta \leqslant \frac{\pi}{2} \text{时，} \sin\theta \geqslant \frac{2\theta}{\pi})$$

$$= \frac{\pi}{R}(1 - e^{-R}).$$

所以

$$\lim_{R \to \infty} \int_{C_R} \frac{e^{iz}}{z} dz = 0.$$

又因为

$$\frac{e^{iz}}{z} = \frac{1}{z} + i - \frac{z}{2!} + \cdots + i^n \frac{z^{n-1}}{n!} + \cdots = \frac{1}{z} + \varphi(z).$$

其中，$\varphi(z)$ 在 $z=0$ 解析，且 $\varphi(0)=i$.因此当 $|z|$ 充分小时，可设 $|\varphi(z)| \leqslant 2$.由于

$$\int_{C_r} \frac{e^{iz}}{z} dz = \int_{C_r} \frac{dz}{z} + \int_{C_r} \varphi(z) dz,$$

而

$$\int_{C_r} \frac{dz}{z} = \int_{\pi}^{0} \frac{ir e^{i\theta}}{r e^{i\theta}} d\theta = -i\pi$$

和

$$\left|\int_{C_R} \varphi(z)\mathrm{d}z\right| \leqslant \int_0^\pi \left|\varphi(re^{i\theta})\right| r\mathrm{d}\theta \leqslant 2\pi r.$$

故有

$$\lim_{r\to 0}\int_{C_r}\frac{e^{iz}}{z}\mathrm{d}z = -\pi i.$$

综上所述，令 $R\to\infty,r\to 0$，则有

$$\int_0^{+\infty}\frac{\sin x}{x}\mathrm{d}x = \frac{\pi}{2}.$$

3. 形如 $\int_0^{2\pi} R(\sin\theta,\cos\theta)\mathrm{d}\theta$ 的积分

这里 $R(x,y)$ 是两个变量 x 和 y 的有理函数，例如 $R(x,y)=\dfrac{x^2-y^2}{6x^2+4y^2-1}$.

计算这种积分的一种方法是：把它化为单位圆周上的积分.事实上，令 $z=e^{i\theta}$，那么

$$\sin\theta = \frac{1}{2i}(e^{i\theta}-e^{-i\theta}) = \frac{1}{2i}(z-\frac{1}{z}) = \frac{z^2-1}{2iz},$$

$$\cos\theta = \frac{1}{2i}(e^{i\theta}+e^{-i\theta}) = \frac{1}{2i}(z+\frac{1}{z}) = \frac{z^2+1}{2iz},$$

$$\mathrm{d}\theta = \frac{1}{iz}\mathrm{d}z.$$

从而原积分化为沿正向单位圆周的积分，即

$$\int_0^{2\pi} R(\cos\theta,\sin\theta)\mathrm{d}\theta = \int_{|z|=1} R[\frac{z^2+1}{2z},\frac{z^2-1}{2iz}]\frac{\mathrm{d}z}{iz} = \int_{|z|=1} f(z)\mathrm{d}z.$$

其中 $f(z)=R[\dfrac{z^2+1}{2z},\dfrac{z^2-1}{2iz}]\cdot\dfrac{1}{iz}$ 为 z 的有理函数，且在单位圆周$|z|=1$ 上分母不为零，因而可用留数定理来计算.

例 5.11 计算积分 $\int_0^{2\pi}\cos^4 4\theta\mathrm{d}\theta$.

解：令 $z=e^{i\theta}$（$0\leqslant\theta\leqslant 2\pi$），则 $\cos^4 4\theta = (\dfrac{z^4+z^{-4}}{2})^4$，

$$\int_0^{2\pi}\cos^4 4\theta\mathrm{d}\theta = \int_{|z|=1}(\frac{z^4+z^{-4}}{2})^4\frac{1}{iz}\mathrm{d}z = \frac{1}{i}\int_{|z|=1}\frac{(z^8+1)^4}{16z^{17}}\mathrm{d}z.$$

在 $0<|z|<1$ 内，被积函数的罗朗展开式为

$$\frac{(z^8+1)^4}{16z^{17}} = \frac{1}{16}z^{-17} + \frac{1}{4}z^{-9} + \frac{3}{8}z^{-1} + \cdots.$$

故

$$\int_0^{2\pi} \cos^4 4\theta \, \mathrm{d}\theta = \frac{1}{i}\left[2\pi i \operatorname{Res}\left[\frac{(z^8+1)^4}{16z^{17}}, 0\right]\right] = \frac{3}{4}\pi.$$

总结上述方法，我们发现，由于留数是与闭曲线上的复积分相联系的.因此利用留数来计算定积分，需要有两个主要的转化过程：

（1）将定积分的被积函数转化为复函数；

（2）将定积分的区间转化为复积分的闭路曲线.

根据这种思路，我们可以计算更多的积分.

比如，菲涅尔积分 $\int_0^\infty \cos x^2 \mathrm{d}x$ 和 $\int_0^\infty \sin x^2 \mathrm{d}x$.这两个积分在光学的研究中有很重要的作用.

取函数 $f(z)=\mathrm{e}^{ix^2}$ ，取积分围道如图 5.4 所示，因为 $f(z)$ 在闭围道内解析，由柯西积分定理，有

$$\int_{OA} \mathrm{e}^{ix^2} \mathrm{d}x + \int_{\widehat{AB}} \mathrm{e}^{iz^2} \mathrm{d}z + \int_{BO} \mathrm{e}^{iz^2} \mathrm{d}z = 0.$$

当 z 在 OA 上时，$z=x$，$0 \leqslant x \leqslant r$，

$$\int_{OA} \mathrm{e}^{ix^2} \mathrm{d}x = \int_0^r \mathrm{e}^{ix^2} \mathrm{d}x.$$

当 z 在 $\widehat{AB}$ 上时，$z=r\mathrm{e}^{i\theta}$，$0 \leqslant \theta \leqslant \frac{\pi}{4}$，此时 $\sin 2\theta \geqslant \frac{4}{\pi}\theta$，所以

$$\left| \mathrm{e}^{iz^2} \right| = \mathrm{e}^{-r^2 \sin 2\theta} \leqslant \mathrm{e}^{-\frac{4}{\pi}r^2\theta}.$$

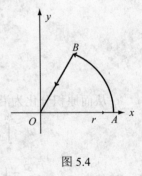

图 5.4

故

$$\left| \int_{\widehat{AB}} \mathrm{e}^{iz^2} \mathrm{d}z \right| \leqslant \int_0^{\frac{\pi}{4}} \mathrm{e}^{-\frac{4}{\pi}r^2\theta} \cdot r \mathrm{d}\theta = \frac{\pi}{4r}(1-\mathrm{e}^{-r^2}) \to 0 \quad (r \to \infty).$$

当 z 在 BO 上时，$z=x\mathrm{e}^{i\frac{\pi}{4}}$，$0 \leqslant x \leqslant r$，

$$\int_{BO} \mathrm{e}^{iz^2} \mathrm{d}z = \int_r^0 \mathrm{e}^{ix^2\mathrm{e}^{i\frac{\pi}{4}}} \cdot \mathrm{e}^{i\frac{\pi}{4}} \mathrm{d}x = -\mathrm{e}^{i\frac{\pi}{4}} \int_0^r \mathrm{e}^{-x^2} \mathrm{d}x.$$

令 $r \to \infty$，于是式（5.13）变为

$$\int_0^\infty e^{ix^2}dx + 0 - e^{i\frac{\pi}{4}}\int_0^\infty e^{-x^2}dx.$$

又

$$\int_0^\infty e^{-x^2}dx = \frac{\sqrt{\pi}}{2},$$

因此

$$\int_0^\infty e^{ix^2}dx = e^{i\frac{\pi}{4}}\int_0^\infty e^{-x^2}dx = e^{i\frac{\pi}{4}}\frac{\sqrt{\pi}}{2}.$$

上式两边分别取实部和虚部，即得

$$\int_0^\infty \cos x^2 dx = \int_0^\infty \sin x^2 dx = \frac{1}{2}\frac{\sqrt{\pi}}{2}.$$

小结

留数定义为：

$$\text{Res}[f(z),z_0] = a_{-1} = \frac{1}{2\pi i}\oint_C f(z)dz$$

其中 a_{-1} 是函数 $f(z)$ 在 z_0 点的罗朗展开式的 $(z-z_0)^{-1}$ 的系数，C 是 z_0 的去心邻域 $0<|z-z_0|<R$ 内包含 z_0 的任意一条正向简单闭曲线.

留数定理：若函数 $f(z)$ 在区域 D 内除了有限个孤立奇点 $z-1,z_2,\cdots,z_n$ 外处处解析，C 是 D 内包含这些起点的一条正向简单闭曲线，则有：

$$\oint_C f(z)dz = 2\pi i\sum_{i=1f}^n \text{Res}[f(z),z_j].$$

留数定理将积分路径内包含有限个孤立奇点的复积分的计算问题，转化为对这些奇点的留数的计算. 如何计算留数，我们有下列方法：

（1）一般方法：设 z_0 为函数 $f(z)$ 的孤立奇点（无论是可去奇点、极点或本性奇点），将 $f(z)$ 在 z_0 处展开为罗朗级数，并求出系数 a_{-1}，则有

$$\text{Res}[f(z),z_0] = a_{-1}.$$

特别是当 z_0 为本性奇点时，这个方法是比较常用的方法.

（2）一级极点情形：若 z_0 为 $f(z)$ 的一级极点，则有

$$\text{Res}[f(z),z_0] = \lim_{z\to z_0}(z-z_0)f(z)$$

（3）m 级极点情形：若 z_0 为 $f(z)$ 的 m 级极点，则有

$$\text{Res}[f(z),z_0]=\frac{1}{m!}\lim_{z\to z_0}\frac{d^{m-1}}{dz^{m-1}}[(z-z_0)^m f(z)]$$

（4）化为零点问题：若 $f(z)=\dfrac{P(z)}{Q(z)}$，$P(z)$ 和 $Q(z)$ 在 z_0 点解析，且 $P(z)\neq 0$，$Q(z)=0$，$Q'(z)\neq 0$，则 z_0 为 $f(z)$ 的一级极点，且有

$$\text{Res}[f(z),z_0]=\frac{P(z_0)}{Q'(z_0)}$$

当 $f(z)$ 为函数时，这个方法是常用的方法.

（5）可去奇点情形，若 z_0 是函数 $f(z)$ 的可去奇点时，则有

$$\text{Res}[f(z),z_0]=0.$$

无穷远点 ∞ 处的留数定义为：设 $f(z)$ 在 $R<|z|<\infty$ 内解析，C 为该区域内绕原点的任意一条正向简单闭曲线，则 $f(z)$ 在孤立奇点 ∞ 处的留数为

$$\text{Res}[f(z),\infty]=a_{-1}=\frac{1}{2\pi i}\oint_C f(z)dz.$$

若 $f(z)$ 在扩充复平面内只有有限个孤立奇点，则 $f(z)$ 的所有奇点（包括无穷远点 ∞）留数总和等于零.

应用留数定理可以计算一些实积分，称为围道积分方法.下面重要介绍三种类型的实积分：

（1）$\displaystyle\int_{-\infty}^{\infty}R(x)dx$；

（2）$\displaystyle\int_{-\infty}^{\infty}R(x)e^{iax}dx,a>0$；

（3）$\displaystyle\int_{0}^{2\pi}R(\cos\theta,\sin\theta x)d\theta$.

在利用围道积分时，主要做两方面的工作：一是找一个与所求积分的被积函数密切相关的复变函数 $F(z)$；二是找一条合适的闭路曲线 C，使得在这条闭曲线所围成的区域 D 内，$F(z)$ 只有有限个孤立奇点. $F(z)$ 沿着 C 的积分与实积分紧密相关，这样就可以应用留数定理计算实积分.

习题五

1. 求下列函数的留数.

（1）$f(z)=\dfrac{e^z-1}{z^5}$ 在 $z=0$ 处；　　　　（2）$f(z)=e^{\frac{1}{z-1}}$ 在 $z=1$ 处.

2. 利用各种方法计算 $f(z)$ 在有限孤立奇点处的留数.

（1） $f(z) = \dfrac{3z+2}{z^2(z+2)}$；　　　　　　（2） $f(z) = \dfrac{1}{z \sin z}$.

3. 利用罗朗展开式求函数 $(z+1)^2 \sin \dfrac{1}{z}$ 在 ∞ 处的留数.

4. 求函数 $\dfrac{1}{(z-a)^m(z-b)^m}$ （ $a \neq b, m$ 为整数）在所有孤立奇点（包括 ∞ 点）处的留数.

5. 计算下列积分.

（1） $\displaystyle\oint_C \tan \pi z \, \mathrm{d}z$ ， n 为正整数， C 为 $|z| = n$ 取正向；

（2） $\displaystyle\oint_C \dfrac{\mathrm{d}z}{(z+i)^{10}(z-1)(z-3)}$ ， $C: |z| = 2$ ，取正向.

6. 计算下列积分.

（1） $\displaystyle\int_0^\pi \dfrac{\cos m\theta}{5 - 4\cos\theta} \mathrm{d}\theta$ ；　　　　（2） $\displaystyle\int_0^{2\pi} \dfrac{\cos 3\theta}{1 - 2a\cos\theta + a^2} \mathrm{d}\theta$ ， $|a| > 1$ ；

（3） $\displaystyle\int_{-\infty}^{+\infty} \dfrac{\mathrm{d}x}{(x^2+a^2)(x^2+b^2)}$ ， $a > 0, b > 0$ ；　（4） $\displaystyle\int_0^\infty \dfrac{x^2}{(x^2+a^2)^2} \mathrm{d}x$ ， $a > 0$ ；

（5） $\displaystyle\int_0^{+\infty} \dfrac{x \sin \beta x}{(x^2+b^2)^2} \mathrm{d}x$ ， $\beta > 0$ ， $b > 0$ ；　（6） $\displaystyle\int_{-\infty}^{+\infty} \dfrac{\mathrm{e}^{ix}}{x^2+a^2} \mathrm{d}x$ ， $a > 0$.

7. 计算下列积分.

（1） $\displaystyle\int_0^\infty \dfrac{\sin 2x}{x(1+x^2)} \mathrm{d}x$ ；

（2） $\dfrac{1}{2\pi i} \displaystyle\int_\Gamma \dfrac{a^z}{z^2} \mathrm{d}z$ ，其中 Γ 为直线 $\mathrm{Re}\, x = c, c > 0, 0 < a < 1$.

第五章　　自测训练题

一、选择题：（共 10 小题，每题 3 分，总分 30 分）.

1. $z = 0$ 是函数 $\dfrac{\cos z - 1}{2z^2}$ 的（　　　　）.

A. 本性奇点　　　　　　　　　　B. 一阶极点

C. 二阶极点　　　　　　　　　　D. 可去奇点

2. $z = 1$ 是函数 $e^{\frac{1}{z-1}}$ 的（　　　　）.

A. 零点

B. 本性奇点

C. 可去奇点

D. 极点

3. $z = 0$ 是函数 $\dfrac{1}{(e^z - 1)^2}$ 的（　　　）.

A. 解析点

B. 一阶极点

C. 二阶极点

D. 本性奇点

4. $z = -1$ 是函数 $f(z) = (z+1)^4 \cos\dfrac{1}{z+1}$ 的（　　　）.

A. 四阶零点

B. 一阶极点

C. 二阶极点

D. 本性奇点

5. 以 $z = 0$ 为本性奇点的函数是（　　　）.

A. $\dfrac{\sin z}{z}$

B. $\dfrac{1}{z(z-1)}$

C. $\dfrac{1 - \cos z}{z^2}$

D. $\sin\dfrac{1}{z}$

6. 设函数 $f(z) = \dfrac{z}{z+i}$，则 $\mathrm{Res}[f(z), -i] = $（　　　）.

A. i

B. $-i$

C. $2i$

D. $-2i$

7. 设 $f(z) = \displaystyle\sum_{n=0}^{\infty} a_n z^n$ 在 Z 平面上解析，k 为正整数，则等于 $\mathrm{Res}\left[\dfrac{f(z)}{z^k}, 0\right]$（　　　）.

A. a_{k+1}

B. a_k

C. a_{k-1}

D. $(k-1)! a_{k-1}$

8. 设 C 为正向圆周 $|z| = 1$，则 $\displaystyle\oint_C \tan z\, \mathrm{d}z = $（　　　）.

A. $2\pi i$

B. $-2\pi i$

C. -2π

D. 2π

9. 设 $Q(z)$ 在 $z = 0$ 处解析，$f(z) = \dfrac{Q(z)}{z(z-1)}$，则 $\mathrm{Res}[f(z), -0] = $ 等于（　　　）.

A. $Q(0)$

B. $-Q(0)$

C. $Q'(0)$

D. $-Q'(0)$

10. 函数 $f(z) = \dfrac{1}{z}\left(1 + \dfrac{1}{z+1} + \dfrac{1}{(z+1)^2}\right)$ 在 $z = 0$ 处的留数为（　　　）.

A. 6

B. 3

C. -3

D. 0

二、填空题：（共 5 小题，每题 3 分，共 15 分）.

1. $z = \dfrac{\pi}{2}$ 是函数 $f(z) = (2\pi - z)\cos z$ 的_____阶零点.

2. 设 C 为正向圆周 $|z| = 1$，则积分 $\oint_C e^{\frac{1}{z^2}} \mathrm{d}z =$ _____.

3. $z = 2$ 是函数 $f(z) = \sin \dfrac{1}{z-2}$ 的孤立奇点，它属于_____类型，$\mathrm{Res}[f(z), -2] =$ _____.

4. 若 $f(z) = z - \dfrac{1}{z^3}$，则 $\mathrm{Res}[z^2 f(z), -0]$ _____.

5. 设 C 为正向圆周 $|z - \dfrac{\pi i}{4}| = 1$，则 $\oint_C \dfrac{1}{\cos z} \mathrm{d}z =$ _____.

三、计算题：（共 5 小题，每题 5 分，共 25 分）.

1. 判定 $z = 0$ 是函数 $f(z) = ze^{z^2} - \sin z$ 的几阶零点？

2. 考查函数 $f(z) = \dfrac{1}{z^2(e^z - 1)}$ 的孤立奇点并指出类型，若是极点，请指明阶数.

3. 找出函数 $f(z) = \dfrac{(z-1)e^z}{z - \sin z}$ 的所有孤立奇点，若是极点，判定出极点的阶数.

4. 求函数 $f(z) = \dfrac{1}{z^2 - z^4}$ 在各个奇点处的留数.

5. 运用留数计算积分 $\oint_{|z|=1} \dfrac{1}{z \sin z} \mathrm{d}z$ 的值.

四、综合题：（共 3 小题，每题 10 分，共 30 分）.

1. 求解积分 $\displaystyle\int_{-\infty}^{+\infty} \dfrac{x}{(x^2+1)(x^2+4)} \mathrm{d}x$ 的值.

2. 求解积分 $\displaystyle\int_0^{+\infty} \dfrac{\cos ax}{(x^2+1)^2} \mathrm{d}x$ （$a > 0$）的值.

3. 求解积分 $\displaystyle\int_0^{2\pi} \dfrac{1}{5 + 3\cos\theta} \mathrm{d}\theta$ 的值.

第六章 共形映射

这一章我们将研究解析函数映射的几何性质.我们知道,在几何上复变函数 $w=f(z)$ 可以看成是把 z 平面上的点集 D 变到 w 平面上的点集 D^* 的映射.本章我们将介绍解析函数映射的共形性,它具有很重要的性质.比如,借助共形映射,可以把在复杂区域上所讨论的问题转到比较简单的区域去完成.另外,共形映射在流体力学和电学等实际问题的研究中也发挥了重要作用.本章还将介绍几个具体的初等函数所确定的共形映射,特别是分式线性映射.

6.1 共形映射

1. 共形映射的概念

设 $w=f(z)$ 为 z 平面上区域 D 内的连续函数,作为映射,它把 z 平面上的点 z_0 映射到 w 平面上的点 $w_0=f(z_0)$,把曲线 $C:z=z(t)$ 映射到曲线 $C':w=f(z(t))$.现在我们研究映射所带来的几何形变,比如两条曲线夹角的大小变化,曲线弧长的伸缩变化等.

如图 6.1 所示,过 z_0 点的两条曲线 C_1 和 C_2,它们在交点 z_0 处的切线分别为 T_1 和 T_2,我们把从 T_1 到 T_2 按逆时针方向旋转所得的夹角,定义为这两条曲线在交点 z_0 处从 C_1 到 C_2 的夹角.对于两条曲线的夹角,不仅要指出角度的大小,还要指出角的旋转方向.因此在 z_0 处,从 C_2 到 C_1 的夹角不等于从 C_1 到 C_2 的夹角.

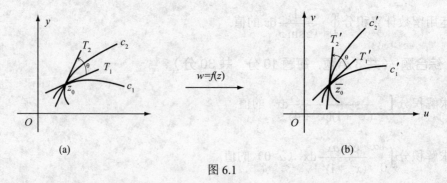

图 6.1

（1）若在映射 $w=f(z)$ 的作用下,过点 z_0 的任意两条光滑曲线的夹角的大小与旋转方向都是保持不变的,则称这种映射在 z_0 处是保角的.

比如平移变换 $w=z+\alpha$ 就是一个很简单的保角映射.函数 $w=\bar{z}$ 不是保角映射.事实上,前面我们介绍过它是关于实轴的对称映射（见图 6.2）,在图中我们把 z 平面与 w 平面重合在一起，映射把点 z_0 映射到关于实轴对称的点 $\bar{z}_0$. 过 z_0 的两条曲线 C_1 和 C_2，从 C_1 到 C_2 的夹角为

θ，经映射后分别对应为过点 $\bar{z}_0$ 的两条曲线 C_1' 和 C_2'，从 C_1' 到 C_2'

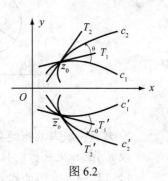

图 6.2

的夹角为 $-\theta$. 虽然它保持夹角的大小，但是改变了它的旋转方向.

我们关心的另一个问题就是映射后原象的伸缩性，常常用象

点之间距离与原象点之间距离的比值 $\dfrac{|w - w_0|}{|z - z_0|}$ 来近似地描述.

（2）若极限

$$\lim_{z \to z_0} \frac{|w - w_0|}{|z - z_0|} \quad \lim_{z \to z_0} \frac{|w - w_0|}{|z - z_0|}$$

存在且不等于零，则这个极限称为映射 $w=f(z)$ 在 z_0 处的伸缩率，并称 $w=f(z)$ 在 z_0 具有伸缩率的不变性.

显然 $w=5z$ 在任何非零点处都具有伸缩率的不变性，并把原象都放大了 5 倍.

综合上述两种特征，我们引入共形映射的概念.

定义 6.1 设函数 $w=f(z)$ 在 z_0 的邻域内是一一对应的，在 z_0 具有保角性和伸缩率的不变性，那么称映射 $w=f(z)$ 在 z_0 是共形的，或称 $w=f(z)$ 在 z_0 是共形映射. 如果映射 $w=f(z)$ 在区域 D 内的每一点都是共形的，那么称 $w=f(z)$ 是区域 D 内的共形映射.

共形映射有很明显的几何特征. 事实上，设 $z_0 z_1 z_2$ 为点 z_0 的一个小邻域内的三角形，在 z_0 处的伸缩率记为 A. 经过 $w=f(z)$ 后，变成了曲边三角形 $w_0 w_1 w_2$（见图 6.3）. 由于 $w=f(z)$ 在 z_0 是共形的，故这两个小三角形与 z_0 的对应角相等，对应边长度比近似地等于伸缩率 A. 所以这两个小三角形近似地相似.

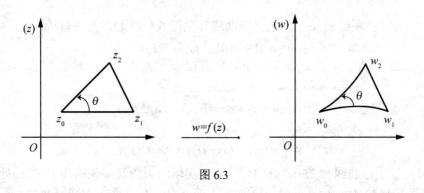

图 6.3

又对以 z_0 为中心半径充分小的圆 $|z - z_0| = \delta$，由于伸缩率 A 仅依赖于 z_0 而不随方向变化，因而在变换 $w=f(z)$ 下，该小圆近似对应 w 平面的以 w_0 为中心、半径为 $A\delta$ 的圆（见图 6.4）.

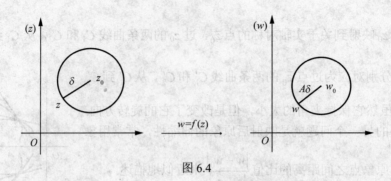

图 6.4

2. 解析函数与共形映射

设 $f(z)$ 在 z_0 处解析，且 $f'(z_0) \neq 0$，我们来讨论映射 $w=f(z)$ 的特征.

过 z_0 作一条光滑曲线 C，它的方程为

$$z=z(t), \qquad t_0 \leqslant t \leqslant T_0,$$

并设 $z_0=z(t_0)$，且 $z'(t_0) \neq 0$. 则 $\text{Arg} z'(t_0)$ 为 z 平面上的正实轴到 C 在点 z_0 的切线的夹角（见图 6.5（a）.

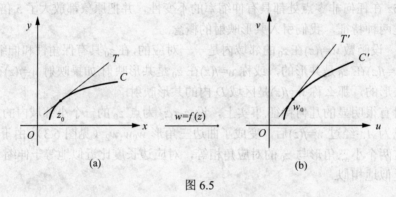

图 6.5

经过 $w=f(z)$ 把 C 映射为 w 平面上光滑曲线（见图 6.5（b）），其方程为

$$w=w(t)=f[z(t)], \qquad t_0 \leqslant t \leqslant T_0 C'.$$

且 $w_0=f[z(t_0)]$. 由于 $w'(t_0) = f'(z_0)z'(t_0) \neq 0$，所以在 w 平面上，正实轴到 C' 在 w_0 处的切线的夹角为

$$\text{Arg} w'(t_0) = \text{Arg} f'(z_0) + \text{Arg} z'(t_0)$$

或

$$\text{Arg} w'(t_0) - \text{Arg} z'(t_0) = \text{Arg} f'(z_0) . \tag{6.1}$$

式（6.1）说明像曲线 C' 在 w_0 处的切线与正实轴的夹角及原象曲线 C 在 z_0 处的切线与正实轴的夹角之差总是 $Arg f'(z_0)$，而与曲线 C 无关. $Arg f'(z_0)$ **就称为映射 $w=f(z)$ 在点 z_0 处的转动角**. 这一结果可以说明，$w=f(z)$ 在 z_0 处为保角的. 事实上，过 z_0 点作两条光滑曲线 C_1 和 C_2，其方程分别为

$$C_1: \quad z=z_1(t), \quad t_0 \leqslant t \leqslant T,$$
$$C_2: \quad z=z_2(t), \quad t_0 \leqslant t \leqslant T.$$

且 $z_1(t_0)=z_2(t_0)=z_0$（如图 6.1（a）所示）.映射 $w=f(z)$ 把它们分别映为过 w_0 点的两点光滑曲线 C_1' 和 C_2'.（如图 6.1（b））所示，它们的方程分别为

$$C_1': \quad w=w_1(t)=f[z_1(t)], \quad t_0 \leqslant t \leqslant T_0,$$
$$C_2': \quad w=w_2(t)=f[z_2(t)], \quad t_0 \leqslant t \leqslant T_0.$$

由式（6.1）可得

$$\mathrm{Arg}w_1'(t_0) - \mathrm{Arg}z_1'(t_0) = \mathrm{Arg}f'(z_0) = \mathrm{Arg}w_2'(t_0) - \mathrm{Arg}z_2'(t_0),$$

即

$$\mathrm{Arg}z_2'(t_0) - \mathrm{Arg}z_1'(t_0) = \mathrm{Arg}w_2'(t_0) - \mathrm{Arg}w_1'(t_0).$$

上式的左端是曲线 C_1 和 C_2 在 z_0 处的夹角，右端是曲线 C_1' 和 C_2' 在 w_0 处的夹角，而这个式子说明了 $w=f(z)$ 在 z_0 处是保角的.

另外，因为 $f'(z_0)$ 存在，且不等于零，则

$$\lim_{z \to z_0} \frac{|w-w_0|}{|z-z_0|} = \lim_{z \to z_0} \frac{|f(z)-f(z_0)|}{|z-z_0|} = |f'(z_0)| \quad (\neq 0).$$

这个极限与曲线 C 无关.故 $w=f(z)$ 在 z_0 处的伸缩率具有不变性.

又 $w=f(z)=u(x,y)+iv(x,y)$.因为 $w=f(z)$ 在 z_0 处解析，则在该点满足柯西-黎曼方程

$$\frac{\partial u}{\partial x} = \frac{\partial v}{\partial y}, \quad \frac{\partial u}{\partial y} = -\frac{\partial v}{\partial x}.$$

于是在该点的雅各比式有

$$\frac{\partial(u,v)}{\partial(x,y)} = \left(\frac{\partial u}{\partial x}\right)^2 + \left(\frac{\partial v}{\partial y}\right)^2 = |f'(z_0)| \neq 0.$$

根据微积分的结果，可以证明映射 $w=f(z)$ 在 z_0 的邻域内是一一对应的.

综上所述，我们有如下定理：

定理 6.1 如果函数 $w=f(z)$ 在 z_0 解析，且 $f'(z_0) \neq 0$，那么映射 $w=f(z)$ 在 z_0 是共形的，而且 $\mathrm{Arg}f'(z_0)$ 表示这个映射在 z_0 的转动角，$|f'(z_0)|$ 表示伸缩率.如果解析函数 $w=f(z)$ 在区域 D 内处处有 $f'(z) \neq 0$，那么映射 $w=f(z)$ 是 D 内的共形映射.

定理 6.1 指出了解析函数的几何意义，根据该定理，我们可以通过计算导数来检验映射 $w=f(z)$ 是否具有共形性.要注意的是，定理 6.1 中的条件 $f'(z_0) \neq 0$ 是很重要的.事实上，考查函数 $w=z^2$ 在 $z=0$ 处解析，但导数 $\left.\frac{\mathrm{d}w}{\mathrm{d}z}\right|_{z=0} = 2z|_{z=0} = 0$.如果令 $z = re^{i\theta}$，则 $w = r^2 e^{2i\theta}$.可以看出，映射 $w=z^2$ 把过原点的射线 $\mathrm{Arg}z = \theta$ 映射到射线 $\mathrm{Arg}w = 2\theta$.这就意味着这个映射在 $z=0$ 处不具有保角性.

6.2   分式线性变换

在所有的解析函数中，分式线性变换具有最简单的映射性质，它是共形的，同时还有非常奇特的几何性. 我们介绍它不仅为共形映射提供简单的例子，还可以获得一些非常有价值的技巧.

1. 分式线性变换的结构

形如

$$w = \frac{az+b}{cz+d}, \quad ad - bc \neq 0. \tag{6.3}$$

的映射称为分式线性变换，其中 a,b,c,d 为复常数.

$ad-bc \neq 0$ 的限制是必要的，否则 $w \equiv$ 常数或无意义，我们排除这两种情况.

从式（6.3）中把 z 解出来，得

$$z = \frac{-dw+b}{cw-a}, \quad (-a)(-d) - cb \neq 0, \tag{6.4}$$

称式（6.4）是式（6.3）的逆变换，它仍然是一个分式线性变换. 由此可知，分式线性变换是一一对应的.

容易知道，两个分式线性变换复合，仍是一个分式线性变换. 事实上，

$$w = \frac{\alpha\xi+\beta}{\gamma\xi+\delta} \quad (\alpha\delta - \gamma\beta \neq 0), \quad \xi = \frac{\alpha'z+\beta'}{\gamma'z+\delta'} \quad (\alpha'\delta' - \beta'\gamma' \neq 0).$$

把后式代入前式得

$$w = \frac{az+b}{cz+d}$$

其中 $ad - bc = (\alpha\delta - \gamma\beta)(\alpha'\delta' - \beta'\gamma') \neq 0$.

根据这个事实，我们可以把一个一般形式的分式线性变换分解成一些简单映射的复合. 不妨设 $c \neq 0$，于是

$$w = \frac{az+b}{cz+d} = \frac{a}{c} + \frac{bc-ad}{c(cz+d)}.$$

令 $A = \frac{a}{c}, B = \frac{bc-ad}{c}$，则上式变为

$$w = A + \frac{B}{cz+d}.$$

它由下列三个变换复合而成

$$\begin{aligned} z' &= cz + d; \\ z'' &= \frac{1}{z'}; \\ w &= A + Bz'', \end{aligned} \tag{6.5}$$

其中式（6.5）中的第一和第三式为整线性变换.

2. 分式线性变换的性质

我们根据分式线性变换的结构，可以得出许多重要性质.

（1）共形性

在扩充复平面上，函数 $w = \dfrac{az+b}{cz+d}$ 的导数除点 $z = -\dfrac{d}{c}$ 和 $z = \infty$ 以外处处存在，而且

$\dfrac{\mathrm{d}w}{\mathrm{d}z} = \dfrac{ad-bc}{(cz+d)^2} \neq 0$，由定理 6.1，映射 $w = \dfrac{az+b}{cz+d}$ 除以上两点以外是共形的.至于在 $z = -\dfrac{d}{c}$（其

象为 $w = \infty$）和 $z = \infty$（其象为 $w = -\dfrac{a}{c}$）处是否共形的问题，就关系到如何理解两条曲线在无

穷远点 ∞ 处夹角的定义，在这里就不作讨论了.我们有

定理 6.2 分式线性变换在扩充复平面上是一一对应的，且是共形的.

（2）保圆性

上一节我们知道，z 平面上半径充分小的圆在共形映射下的象为 w 平面上的一个近似圆.
对于分式线性变换，我们有：

定理 6.3 分式线性变换将扩充 z 平面上的圆映射成扩充 w 平面上的圆，即具有保圆性.

在扩充复平面上，把直线看成是半径为无穷大的圆周.

我们先指出整式线性变换 $w = az + b$ 和 $w = \dfrac{1}{z}$ 都具有保圆性.

事实上，变换 $w = az + b$ 是由 $\xi = az$（旋转与伸长）和 $w = \xi + b$（平移）复合而成的.而这个映射将原象平面内的圆或直线映射到象平面内的圆或直线，从而 $w = az + b$ 在扩充复平面上具有保圆性.

下面来阐明映射 $w = \dfrac{1}{z}$ 也具有保圆性.z 平面上的圆的一般方程为

$$A(x^2 + y^2) + Bx + Cy + D = 0,$$

经过代换

$$x = \frac{z + \bar{z}}{2}, \quad y = \frac{z - \bar{z}}{2i}$$

后，上式可写成

$$A z\bar{z} + \alpha z + \overline{\alpha}\bar{z} + D = 0,$$

其中 $\alpha = \dfrac{1}{2}(B - Ci)$.当 $A = 0$ 时，方程表示直线（在扩充平面上，上式表示包括直线在内的圆的方程）.

经过映射 $w = \dfrac{1}{z}$ 后，上面的方程变为

$$A + \alpha \bar{w} + \bar{\alpha} w + D w \bar{w} = 0.$$

在扩充复平面上它仍是圆的方程.这说明 $w = \dfrac{1}{z}$ 具有保圆性.

最后，由于（6.3）和（6.5）之间的关系，知定理 6.3 成立.

定理 6.3 指出了分式线性变换具有保圆性，现在要问：圆内部（或外部）将映射成什么？

推论 6.1 在分式线性变换下，圆 C 映射成圆 C'.如果在 C 内任取一点 z_0，而点 z_0 的象在 C' 的内部，那么 C 的内部就映射到 C' 的内部；如果 z_0 的象在 C' 的外部，那么 C 的内部就映射成 C' 的外部.

证明： 如图 6.6 所示.设 z_1 和 z_2 为 C 内的任意两点，用直线段把这两点连接起来.如果线段 z_1z_2 的象为圆弧 w_1w_2（或直线段），且 w_1 在 C' 之外，w_2 在 C' 之内，那么弧 w_1w_2 必与 C' 交于一点 w^*，于是 w^* 必是 C 上某一点的象.但 w^* 又是线段 z_1z_2 上某一点的象，因而就有两个不同的点（一个在 C 上，另一个在 z_1z_2 上）被映射为同一点.这就与分式线性映射的一一对应性相矛盾.故推论成立.

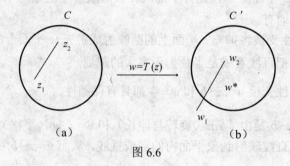

图 6.6

（3）保对称性

先引进对称点的概念.

定义 6.2 设 C 为以 z_0 点为中心，R 为半径的圆周.如果点 z 和 z^* 在从 z_0 出发的射线上，且满足

$$|z-z_0| \cdot |z^*-z_0| = R^2, \tag{6.6}$$

则称 z 和 z^* 关于圆周 C 是对称的.如果 C 是直线，则当以 z 和 z^* 为端点的线段被 C 平分时，称 z 和 z^* 关于直线 C 为对称的.

我们规定： 无穷远点关于圆周的对称点是圆心.

大家知道 z 是关于实轴对称的，显然实系数分式线性变换 $w = \dfrac{az+b}{cz+d}$（即 a,b,c,d 均为实数）把实轴变实轴，把 z 和 $\bar{z}$ 仍变为对称点 w 和 $\bar{w}$.这个结果能推广到更一般的情形吗？为了证明这个结论，我们先来阐述对称点的一个重要性质：即 z 和 z^* 是关于圆周 C 的对称点的充要条件是：经过 z 和 z^* 的任何圆周 Γ 与 C 正交（如图 6.7 所示）.

事实上，过 z_0 引圆周 Γ 的切线，切点为 z'，如图 6.7 所示.由初等几何著名的定理，z_0 和 z'

的长的平方 $|z_0 - z'|^2$ 等于 $|z_0 - z^*|$ 和 $|z_0 - z|$ 的乘积，而由式（6.6）

有

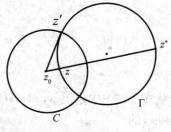

$$|z_0 - z^*||z_0 - z| = R^2,$$

即有

$$|z_0 - z'|^2 = R^2,$$

这表明 z' 在 C 上，而 Γ 的切线就是 C 的半径，故 Γ 与 C 正交.

反过来，设 Γ 是经过 z 和 z^* 且与 C 正交的任一圆周，作为特殊情形，连接 z 与 z^* 的直线（半径为无穷大的圆）必与 C 正交，因而必过 z_0，又因 Γ 与 C 于交点 z' 处正交，因此 C 的半径 $z_0 z'$ 就是 Γ 的切线.所以有

图 6.7

$$|z - z_0||z^* - z_0| = R^2.$$

即 z 与 z^* 关于 C 为对称点（当圆周退化为直线时，请读者自己完成证明）.

定理 6.4 设点 z 和 z^* 是关于圆周 C 的一对对称点，那么在分式线性变换下，其象点 w 及 w^* 也是关于 C 的象曲线 C' 的一对对称点.

证明: 设经过 w 与 w^* 的任何一圆周 Γ' 是经过 z 与 z^* 的圆周 Γ 由分式线性变换映射过来的.由于 Γ 与 C 正交，由保角性，所以 Γ' 与 C' 也正交.因此 w 与 w^* 是一对关于 C' 的对称点.

6.3 确定分式线性变换的条件

根据式（6.3）的条件 $ad - bc \neq 0$，知 a, b, c, d 中必有不为零者.将其中不为零的常数与其余三个常数的比值视作参数，于是式（6.3）中实际上只有三个独立的常数，因此，只需给定三个条件，就能决定一个分式线性变换.

定理 6.5 在 z 平面上任意给定三个不同点 z_1, z_2, z_3，在 w 平面上也任意给定三个不同点 w_1, w_2, w_3，那么就存在分式线性变换，将 z_k 依次映射成 w_k（$k = 1, 2, 3$），且这种变换是唯一的.

证明： 设

$$w = \frac{az + b}{cz + d} \quad (ad - bc \neq 0),$$

且

$$w_k = \frac{az_k + b}{cz_k + d}, \quad k = 1, 2, 3.$$

于是有

$$w - w_k = \frac{(z - z_k)(ad - bc)}{(cz + d)(cz_k + d)}, \quad k = 1, 2,$$

及

$$w_3 - w_k = \frac{(z_3 - z_k)(ad - bc)}{(cz_3 + d)(cz_k + d)}, \quad k = 1, 2.$$

从而得

$$\frac{w - w_1}{w - w_2} \cdot \frac{w_3 - w_2}{w_3 - w_1} = \frac{z - z_1}{z - z_2} \cdot \frac{z_3 - z_2}{z_3 - z_1}. \tag{6.7}$$

从式（6.7）中求出 w，即得所求分式线性变换.从上述的求法及结果来看这种分式线性变换是唯一的.

在定理 6.5 的条件下，我们进一步有

推论 6.2　z_1, z_2, z_3 所在的圆 C 的象 C' 是 w_1, w_2, w_3 所在的圆.且如果 C 依 $z_1 \to z_2 \to z_3$ 的绕向与 C' 依 $w_1 \to w_2 \to w_3$ 的绕向相同，则 C 的内部就映射成 C' 的内部（相反时，C 的内部就映射成 C' 的外部）（如图 6.8 所示）.

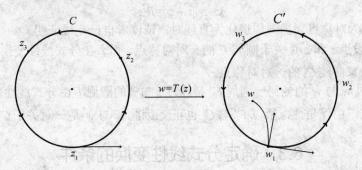

图 6.8

证明：

推论中的第一个结论，根据定理 6.5 和保圆性易得.对于推论的第二个结论，根据推论 6.1，只要能证明 C 的一个内点的象是 C 的一个内点即可.事实上，在过 z_1 的半径上取一内点 z，线段 z_1z 的象必为正交于 C' 的圆弧 w_1w.根据保角性，当绕向相同时，w 必在 C' 内（当绕向相反时，w 必在 C' 外）.

下面举几个例子.

例 6.1　求将上半平面映射为单位圆，且将上半平面的定点 z_0 映射为圆心 $w = 0$ 的分式线性变换.

解：　由定理 6.4，z_0 关于实轴的对称点 $\bar{z}_0$ 的象应变为点 $w = \infty$.所以，所求分式线性变换有形式

$$w = k \frac{z - z_0}{z - \bar{z}_0},$$

其中 k 为常数.因为 $|w| = |k| \left| \dfrac{z - z_0}{z - \bar{z}_0} \right|$，而实轴上的点 z 对应着 $|w| = 1$ 上的点，这时 $\left| \dfrac{z - z_0}{z - \bar{z}_0} \right| = 1$，所

以$|k|=1$，即$k=e^{i\theta}$，这里θ是实数，即所求的分式线性变换的一般形式为

$$w=e^{i\theta}\frac{z-z_0}{z-\overline{z}_0}, \qquad \mathrm{Im}\,z_0>0. \tag{6.8}$$

例6.2 求将单位圆$|z|<1$映射为单位圆$|w|<1$的分式线性变换.

解：不妨设将第一个单位圆内的点z_0映射到第二个单位圆的中心$w=0$.由于$\dfrac{1}{z_0}$关于$|z|=1$

与z_0对称，因此$\dfrac{1}{z_0}$的象为∞.故所求映射有形式

$$w=k_1\frac{z-z_0}{z-\dfrac{1}{z_0}}=k\frac{z-z_0}{1-\overline{z}_0 z}.$$

由当$|z|=1$时，$|w|=1$，故将$z=1$代入上式，有

$$1=|w|=|k|\left|\frac{1-z_0}{1-\overline{z}_0}\right|,$$

从而$|k|=1$，即$k=e^{i\theta}$，于是，所求映射的一般形式为

$$w=e^{i\theta}\frac{z-z_0}{1-\overline{z}_0 z} \quad \left(|z_0|<1\right).$$

读者很容易从公式（6.9）得到将圆$|z|<R$映射到$|w|<1$的分式线性变换

例6.3 求将$\mathrm{Im}\,z>0$映为$|w|<1$，且满足$w(i)=0, \arg w'(i)=\dfrac{\pi}{2}$的分式线性变换.

解：公式（6.8）给出了从$\mathrm{Im}\,z>0$到$|w|<1$的一般形式.本题就是要根据条件具体确定公式中

的z_0和θ.显然，$z_0=i$，因此我们进一步确定$w=e^{i\theta}\dfrac{z-i}{z+i}$中$\theta$的取值.因为

$$w'(i)=e^{i\theta}\frac{(z+i)-(z-i)}{(z+i)^2}\bigg|_{z=i}=-\frac{i}{2}e^{i\theta}=\frac{1}{2}e^{i\left(\theta-\frac{\pi}{2}\right)}.$$

所以$\arg w'(i)=\theta-\dfrac{\pi}{2}$，由于$\arg w'(i)=\dfrac{\pi}{2}$，知$\theta=\pi$，于是

$$w=\frac{i-z}{i+z}, \qquad e^{i\pi}=-1.$$

6.4 几个初等函数所构成的映射

1. 幂函数

考虑幂函数$w=z^n$（$n\geq 2$），求导得$\dfrac{\mathrm{d}w}{\mathrm{d}z}=nz^{n-1}$.我们来讨论映射$w=z^n$在复平面上各点处的

共形的性.

当 $z=z_0\neq 0$ 时，设 $z_0 = r_0 e^{i\theta_0}$ ，则

$$\frac{\mathrm{d}w}{\mathrm{d}z}\bigg|_{z=z_0} = nr_0^{n-1}e^{i(n-1)\theta_0},$$

所以映射 $w=z^n$ 在 $z=z_0$ 的转动角为 $(n-1)\theta_0$ ，伸缩率为 nr_0^{n-1} ，即映射 $w=z^n$ 在 z_0 点是共形的.

在 $z_0=0$ 处，设 $z = re^{i\theta}$ 和 $w = \rho e^{i\varphi}$ ，由 $w=z^n$ 得

$$\rho = r^n \text{ 和 } \varphi = n\theta .$$

因此在 $w=z^n$ 的映射下，圆 $|z|=r$ 映射成 $|w|=r^n$ ，特别地，$|z|=1$ 映射成 $|w|=1$.即在以原点为中心的圆有保圆性.射线 $\theta = \theta_0$ 映射成射线 $\varphi = n\theta_0$ ；正实轴 $\theta =0$ 映成正实轴 $\varphi =0$ ；角形域 $0<\theta<\theta_0$ （ $<\dfrac{2\pi}{n}$ ）映射成角形域 $0<\varphi<n\theta_0$.可以看出，当 $n\geqslant 2$ 时，映射 $w=z^n$ 在 $z=0$ 处没有保角性（图 6.9（a））.

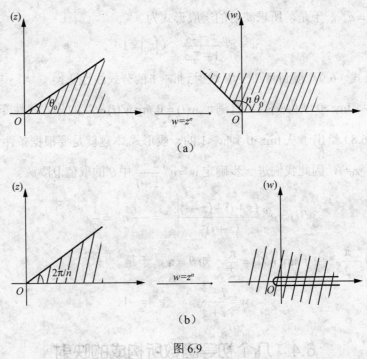

图 6.9

特别地，角形域 $0<\theta<\dfrac{2\pi}{n}$ 映射成沿正实轴剪开的 w 平面的域 $0<\varphi<2\pi$ ，它的一边 $\theta =0$ 映射成正实轴的上沿 $\varphi =0$ ；另一边 $\theta =\dfrac{2\pi}{n}$ 映射成正实轴的下沿 $\varphi =2\pi$.这两个区域之间的映射

是一一对应的（见图6.9（b））.

例6.4 求把角形域 $0 < \arg z < \dfrac{\pi}{8}$ 映射成单位圆 $|w|<1$ 的一个映射.

解：如图6.10所示，$\xi = z^8$ 将角形域 $0 < \arg z < \dfrac{\pi}{8}$ 映射成上半平面 $\mathrm{Im}\,\xi > 0$；又由公式（6.8）

知，$w = \dfrac{\xi - i}{\xi + i}$ 将上半平面映射成单位圆 $|w|<1$.故

$$w = \frac{z^8 - i}{z^8 + i}$$

为所求变换.

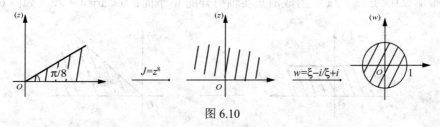

图6.10

例6.5 求将 $|z|<1, \mathrm{Im}\,z>0$ 映射为 $|w|>1$ 的一个共形映射.

解：先将上半单位圆域映为第一象限.此时考虑将 $1, i, -1$ 依次映射为 $\infty, i, 0$ 的分式线性变换 $\xi = \dfrac{1+z}{1-z}$.该映射还把 $-1, 0, +1$ 依次映为 $0, 1, \infty$.由推论6.2知，$\xi = \dfrac{1+z}{1-z}$ 为所求映射（见图6.11（a））.

再用 $\xi' = \xi^2$ 将第一象限映射为上半平面 $\mathrm{Im}(\xi') > 0$（见图6.11（b））.

最后又选择分式线性变换 $w = \dfrac{\xi' + i}{\xi' - i}$，参照例6.1的讨论并利用推论6.1可知，该映射将 $\mathrm{Im}(\xi') > 0$ 映射到 $|w|>1$（见图6.10（c））.于是有

$$w = \frac{\xi' + i}{\xi' - i} = \frac{\xi^2 + i}{\xi^2 - i} = \frac{(1+z)^2 + i(1-z)^2}{(1-z)^2 - i(1-z)^2}.$$

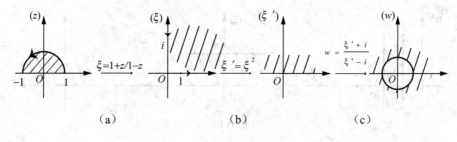

（a）　　　　　　　　（b）　　　　　　　　（c）

图6.11

2. 指数函数

在 z 平面上，由于指数函数 $w=e^z$ 的导数 $w'=e^z\neq 0$，所以，由 $w=e^z$ 所构成的映射是一个全平面上的共形映射.令 $z=x+iy, w=\rho e^{i\varphi}$，那么

$$\rho=e^x, \varphi=y.$$

于是有

（1）平面上的直线 $x=$ 常数，被映射成 w 平面上的圆周 $\rho=$ 常数；而 $y=$ 常数，被映射成射线 $\varphi=$ 常数.

（2）把水平带形域 $0<\text{Im}\,z<a$（$a\leqslant 2\pi$）映射成角形域 $0<\arg w<a$（见图 6.12（a））.

（3）带形域 $0<\text{Im}\,z<2\pi$ 映射成沿正实轴剪开的 w 平面：$0<\arg w<2\pi$（如图 6.12（b））.

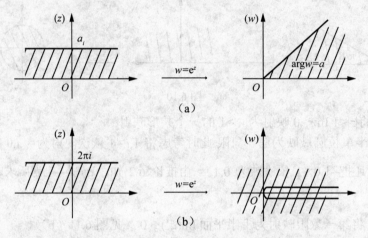

图 6.12

例 6.6 求把带形域 $a<\text{Re}(z)<b$ 映射成上半平面 $\text{Im}(w)>0$ 的一个映射.

解： 如图 6.13 所示. 于是，所求的映射为

$$w=e^{\frac{\pi i}{b-a}(z-a)}.$$

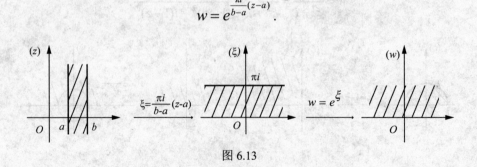

图 6.13

小结

共形映射的两个主要特征：①保角性；②伸缩性.在映射 $w=f(z)$ 的作用下，过点 z_0 的任意两条光滑曲线的夹角大小与方向保持不变；过点 z_0 的任何一条曲线 C 在 z_0 处的伸缩率都相同.

解析函数的共形性：若 $w=f(z)$ 在 z_0 点解析，且 $f'(z_0) \neq 0$，那么映射 $w=f(z)$ 在 z_0 点是共形的.导数 $f'(z_0) \neq 0$ 的幅角 $\arg f'(z_0)$ 是曲线 C 经 $w=f(z)$ 映射后在 z_0 处的转动角，它的大小和方向与曲线 C 的形状和方向无关.

$|f'(z_0)|$ 是经过 $w=f(z)$ 映射后，过 z_0 的任何曲线 C 在 z_0 的伸缩率.

分式线性映射的性质：

$$w = \frac{az+b}{cz+d} \ (ad-bc \neq 0)$$

是分式线性映射.它是可逆的，其逆映射也是分式线性映射.分式线性映射具有：①共形性；②保圆性；③保对称性；④在扩充复平面上的一一对应性.在 z 平面和 w 平面上分别任意给定三个相异点 $z_1, z_2, z_3, w_1, w_2, w_3$，则存在唯一的将 z_1, z_2, z_3 分别映射为 w_1, w_2, w_3 分式线性映射

$$\frac{w-w_1}{w-w_2} : \frac{w_3-w_2}{w_3-w_1} = \frac{z-z_1}{z-z_2} : \frac{z_3-z_2}{z_3-z_1}.$$

几个典型的分式线性映射如下：

（1）将上（下）半平面映射为上（下）半平面

$$w = \frac{az+b}{cz+d}, a,b,c,d \text{ 为实常数且 } ad-bc > 0.$$

（2）将上半平面映射为单位圆内部

$$w = e^{i\theta} \frac{z-z_0}{z-\bar{z}_0}, \theta \text{ 为实数}.$$

（3）单位圆映射到单位圆

$$w = e^{i\varphi} \frac{z-z_0}{1-\bar{z}_0 z}, |z_0| < 1, \varphi \text{ 为实数}.$$

几个初等解析函数的映射性质：

（1）幂函数 $w = z^n$（$n \geq 2$ 的自然数）的映射特点：①除原点外处处是共形的；②把以原点为顶点、张角为 φ 的角形区域映射为以原点为顶点、张角为 $n\varphi$ 的角形区域.

（2）指数函数 $w = e^z$ 的映射特点：①是全平面上的共形映射；②把 $\mathrm{Re}(z) =$ 常数的直线映射为圆周 $|w| =$ 常数，把 $\mathrm{Im}(z) =$ 常数的直线映射为射线 $\arg(w) =$ 常数；③把水平的带形区域 $0 < \mathrm{Im}(z) < \alpha$（$a \leq 2\pi$）映射为角形区域 $0 < \arg w < \alpha$.

习题六

1. 求在映射 $w = \dfrac{1}{z}$ 下，下列曲线的像.

（1）$x^2 + y^2 = ax$（$a \neq 0$，为实数）；

（2）$y = kx$（k 为实数）.

2. 下列区域在指定的映射下映成什么？

（1）$\mathrm{Im}(z) > 0, w = (1+i)z$；

（2）$\mathrm{Re}(z) > 0, 0 < \mathrm{Im}(z) < 1, w = \dfrac{i}{z}$.

3. 求 $w = z^2$ 在 $z = i$ 处的伸缩率和旋转角，问：$w = z^2$ 将经过点 $z = i$ 且平行于实轴正向的曲线的切线方向映成 w 平面上的哪一个方向？并作图.

4. 一个解析函数所构成的映射在什么条件下具有伸缩率和旋转角的不变性？映射 $w = z^2$ 在 z 平面上每一点都具有这个性质吗？

5. *求将区域 $0 < x < 1$ 变为本身的整线性变换 $w = \alpha z + \beta$ 的一般形式.

6. 试求所有使点 ± 1 不动（即将点 ± 1 映射为点 ± 1）的分式线性映射.

7. 若分式线性映射

$$w = \frac{az+b}{cz+d}$$

将圆周 $|z|=1$ 映射为直线，则其系数应满足什么条件？

8. 试确定在映射

$$w = \frac{z-1}{z+1}$$

作用下，下列集合的象.

（1）$\mathrm{Re}(z) = 0$；　（2）$|z| = 2$；　（3）$\mathrm{Im}(z) > 0$.

9. 求出一个将右半平面 $\mathrm{Re}(z) > 0$ 映射成单位圆 $|w| < 1$ 的分式线性映射.

10. 映射

$$w = e^{i\varphi} \frac{z - \alpha}{1 - \bar{\alpha}z}$$

将 $|z| < 1$ 映射为 $|w| < 1$，实数 φ 的几何意义是什么？

11. 求将上半平面 $\mathrm{Im}(z) > 0$ 映射成单位圆 $|w| < 1$ 的分式线性映射 $w = f(z)$，并满足条件：

（1）$f(i) = 0, \arg f'(i) = 0$；　（2）$f(1) = 1, f(i) = \dfrac{1}{\sqrt{5}}$.

12. 求将 $|z|<1$ 映射成 $|w|<1$ 的分式线性映射 $w=f(z)$，并满足条件：

（1） $f(\frac{1}{2})=0, f(-1)=1$；

（2） $f(\frac{1}{2})=0, \arg f'(\frac{1}{2})=\frac{\pi}{2}$；

（3） $f(a)=a, \arg f'(a)=\varphi$；

13. 求将顶点在 $0,1,i$ 的三角形的内部映射为顶点依次为 $0,2,1+i$ 的三角形的内部的分式线性映射.

*14. 求出将圆环域 $2<|z|<5$ 映射为圆环域 $4<|w|<10$，且使得 $f(5)=-4$ 的分式线性映射.

15. 映射 $w=z^2$ 将 z 平面上的曲线 $\left(x-\frac{1}{2}\right)^2+y^2=\frac{1}{4}$ 映射到 w 平面上的什么曲线？

16. 映射 $w=e^z$ 将下列区域映为什么图形：

（1）直线网 $\mathrm{Re}(z)=C_1, \mathrm{Im}(z)=C_2$；

（2）带形区域 $\alpha<\mathrm{Im}(z)<\beta, 0<\alpha<\beta\leqslant 2\pi$；

（3）~半带形区域 $\mathrm{Re}(z)>0, 0<\mathrm{Im}(z)<\alpha, 0\leqslant\alpha\leqslant 2\pi$.

*17. 求将单位圆的外部 $|z|>1$ 保形映射为全平面除去线段 $-1<\mathrm{Re}(w)<1$，$\mathrm{Im}(w)=0$ 的映射.

18*. 求出将割去负实轴 $-\infty<\mathrm{Re}(z)\leqslant 0, \mathrm{Im}(z)=0$ 的带形区域 $-\frac{\pi}{2}<\mathrm{Im}(z)<\frac{\pi}{2}$ 映射为半带形区域 $-\pi<\mathrm{Im}(w)<\pi$，$\mathrm{Re}(w)>0$ 的映射.

19. 求将 $\mathrm{Im}(z)<1$ 去掉单位圆 $|z|<1$ 保形映射为上半平面 $\mathrm{Im}(w)>0$ 的映射.

20*. 映射 $w=\cos z$ 将半带形区域 $0<\mathrm{Re}(z)<\pi, \mathrm{Im}(z)>0$ 保形映射为 w 平面上的什么区域？

第七章　傅里叶变换

很多工程中的问题最终可以归结为一个线性系统对一个正弦函数的输入的反应，余弦函数 $\cos x=\sin(x+\pi)$ 与正弦函数相差一个相位 π，因此余弦函数的输入也可以归结为正弦函数的问题.在这种情形中，所有的参数都是实数，利用实变量的分析技术也能解决模型的分析问题，然而，运用复变量能极大地简化计算，并且能深入理解参数的本质.为此，我们需要将一个函数表示为正弦函数类的方法，同时还需要一个连接实变量和复变量的方法.此外，把复杂的运算转化为较为简单的运算，常常采用一种变换技巧.例如取对数能将数量的乘法和除法运算变成对数的和与差的运算，对运算的结果取反对数，就得到原来数量的乘积或商.

把乘法和除法的运算变成加法和减法的运算，就是将复杂运算变成简单运算的一个典型例子.本章介绍的傅里叶变换和下一章的拉普拉斯变换是常见的两种积分变换，它们建立了将一个函数表示为正弦函数和的公式，实现了实变量和复变量之间的连接，同时还能将对函数的微分运算变换成函数的乘法运算，将一个微分方程问题变成一个代数方程问题求解.

因此，它们不仅在理论上而且在工程中得到大量的应用.

本章我们介绍傅里叶变换的定义，通过一些例题的计算，了解傅里叶变换的形式，特别是对于 δ 函数的傅里叶变换理解及傅里叶变换的一些基本的性质.

7.1　傅里叶变换

在微积分中，我们学过傅里叶（Fourier）级数.我们知道，一个以 L 为周期的函数 $f_L(t)$，如果在区间 $[-L/2,L/2]$ 上连续，那么在 $[-L/2,L/2]$ 上可以展开成傅里叶级数

$$f_L(t)=\frac{a_0}{2}+\sum_{n=1}^{\infty}(a_n\cos n\omega t+b_n\sin n\omega t). \tag{7.1}$$

其中

$$\omega=\frac{2\pi}{L},$$

$$a_0=\frac{2}{L}\int_{-L/2}^{L/2}f_L(t)\mathrm{d}t,$$

$$a_n=\frac{2}{L}\int_{-L/2}^{L/2}f_L(t)\cos n\omega t\mathrm{d}t,\quad n=1,2,\cdots,$$

$$b_n = \frac{2}{L} \int_{-L/2}^{L/2} f_L(t)\sin n\omega t\, \mathrm{d}t, \quad n = 1, 2, \cdots.$$

公式（7.1）将一个周期函数表示成正弦函数类的和，称为函数 $f_L(t)$ 傅里叶级数.除了上述三角函数表示的形式外，傅里叶级数还可以转换成复指数形式，而且在工程和理论研究中使用更加广泛.由欧拉（Euler）公式：

$$\cos t = \frac{\mathrm{e}^{it} + \mathrm{e}^{-it}}{2},$$

$$\sin t = \frac{\mathrm{e}^{it} + \mathrm{e}^{-it}}{2i} = -i\frac{\mathrm{e}^{it} + \mathrm{e}^{-it}}{2},$$

因此，公式（7.1）可以表示成

$$f_L(t) = \frac{a_0}{2} + \sum_{n=1}^{\infty}\left(a_n \frac{\mathrm{e}^{in\omega t} + \mathrm{e}^{-in\omega t}}{2} + b_n \frac{\mathrm{e}^{in\omega t} + \mathrm{e}^{-in\omega t}}{2i} \right)$$

$$= \frac{a_0}{2} + \sum_{n=1}^{\infty}\left(\frac{a_n - ib_n}{2}\mathrm{e}^{in\omega t} + \frac{a_n + ib_n}{2i}\mathrm{e}^{-in\omega t} \right).$$

记

$$c_0 = \frac{a_0}{2} = \frac{1}{L}\int_{-L/2}^{L/2} f_L(t)\mathrm{d}t,$$

$$c_n = \frac{a_n - ib_n}{2}$$

$$= \frac{1}{L}\left(\int_{-L/2}^{L/2} f_L(t)(\cos n\omega t)\mathrm{d}t - i\int_{-L/2}^{L/2} f_L(t)(\sin n\omega t)\mathrm{d}t \right)$$

$$= \frac{1}{L}\int_{-L/2}^{L/2} f_L(t)(\cos n\omega t - i\sin n\omega t)\mathrm{d}t$$

$$= \frac{1}{L}\int_{-L/2}^{L/2} f_L(t)\mathrm{e}^{-in\omega t}\mathrm{d}t, \quad n = 1, 2, \cdots,$$

$$c_{-n} = \frac{a_n + ib_n}{2}$$

$$= \frac{1}{L}\int_{-L/2}^{L/2} f_L(t)\mathrm{e}^{-in\omega t}\mathrm{d}t, \quad n = 1, 2, \cdots.$$

将上述三个式子写成一种统一的表示：

$$c_n = \frac{1}{L}\int_{-L/2}^{L/2} f_L(t)\mathrm{e}^{-in\omega t}\mathrm{d}t, \quad n = 1, 2, \cdots.$$

则公式（7.1）表示成复指数形式为

$$f_L(t) = c_0 + \sum_{n=1}^{\infty} (c_n e^{in\omega t} + c_{-n} e^{-in\omega t})$$

$$= \sum_{n=-\infty}^{\infty} c_n e^{in\omega t}.$$

这就是傅里叶级数的复指数形式.将系数用积分表示出来，则可写成

$$f_L(t) = \sum_{n=-\infty}^{\infty} \left(\frac{1}{L} \int_{-L/2}^{L/2} f_L(t) e^{-in\omega t} dt \right) e^{in\omega t}. \tag{7.2}$$

下面我们研究非周期函数的一个类似的表示问题. 为了方便，我们假设非周期函数 $F(t)$ 在区间 $(-\infty,\infty)$ 内连续、可积，且绝对可积，考虑区间 $(-L/2,L/2)$，则由式（7.2），$F(t)$ 在此区间上有三角级数表示

$$F(t) = \sum_{n=-\infty}^{\infty} c_n e^{in\omega t}, \quad \frac{-L}{2} < t < \frac{L}{2}. \tag{7.3}$$

其中系数为

$$c_n = \frac{1}{L} \int_{-L/2}^{L/2} F(t) e^{-in\omega t} dt, \quad n = 0, \pm1, \pm2, \cdots,$$

注意到式（7.3）右端级数定义一个周期为 L 的函数 $F_L(t)$，在区间 $(-L/2,L/2)$ 内等于 $F(t)$，而在区间端点 $-L/2, L/2$ 处的值可能等于 $F(t)$ 在这两点的平均值.

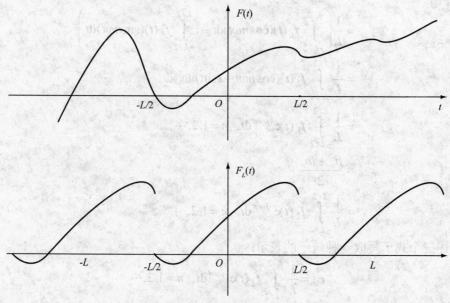

图 7.1　$F(t)$ 的周期化

这样，在一个长为 L 的区间上，我们得到函数 $F(t)$ 的一个正弦函数类表示.当 L 越大时，$F_L(t)$ 与 $F(t)$ 相等的范围也越大，可以猜测当 $L \to \infty$ 时，周期函数 $F_L(t)$ 的极限为 $F(t)$，即是

$$\lim_{L \to \infty} F_L(t) = F(t).$$

因此，我们得到函数 $F(t)$ 在整个实数集合上的正弦函数表示，即对任意的 $-\infty < t < \infty$，有

$$F(t) = \lim_{L \to \infty} \sum_{n=-\infty}^{\infty} c_n e^{in\omega t}.$$

下面讨论当 $L \to \infty$ 时，公式 (7.3) 右边的极限形式.注意到 $\omega = \dfrac{2\pi}{T}$，令 $g_n = c_n L$，则有

$$F_L(t) = \frac{1}{2\pi} \sum_{n=-\infty}^{\infty} g_n e^{in2\pi t/L} \frac{((n+1)-n)2\pi}{L}$$

以及

$$g_n = \int_{-L/2}^{L/2} F(t) e^{-in2\pi t/L} dt.$$

记 $\omega_n = n2\pi/L$，有

$$F_L(t) = \frac{1}{2\pi} \sum_{n=-\infty}^{\infty} G_L(\omega_n) e^{i\omega_n t} (\omega_{n+1} - \omega_n), \tag{7.4}$$

其中对实数 ω，函数 $G_L(\omega)$ 定义为

$$G_L(\omega) = \int_{-L/2}^{L/2} F(t) e^{-i\omega t} dt.$$

当 L 趋向无穷时，$G_L(\omega)$ 自然趋向于一个函数 $G(\omega)$，称为函数 F 的傅里叶变换，

$$G(\omega) = \int_{-L/2}^{L/2} F(t) e^{-i\omega t} dt. \tag{7.5}$$

又因为随着 L 趋向无穷时，$\Delta \omega_n = \omega_{n-1} - \omega_n$ 趋向于零，而 ω_n 所对应的点均匀地分布在整个数轴上，且取值从 $-\infty$ 到 ∞，所以式 (7.4) 可以看成是积分

$$\frac{1}{2\pi} \int_{-\infty}^{\infty} G(\omega) e^{i\omega t} d\omega$$

的黎曼积分和，因此导出等式

$$F(t) = \frac{1}{2\pi} \int_{-\infty}^{\infty} G(\omega) e^{i\omega t} d\omega, \tag{7.6}$$

其中 $G(\omega)$ 由式（7.5）定义.公式（7.6）称为 $G(\omega)$ 的傅里叶逆变换.

公式（7.5）和（7.6）是傅里叶变换理论的本质.所涉及的积分称为主值积分，即

$$G(\omega) = \int_{-\infty}^{\infty} F(t) e^{i\omega t} dt = \lim_{N \to \infty} \int_{-N}^{N} F(t) e^{i\omega t} dt$$

和

$$F(t) = \frac{1}{2\pi} \int_{-\infty}^{\infty} G(\omega) e^{i\omega t} d\omega = \lim_{N \to \infty} \frac{1}{2\pi} \int_{-N}^{N} G(\omega) e^{i\omega t} d\omega$$

公式（7.6）可看作是将一个函数表示成正弦函数的"和"，它是周期函数情形的三角级数的一个类似表达式，其"系数"用 $G(\omega)d\omega$ 表示.在工程中，将变量 ω 解释为信号的频率，因此公式（7.6））中的求"和"是取遍所有频率 ω.

总结上面的结果，我们有以下定理.

定理 7.1　若 $F(t)$ 在 $(-\infty, \infty)$ 上满足下列条件：

（1）$F(t)$ 在任何有限区间上连续或只有有限个第一类间断点；

（2）$F(t)$ 在任何有限区间上只有有限个极值点；

（3）$F(t)$ 在区间 $(-\infty, \infty)$ 上绝对可积，即是积分 $\int_{-\infty}^{\infty} |F(t)| dt$ 收敛.

则 F 的傅里叶变换 $G(\omega)$ 存在，且有

$$\frac{1}{2\pi} \int_{-\infty}^{\infty} G(\omega) e^{i\omega t} d\omega = \begin{cases} F(t) & \text{当 } F \text{ 连续时；} \\ \dfrac{F(t+0) + F(t-0)}{2} & \text{其他情形} \end{cases}$$

例 7.1　证明：若 $F(t)$ 满足傅里叶变换定理，则当 $F(t)$ 为奇函数时，有

$$F(t) = \int_0^{+\infty} B(\omega) \sin \omega t \, d\omega,$$

其中 $B(\omega) = \dfrac{\pi}{2} \int_0^{+\infty} F(\tau) \sin \omega \tau \, d\tau$，并由此定义傅里叶正弦变换.

证　因为 $F(t)$ 满足傅里叶变换定理条件，故当 $F(t)$ 为奇函数时，有

$$G(\omega) = \int_{-\infty}^{+\infty} F(\tau) e^{-i\omega \tau} d\tau = -2i \int_0^{+\infty} F(\tau) \sin \omega \tau \, d\tau.$$

此为 ω 的奇函数，但为复值.

所以

$$F(t) = \frac{1}{2\pi} \int_0^{+\infty} G(\omega) e^{i\omega \tau} d\omega = \frac{i}{\pi} \int_0^{+\infty} G(\omega) \sin \omega t \, d\omega.$$

将 $G(\omega)$ 代入得

$$F(t) = \frac{2}{\pi} \int_0^{+\infty} \left[\int_0^{+\infty} F(\tau) \sin \omega \tau \, d\tau \right] \sin \omega t \, d\omega.$$

令 $\dfrac{2}{\pi}\displaystyle\int_0^{+\infty}F(\tau)\sin\omega\tau\mathrm{d}\tau=B(\omega)$ ，得

$$F(t)=\int_0^{+\infty}B(\omega)\sin\omega t\mathrm{d}\omega .$$

在前述 $F(t)$ 的表示式中，令 $G_s(\omega)=\displaystyle\int_0^{+\infty}F(\tau)\sin\omega\tau\mathrm{d}\tau$ ，则

$$F(t)=\frac{2}{\pi}\int_0^{+\infty}G_s(\omega)\sin\omega t\mathrm{d}\omega .$$

称 $G_S(\omega)$ 为 $F(t)$ 的傅里叶正弦变换，$F(t)$ 为 $G_S(\omega)$ 的傅里叶正弦逆变换.

类似地，当 $F(t)$ 为偶函数时，也可以定义傅里叶余弦变换与逆变换.

由此可见：

（1）当 $F(t)$ 为奇函数时，其傅里叶变换为复值函数，为了用实数形式表达，常常引入傅里叶正弦变换与逆变换，但要注意 $|F(\omega)|=2|G_s(\omega)|$.

（2）当 $F(t)$ 仅定义于 $[0,+\infty)$ ，且满足傅立叶变换定理条件时，总可以将 $F(t)$ 展为傅立叶正弦（或余弦）积分，可求其傅里叶正弦（或余弦）变换，为此，只要将 $F(t)$ 在 $(-\infty,0)$ 上作相应的奇（或偶）延拓.正如对定义于 $[0,1]$ 上的函数（满足狄氏条件）可作傅里叶正弦（或余弦）级数展开的基本思想一样.

（3）在 $F(t)$ 的傅里叶正（或余）弦表达式

$$F(t)=\frac{2}{\pi}\int_0^{+\infty}G_s(\omega)\sin\omega t\mathrm{d}\omega \quad\left(\text{或 } F(t)=\frac{2}{\pi}\int_0^{+\infty}G_C(\omega)\cos\omega t\mathrm{d}\omega\right)$$

中，左端的 $F(t)$ ，当 t 为间断点时，应理解为 $\dfrac{F(t+0)+F(t-0)}{2}$.因为此时右端即为 $F(t)$ 的傅里叶积分公式.

例 7.2 求函数

$$F(t)=\begin{cases}0, & t<0;\\ \mathrm{e}^{-\beta t}, & t\geqslant 0\end{cases}$$

的傅里叶变换，并求傅里叶逆变换的积分表达式，其中 $\beta>0$.这个函数叫做指数衰减函数，是工程中常遇到的一个函数.

解 根据式（7.5），有

$$G(\omega)=\int_{-\infty}^{\infty}F(t)\mathrm{e}^{-i\omega t}\mathrm{d}t=\int_0^{\infty}\mathrm{e}^{-\beta t}\mathrm{e}^{-i\omega t}\mathrm{d}t$$

$$=\int_0^{\infty}\mathrm{e}^{-(\beta+i\omega)t}\mathrm{d}t=\frac{1}{\beta+i\omega}=\frac{\beta-i\omega}{\beta^2+\omega^2}.$$

上式最后一行的表达式就是衰减函数的傅里叶变换.下面求傅里叶逆变换，我们将看到，指数衰减函数可以表示为一个含参变量的积分.

由式（7.6），我们有

$$F(t) = \frac{1}{2\pi} \int_{-\infty}^{\infty} G(\omega) e^{-i\omega t} d\omega = \frac{1}{2\pi} \int_{-\infty}^{\infty} \frac{\beta - i\omega}{\beta^2 + \omega^2} e^{i\omega t} d\omega$$

$$= \frac{1}{2\pi} \int_{-\infty}^{\infty} \frac{\beta \cos \omega t + \omega \sin \omega t}{\beta^2 + \omega^2} d\omega$$

$$= \frac{1}{\pi} \int_{0}^{\infty} \frac{\beta \cos \omega t + \omega \sin \omega t}{\beta^2 + \omega^2} d\omega.$$

例 7.3　求函数 $F(t) = A e^{-\beta t^2}$ 的傅里叶变换和逆变换的积分表达式，其中 $A, \beta > 0$.这个函数叫做钟形函数，又称为高斯（Gauss）函数，是工程技术中常见的函数之一.

解　根据式（7.5），有

$$G(\omega) = \int_{-\infty}^{\infty} F(t) e^{-i\omega t} dt = A \int_{-\infty}^{\infty} e^{-\beta(t^2 + \frac{i\omega}{\beta} t)} dt$$

$$= A e^{-\frac{\omega^2}{4\beta}} \int_{-\infty}^{\infty} e^{-\beta(t + \frac{i\omega}{\beta})^2} dt.$$

令 $t + \dfrac{i\omega}{2\beta} = s$ ，则上式变为一复变函数的积分，即

$$\int_{-\infty}^{\infty} e^{-\beta(t + \frac{i\omega}{2\beta})^2} dt = \int_{-\infty + \frac{i\omega}{2\beta}}^{\infty + \frac{i\omega}{2\beta}} e^{-\beta s^2} ds.$$

因为 $e^{-\beta s^2}$ 为复平面 s 上的解析函数，取如图 7.2 所示的闭曲线 Γ：正方形 $ABCD$，由柯西积分定理得

$$\oint_{\Gamma} e^{-\beta s^2} ds = \left(\int_{\Gamma AB} + \int_{\Gamma BC} + \int_{\Gamma CD} + \int_{\Gamma DA} \right) e^{-\beta s^2} ds = 0.$$

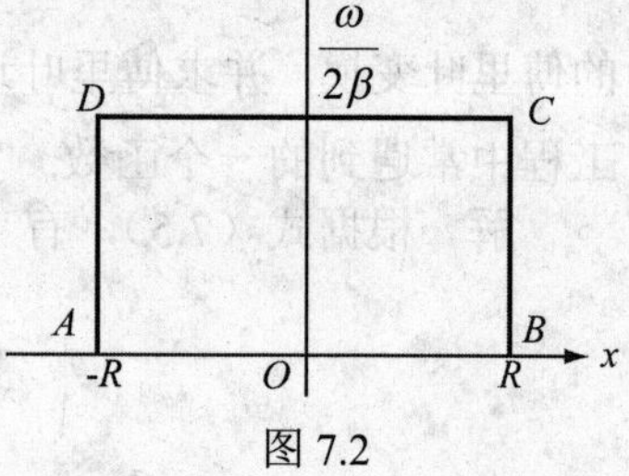

当正方形边长 $R \to \infty$ 时，我们有

$$\int_{\Gamma AB} e^{-\beta s^2} ds = \int_{-R}^{R} e^{-\beta t^2} dt \to \int_{-\infty}^{\infty} e^{-\beta t^2} dt = \sqrt{\frac{\pi}{\beta}},$$

$$\left| \int_{\Gamma BC} e^{-\beta s^2} ds \right| = \left| \int_{R}^{R + \frac{i\omega}{2\beta}} e^{-\beta s^2} ds \right| = \left| \int_{0}^{\frac{i\omega}{2\beta}} e^{-\beta(R + iu)^2} d(R + iu) \right|$$

$$\leqslant e^{-\beta R^2} \int_{0}^{\frac{i\omega}{2\beta}} \left| e^{(\beta u^2 - i2R\beta u)} \right| du = e^{-\beta R^2} \int_{0}^{\frac{\omega}{2\beta}} e^{\beta u} du \to 0.$$

图 7.2

同理可得，当 $R \to \infty$ 时，有 $\left| \int_{\Gamma DA} e^{-\beta s^2} ds \right| \to 0$. 故有

$$\lim_{R \to \infty} \int_{\Gamma CD} e^{-\beta s^2} ds + \sqrt{\frac{\pi}{\beta}} = \lim_{R \to \infty} - \int_{\Gamma DC} e^{-\beta s^2} ds + \sqrt{\frac{\pi}{\beta}} = 0,$$

即

$$\int_{-\infty + \frac{i\omega}{2\beta}}^{\infty + \frac{i\omega}{2\beta}} e^{-\beta s^2} ds = \sqrt{\frac{\pi}{\beta}}.$$

因此，高斯函数的傅里叶变换为

$$G(\omega) = \sqrt{\frac{\pi}{\beta}} A e^{-\frac{\omega^2}{4\beta}}.$$

现在我们求 $G(\omega)$ 的傅里叶逆变换，得高斯函数的积分表达式.由式（7.6），并利用函数的奇偶性，可得

$$F(t) = \frac{1}{2\pi} \int_{-\infty}^{\infty} G(\omega) e^{i\omega t} d\omega = \frac{1}{2\pi} \sqrt{\frac{\pi}{\beta}} A \int_{-\infty}^{\infty} e^{-\frac{\omega^2}{4\beta}} (\cos \omega t + i \sin \omega t) d\omega$$

$$= \frac{A}{\sqrt{\pi \beta}} \int_0^{\infty} e^{-\frac{\omega^2}{4\beta}} \cos \omega t d\omega.$$

即

$$\sqrt{\pi \beta} e^{-\beta t^2} = \int_0^{\infty} e^{-\frac{\omega^2}{4\beta}} \cos \omega t d\omega.$$

7.2　单位脉冲函数及其傅里叶变换

在工程技术领域中，除了用到指数衰减函数、高斯函数之外，还有应用非常广泛的单位脉冲函数，通常用以表示点质量、点电荷、集中力和尖脉冲等一类理想化的物理现象. 这是一个广义函数，超出了我们在微积分中研究过的函数的范畴。在这一节，我们从数学的定义和物理意义两方面简单地介绍这个函数，并且讨论该函数的傅里叶变换，及其与其他函数的关系.

我们首先从数学上定义单位脉冲函数. 定义狄拉克（Dirac）函数：

$$\delta(t) = \begin{cases} 0, & \text{当} t \neq 0; \\ \infty, & \text{当} t = 0, \end{cases} \tag{7.7}$$

$$\int_{-\infty}^{\infty} \delta(t) dt = 1. \tag{7.8}$$

　　显然，微积分中所讨论的函数不包含 δ 函数在内，因为微积分中所定义的函数的取值是在开区间 $(-\infty, \infty)$ 内，任何函数取值不能等于 ∞，但是它有着重要的物理意义．

　　首先对上述 δ 函数作一个物理解释．考虑如图 7.3 所示的函数，其表达式为

$$\delta_s(t) = \begin{cases} \dfrac{1}{s}, & 0 < t < s; \\ 0, & \text{其余地方．} \end{cases} \qquad (7.9)$$

它表示一个矩形脉冲电流．显然有

$$\int_{-\infty}^{\infty} \delta_s(t)\,\mathrm{d}t = 1,$$

即矩形面积为 1，称为脉冲强度．在脉冲强度不变的条件下，随着 s 减小，矩形脉冲电流就变得越来越陡，因此有

$$\lim_{s\to 0} \delta_s(t) = \begin{cases} 0, & \text{当 } t \neq 0; \\ \infty, & \text{当 } t = 0, \end{cases}$$

$$\lim_{s\to 0} \int_{-\infty}^{\infty} \delta_s(t)\,\mathrm{d}t = 1.$$

即

$$\lim_{s\to 0} \delta_s(t) = \delta(t). \qquad (7.10)$$

　　公式（7.10）表示的极限当然不是我们在微积分中所研究过的极限，但它表示的物理意义是 $\lim\limits_{s\to 0} \delta_s(t)$ 是一个宽为 0、振幅为 ∞、强度为 1 的理想单位脉冲．在下面的情形中就出现所考虑的理想脉冲问题．

　　考虑电流为零的电路中，某一个瞬时（设为 $t=0$）进入一单位电量的脉冲，我们求电路上的电流 $I(t)$．记 $Q(t)$ 为进入上述电路的电荷函数，那么

$$Q(t) = \begin{cases} 0, & \text{当 } t \neq 0; \\ 1, & \text{当 } t = 0, \end{cases}$$

根据电路原理，电流强度是电荷函数对时间的导数，因此

$$I(0) = \frac{\mathrm{d}Q(t)}{\mathrm{d}t} = \lim_{\Delta t\to 0} \frac{Q(0+\Delta t) - Q(0)}{\Delta t}.$$

　　从 $Q(t)$ 的定义看到，当 $t \neq 0$ 时，$I(t)=0$；当 $t=0$ 时，因为 $Q(t)$ 不是一个连续函数，不存在通常的导数．若我们形式地计算导数，那么有

$$I(0) = \lim_{\Delta t\to 0} \frac{Q(0+\Delta t) - Q(0)}{\Delta t} = \infty,$$

　　即在上述电路中，电流强度 $I(t) = \delta(t)$．狄拉克正是根据这样的物理现象，引入 δ 函数．

现在考虑 δ 作为一个广义函数的意义.考虑函数集合:

$$\boldsymbol{D}= \{\varphi; \varphi \text{ 是定义在} (-\infty,\infty) \text{上无穷可导、性质很好的函数}\}.$$

例如 e^{-x^2} 这样的函数，不仅可以在 $(-\infty,\infty)$ 上展开成幂级数，而且当 $|x| \to \infty$ 时，函数快速地趋向于零.设 $\varphi,\psi \in \boldsymbol{D}$，$k$ 为一个实数或复数，则有 $\varphi \pm \psi$，$k\varphi$ 均属于 $\boldsymbol{D}$，即 $\boldsymbol{D}$ 成为一个向量空间.

固定 $s > 0$，对任意的 $\psi \in \boldsymbol{D}$，积分 $\int_{-\infty}^{\infty} \varphi(t)\delta_s(t)\mathrm{d}t$ 定义一个从向量空间 $\boldsymbol{D}$ 到实数或复数的一个线性映射.因为 $\varphi \in \boldsymbol{D}$ 必然是一个连续函数，所以有

$$\lim_{s \to 0} \int_{-\infty}^{\infty} \varphi(t)\delta_s(t)\mathrm{d}t = \lim_{s \to 0} \int_0^s \frac{1}{s}\varphi(t)\mathrm{d}t = \lim_{s \to 0} \frac{1}{s}\int_0^s \varphi(t)\mathrm{d}t = \varphi(0).$$

由式 (7.10)，可以认为

$$\lim_{s \to 0} \int_{-\infty}^{\infty} \varphi(t)\delta_s(t)\mathrm{d}t = \int_{-\infty}^{\infty} \varphi(t)\delta(t)\mathrm{d}t = \varphi(0). \tag{7.11}$$

式 (7.11) 的最后一个等式定义了从 $\boldsymbol{D}$ 到实数或复数上的一个线性映射：对任意的 $\varphi \in \boldsymbol{D}$，有

$$\int_{-\infty}^{\infty} \varphi(t)\delta(t)\mathrm{d}t = \varphi(0), \tag{7.12}$$

这样定义的从 $\boldsymbol{D}$ 到实数或复数上的一个线性映射，就称为一个广义函数.

$$\int_{-\infty}^{\infty} \varphi(t)\delta(t-t_0)\mathrm{d}t = \varphi(t_0).$$

利用公式 (7.12)，我们很容易导出 δ 函数的傅里叶变换，即

$$G(\omega) = \int_{-\infty}^{\infty} \delta(t)\mathrm{e}^{-i\omega t}\mathrm{d}t = \mathrm{e}^{-i\omega t}\Big|_{t=0} = 1. \tag{7.13}$$

在式 (7.13) 中，我们按照傅里叶变换的经典定义的形式，但是，在此处广义积分是按照式 (7.11) 来定义的，而不是通常的广义积分.因此，δ 函数的傅里叶变换是一种广义的傅里叶变换.

对于后面不满足定理 7.1 的条件的函数，求其傅里叶变换，同样是广义傅里叶变换.

例 7.4 证明单位阶跃函数

$$u(t) = \begin{cases} 0, & t < 0; \\ 1, & t > 0 \end{cases}$$

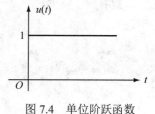

图 7.4 单位阶跃函数

的傅里叶变换为$\dfrac{1}{i\omega}+\pi\delta(\omega)$.

证明　单位阶跃函数不满足定理 7.1 的条件，因为函数在 $(-\infty,\infty)$ 上的积分显然不是绝对收敛的，因此，讨论该函数的傅里叶变换，指的是广义傅里叶变换，即由式（7.11）定义的极限. 我们证明函数 $G(\omega)=\dfrac{1}{i\omega}+\pi\delta(\omega)$ 的傅里叶逆变换为函数 $u(t)$，就证明了我们的问题.

依照公式（7.6），由函数的奇偶性有

$$F(t)=\frac{1}{2\pi}\int_{-\infty}^{\infty}\left(\frac{1}{i\omega}+\pi\delta(\omega)\right)e^{i\omega t}d\omega$$

$$=\frac{1}{2\pi}\int_{-\infty}^{\infty}\pi\delta(\omega)e^{i\omega t}d\omega+\frac{1}{2\pi}\int_{-\infty}^{\infty}\frac{1}{i\omega}e^{i\omega t}d\omega$$

$$=\frac{1}{2}\int_{-\infty}^{\infty}\delta(\omega)e^{i\omega t}d\omega+\frac{1}{2\pi}\int_{-\infty}^{\infty}\frac{\sin\omega t}{\omega}d\omega$$

$$=\frac{1}{2}+\frac{1}{\pi}\int_{0}^{\infty}\frac{\sin\omega t}{\omega}d\omega.$$

已知积分

$$\int_{0}^{\infty}\frac{\sin\omega t}{\omega}d\omega=\frac{\pi}{2};$$

因此，当 $t=0$ 时，显然有

$$\int_{0}^{\infty}\frac{\sin\omega t}{\omega}d\omega=0;$$

当 $t>0$ 时，有

$$\int_{0}^{\infty}\frac{\sin\omega t}{\omega}d\omega=\int_{0}^{\infty}\frac{\sin\omega t}{\omega t}d\omega t=\int_{0}^{\infty}\frac{\sin\omega}{\omega}d\omega=\frac{\pi}{2};$$

当 t<0 时，有

$$\int_{0}^{\infty}\frac{\sin\omega t}{\omega}d\omega=\int_{0}^{\infty}\frac{\sin\omega(-t)}{\omega(-t)}d\omega(-t)=-\int_{0}^{\infty}\frac{\sin\omega}{\omega}d\omega=-\frac{\pi}{2}.$$

故有

$$\int_{0}^{\infty}\frac{\sin\omega t}{\omega}d\omega=\begin{cases}-\dfrac{\pi}{2}, & t<0;\\[2mm]0, & t=0;\\[2mm]\dfrac{\pi}{2}, & t>0.\end{cases}$$

将上述结果代入 $F(t)$ 的表达式中，当 $t \neq 0$ 时，我们得

$$F(t) = \frac{1}{2} + \frac{1}{\pi} \int_0^\infty \frac{\sin \omega t}{\omega} \mathrm{d}\omega = \begin{cases} +\dfrac{1}{\pi}\left(-\dfrac{\pi}{2}\right) = 0, & t < 0; \\ \dfrac{1}{2} + \dfrac{1}{\pi} \cdot \dfrac{\pi}{2} = 1, & t > 0. \end{cases}$$

因此，函数 $\dfrac{1}{i\omega} + \pi\delta(\omega)$ 的傅里叶逆变换等于函数 $u(t)$，命题得证.

同样，若 $G(\omega) = 2\pi\delta(\omega)$ 时，则其傅里叶逆变换为

$$F(t) = \frac{1}{2\pi} \int_{-\infty}^\infty G(\omega) \mathrm{e}^{i\omega t} \mathrm{d}\omega = \frac{1}{2\pi} \int_{-\infty}^\infty 2\pi\delta(\omega) \mathrm{e}^{i\omega t} \mathrm{d}\omega$$
$$= 1.$$

所以，1 是 $2\pi\delta(\omega)$ 的傅里叶逆变换.

例 7.5 求函数 $F(t) = \mathrm{e}^{i\omega_0 t}$ 的傅里叶变换.

解 根据公式（7.5），以及 1 和 $2\pi\delta(\omega)$ 是互为傅里叶变换和傅里叶逆变换的关系，有

$$G(\omega) = \int_{-\infty}^\infty \mathrm{e}^{i\omega_0 t} \mathrm{e}^{-i\omega t} \mathrm{d}t = \int_{-\infty}^\infty \mathrm{e}^{-i(\omega - \omega_0)t} \mathrm{d}\omega$$
$$= 2\pi\delta(\omega - \omega_0).$$

所以，$\mathrm{e}^{i\omega_0 t}$ 和 $2\pi\delta(\omega - \omega_0)$ 互为傅里叶变换和傅里叶逆变换的关系.

例 7.6 求正弦函数 $F(t) = \sin \omega_0 t$ 的傅里叶变换.

解 根据公式（7.5）和例 7.5，有

$$G(\omega) = \int_{-\infty}^\infty \mathrm{e}^{-i\omega t} \sin \omega_0 t \, \mathrm{d}t = \int_{-\infty}^\infty \frac{\mathrm{e}^{i\omega_0 t} - \mathrm{e}^{-i\omega_0 t}}{2i} \mathrm{e}^{-i\omega t} \mathrm{d}t$$
$$= \frac{1}{2i} \int_{-\infty}^\infty \left(\mathrm{e}^{-i(\omega - \omega_0)t} - \mathrm{e}^{-i(\omega + \omega_0)t} \right) \mathrm{d}t$$
$$= \frac{1}{2i} \left(2\pi\delta(\omega - \omega_0) - 2\pi\delta(\omega + \omega_0) \right) = i\pi \left(\delta(\omega + \omega_0) - \delta(\omega - \omega_0) \right).$$

从上述讨论中可以看到，δ 函数的引入，使我们能讨论一类广义积分的计算问题. δ 函数在工程中的应用不仅仅是这些，有兴趣的读者可以参考其他相关书籍.

7.3 傅里叶变换的性质

本节介绍傅里叶变换的几个基本性质. 我们假定所讨论的函数满足定理的条件，这样，函数的傅里叶变换均具有存在性. 此外，为了讨论更加方便，我们给出函数的傅里叶变换的专门记号. 对函数 $f(t)$，记其傅里叶变换为 $\mathcal{F}|f|$，即

$$\mathcal{F}(f)(\omega) = \int_{-\infty}^{\infty} f(t)e^{i\omega t} dt. \tag{7.14}$$

函数 $g(\omega)$ 的傅里叶逆变换记作 $\mathcal{F}^{-1}(g)$，即

$$\mathcal{F}^{-1}(g)(\omega) = \frac{1}{2\pi} \int_{-\infty}^{\infty} g(\omega)e^{i\omega t} d\omega. \tag{7.15}$$

这样，对单位脉冲函数 δ，我们有 $\mathcal{F}[\delta](\omega) = 1$；对单位阶跃函数 $u(t)$，有

$$\mathcal{F}[u](\omega) = \frac{1}{i\omega} + \pi\delta(\omega) ;$$

对正弦函数 $f(t) = \sin\omega_0 t$，有

$$\mathcal{F}[f](\omega) = i\pi\big(\delta(\omega + \omega_0) - \delta(\omega - \omega_0)\big).$$

傅里叶逆变换有类似的讨论，$\mathcal{F}^{-1}(2\pi\delta)(t) = 1$.

现在我们来研究傅里叶变换的几个重要性质.

定理 7.2   设函数 f, g 的傅里叶变换分别为 $\mathcal{F}[f]$ 和 $\mathcal{F}[g]$，则有下面的结论成立.

（1）线性性质。对任意的常数 α，β，有

$$\mathcal{F}(\alpha f + \beta g)(\omega) = \alpha\,\mathcal{F}(f)(\omega) + \beta\,\mathcal{F}(g)(\omega). \tag{7.16}$$

（2）位移性质。设 t_0 为一个常数，则有

$$\mathcal{F}[f(t+t_0)](\omega) = e^{i\omega t_0}\,\mathcal{F}[f](\omega) \tag{7.17}$$

（3）微分性质。如果 $f'(t)$ 在 $(-\infty, \infty)$ 上连续，或只有有限个可去间断点，且当 $|t| \to \infty$ 时 $f(t) \to 0$，则有

$$\mathcal{F}[f'](\omega) = i\omega \cdot \mathcal{F}[f](\omega) \tag{7.18}$$

（4）积分性质。如果当 $|t| \to \infty$ 时，有 $g(t) = \int_{-\infty}^{t} f(s)ds \to 0$，则有

$$\mathcal{F}(g)(\omega) = \frac{1}{i\omega}\mathcal{F}[f](\omega) \tag{7.19}$$

我们证明定理中的结论.

公式（7.16）说明傅里叶变换是一个线性变换. 结论是很显然的，因为根据公式（7.14），函数的线性组合的积分等于各函数积分的线性组合，故结论成立.

公式（7.17）说明函数 $f(t)$ 关于变量 t 平移 t_0，其傅里叶变换等于函数 f 的傅里叶变换乘以因子 $e^{i\omega t_0}$. 证明如下：

由公式（7.14），可得

$$\mathcal{F}[f(t+t_0)](\omega) = \int_{-\infty}^{\infty} e^{-i\omega t} f(t+t_0)\, dt$$

作变量替换，令 $t+t_0=s$，则有

$$\mathcal{F}[f(t+t_0)](\omega) = \int_{-\infty}^{\infty} e^{-i\omega(s-t_0)} f(s)ds = e^{i\omega t_0} \int_{-\infty}^{\infty} e^{-i\omega s} f(s)ds = e^{i\omega t_0} \mathcal{F}[f](\omega).$$

对于傅里叶逆变换，有一个类似的性质成立，即

$$\mathcal{F}^{-1}(G(\omega+\omega_0))(t) = e^{-i\omega_0 t} \mathcal{F}^{-1}(G)(t) \tag{7.20}$$

公式（7.18）说明一个函数的导数的傅里叶变换，等于该函数的傅里叶变换乘以因子 $i\omega$.
这样，通过傅里叶变换可以将关于函数的导数运算转换为关于函数的乘法运算，这正是我们引入傅里叶变换的目的之一.

我们证明式（7.18）成立. 由傅里叶变换的定义（7.14），有

$$\mathcal{F}[f'](\omega) = \int_{-\infty}^{\infty} f'(t)e^{-i\omega t}dt = f(t)e^{-i\omega t}\Big|_{-\infty}^{\infty} + i\omega \int_{-\infty}^{\infty} f(t)e^{-i\omega t}dt = i\omega \cdot \mathcal{F}[f](\omega).$$

公式（7.18）显然可以推广到高阶导数.如果 $f^{(k)}$（$k=1,2,\cdots,n$）在（$-\infty,\infty$）上连续或只有有限个可去间断点，且 $\lim\limits_{|t|\to\infty} f^{(k)}(t) = 0$（$k=1,2,\cdots,n-1$），则有

$$\mathcal{F}\left[f^{(n)}\right](\omega) = (i\omega)^n \mathcal{F}[f](\omega). \tag{7.21}$$

公式（7.19）说明对函数积分后求傅里叶变换，等于该函数的傅里叶变换除以因子 $i\omega$.我们直接应用式（7.18）就可以证明该结论，请读者自行证明.

例7.7 求常系数线性常微分方程

$$y^{(n)} + a_{n-1}y^{(n-1)} + \cdots + a_1 y' + a_0 y = f(t). \tag{7.22}$$

的解，其中 $-\infty < t < \infty$，$a_0, a_1, \ldots, a_{n-1}$ 均为常数.

解 函数 y 和 f 的傅里叶变换分别记为 $Y(\omega) = \mathcal{F}[y](\omega)$ 和 $\mathcal{F}[f](\omega)$.由傅里叶变换的线性性质式（7.16）和与微分的关系式（7.21），在方程（7.22）两边求函数的傅里叶变换，得

$$(i\omega)^n Y(\omega) + a_{n-1}(i\omega)^{n-1}Y(\omega) + \cdots + a_1(i\omega)Y(\omega) + a_0 Y(\omega) = F(\omega).$$

整理得

$$((i\omega)^n + a_{n-1}(i\omega)^{n-1} + \cdots + a_1(i\omega) + a_0)Y(\omega) = F(\omega).$$

所以有

$$Y(\omega) = \frac{F(\omega)}{((i\omega)^n + a_{n-1}(i\omega)^{n-1} + \cdots + a_1(i\omega) + a_0)}.$$

记函数

$$H(\omega) = \frac{1}{(i\omega)^n + a_{n-1}(i\omega)^{n-1} + \cdots + a_1(i\omega) + a_0}, \tag{7.23}$$

则有 $Y(\omega) = H(\omega)F(\omega)$，再求傅里叶逆变换，可得

$$y(t) = \frac{1}{2\pi} \int_{-\infty}^{\infty} Y(\omega) e^{i\omega t} d\omega = \frac{1}{2\pi} \int_{-\infty}^{\infty} H(\omega) F(\omega) e^{i\omega t} d\omega.$$

公式（7.24）给出了方程（7.22）的解的一个积分表达式，如果能求出函数 $H(\omega)F(\omega)$ 的傅里叶逆变换，我们就得到了该方程的解的解析式.通常，精确地求出函数 $H(\omega)F(\omega)$ 的傅里叶逆变换是一个比较困难的问题，但是，我们可以通过第九章所介绍的快速傅里叶变换方法，近似地求出函数 $H(\omega)F(\omega)$ 的傅里叶逆变换，从而给出方程的近似解.

定理 7.3* 设 f, g 为实函数，记 $F(\omega) = \mathcal{F}[f](\omega)$，$G(\omega) = \mathcal{F}[g](\omega)$，则有

$$\int_{-\infty}^{\infty} f(t)g(t)dt = \frac{1}{2\pi} \int_{-\infty}^{\infty} \overline{F(\omega)} G(\omega) d\omega \tag{7.25}$$

$$= \frac{1}{2\pi} \int_{-\infty}^{\infty} F(\omega) \overline{G(\omega)} d\omega.$$

其中 $\overline{F(\omega)}, \overline{G(\omega)}$ 分别为函数 $F(\omega)$ 和 $G(\omega)$ 的共轭函数.

证明 由傅里叶逆变换公式（7.15），有

$$\int_{-\infty}^{\infty} f(t)g(t)dt = \int_{-\infty}^{\infty} f(t) \left(\frac{1}{2\pi} \int_{-\infty}^{\infty} G(\omega) e^{i\omega t} d\omega \right) dt$$

$$= \frac{1}{2\pi} \int_{-\infty}^{\infty} G(\omega) \left(\int_{-\infty}^{\infty} f(t) e^{i\omega t} dt \right) d\omega.$$

又 $e^{i\omega t} = \overline{e^{-i\omega t}}$，而函数 f 是实函数，所以有

$$f(t) e^{i\omega t} = f(t) \overline{e^{-i\omega t}} = \overline{f(t) e^{-i\omega t}}.$$

因此，得

$$\int_{-\infty}^{\infty} f(t)g(t)dt = \frac{1}{2\pi} \int_{-\infty}^{\infty} G(\omega) \left(\int_{-\infty}^{\infty} \overline{f(t) e^{-i\omega t}} \right) d\omega = \frac{1}{2\pi} \int_{-\infty}^{\infty} G(\omega) \left(\overline{\int_{-\infty}^{\infty} f(t) e^{-i\omega t} dt} \right) d\omega$$

$$= \frac{1}{2\pi} \int_{-\infty}^{\infty} \overline{F(\omega)} G(\omega) d\omega.$$

同理有

$$\int_{-\infty}^{\infty} f(t)g(t)dt = \frac{1}{2\pi} \int_{-\infty}^{\infty} F(\omega) \overline{G(\omega)} d\omega.$$

成立.

定理 7.4* 设 $F(\omega) = \mathcal{F}[f](\omega)$，则有

$$\int_{-\infty}^{\infty} |f(t)|^2 \, \mathrm{d}t = \frac{1}{2\pi} \int_{-\infty}^{\infty} |f(\omega)|^2 \, \mathrm{d}\omega. \tag{7.26}$$

公式（7.26）称为帕塞瓦尔（Parseval）等式.

证明 在定理 7.3 中，取 $f(t)=g(t)$，由式（7.25）有

$$\int_{-\infty}^{\infty} |f(t)|^2 \, \mathrm{d}t = \frac{1}{2\pi} \int_{-\infty}^{\infty} F(\omega)\overline{F(\omega)} \, \mathrm{d}\omega = \frac{1}{2\pi} \int_{-\infty}^{\infty} |f(\omega)|^2 \, \mathrm{d}\omega.$$

定理得证.

7.4 卷积

在 7.3 节中我们讨论了傅里叶变换的一些基本性质，特别是通过例 7.7 可以看到，利用傅里叶变换及其性质，我们可以将一个微分方程的求解问题转换成一个代数方程的求解问题，然后通过傅里叶逆变换将微分方程的解求出来.一般来说，一个线性系统可以用一个常系数的常微分方程描述,这样,傅里叶变换就成为我们分析一个线性系统的基本工具.从例 7.7 的式（7.24）看到，式（7.23）定义的函数 $H(\omega)$ 是由方程本身决定的一个函数，解决一个线性系统的分析问题,关键在于求出该函数的傅里叶逆变换,因为函数 $F(\omega)$ 的傅里叶逆变换是已知的.式（7.24）的积分与函数 H 和 F 的傅里叶逆变换的关系，就是本节要讨论的卷积.

1. 卷积定义

设函数 f, g 定义在 $(-\infty, \infty)$ 上.若任意的 $x \in (-\infty, \infty)$，积分

$$\int_{-\infty}^{\infty} f(y)g(x-y)\mathrm{d}y$$

收敛，则称该积分为函数 f 与 g 的**卷积**，记为 $f*g$，即

$$f*g(x) = \int_{-\infty}^{\infty} f(y)g(x-y)\mathrm{d}y. \tag{7.27}$$

容易看出，卷积满足交换律，即

$$f*g(x) = g*f(x) = \int_{-\infty}^{\infty} g(y)f(x-y)\mathrm{d}y.$$

例 7.8 证明卷积满足乘法对加法的分配律，即

$$f*(g+h) = f*g + f*h.$$

证明 根据卷积定义式（7.26），有

$$f * (g + h)(x) = \int_{-\infty}^{\infty} f(y)(g(x - y) + h(x - y))dy$$

$$= \int_{-\infty}^{\infty} f(y)(g(x - y)dy + \int_{-\infty}^{\infty} f(yh(x - y)dy$$

$$= f * g(x) + f * h(x).$$

公式得证.

例 7.9　设函数 $f(t) = \begin{cases} 0, & t < 0; \\ 1, & t \geq 0; \end{cases}$，函数 $g(t) = \begin{cases} 0, & t < 0; \\ \mathrm{e}^{-t}, & t \geq 0; \end{cases}$，求 f 与 g 的卷积.

解　从卷积的定义，有

$$f * g(t) = \int_{-\infty}^{\infty} f(s)g(t - s)ds.$$

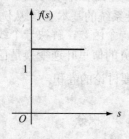 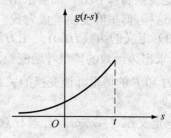

图 7.5

我们做出函数 $f(s)$ 和 $g(t\text{-}s)$ 的图像如图 7.5 所示，检查函数 $f(s)g(t\text{-}s) \neq 0$ 的区间是什么.

当且仅当 $t - s \geq 0$，即 $t \geq s$ 时，函数 $f(s)g(t\text{-}s) \neq 0$.若 $t>0$ 时，此时有 $s \leq t < 0$，所以 $f=0$，因此 $f(s)g(t\text{-}s)=0$；若 $t>0$，此时只有当 $0 \leq s \leq t$ 时，有 $f(s)g(t\text{-}s) \neq 0$，所以有

$$f * g(t) = \int_{-\infty}^{\infty} f(s)g(t - s)ds = \int_{-\infty}^{\infty} f(s)g(t - s)ds$$

$$= \int_{0}^{t} \mathrm{e}^{-(t-s)}ds = \mathrm{e}^{-t}(\mathrm{e}^{t-1}) = 1 - \mathrm{e}^{-t}.$$

卷积在傅里叶分析以及对线性时不变系统的分析中起着重要的作用.下面的定理说明卷积的意义.

2. 卷积定理

定理 7.5　设函数 f, g 满足傅里叶变换定理 7.1 中的条件，则

$$\mathcal{F}[f * g](\omega) = \mathcal{F}[f](\omega) \cdot \mathcal{F}[g](\omega). \tag{7.28}$$

考虑傅里叶逆变换，则有

$$\mathcal{F}^{-1}(\mathcal{F}[f] \cdot \mathcal{F}[g])(t) = f * g(t). \tag{7.29}$$

证明 由傅里叶变换的定义，有

$$\mathcal{F}[f * g](\omega) = \int_{-\infty}^{\infty} f * g(t)e^{-i\omega t}dt = \int_{-\infty}^{\infty}\left(\int_{-\infty}^{\infty} f(s)g(t-s)ds\right)e^{-i\omega t}dt$$

$$= \int_{-\infty}^{\infty}\int_{-\infty}^{\infty} f(s)e^{-i\omega t}g(t-s)e^{-i\omega(t-s)}dsdt$$

$$= \int_{-\infty}^{\infty} f(s)e^{-i\omega t}\left(\int_{-\infty}^{\infty} g(t-s)e^{-i\omega(t-s)}dt\right)ds$$

$$= \mathcal{F}[f](\omega) \cdot \mathcal{F}[g](\omega).$$

公式（7.28）说明，两个函数的卷积的傅里叶变换等于其傅里叶变换的乘积.回到上一节的例 7.7，由公式（7.24），如果记 $h(t) = \mathcal{F}^{-1}[H](t)$，应用卷积定理，我们有该方程的解.

可以用卷积表示为

$$y(t) = \int_{-\infty}^{\infty} h(s)f(t-s)ds.$$

小结

本章讨论的傅里叶变换是工程应用中，特别是对线性系统分析的一个重要工具.

在信号处理中，应用傅里叶变换来分析信号，称为对信号的频谱分析，是信号处理最基本的出发点.公式（7.5）

$$G(\omega) = \int_{-\infty}^{\infty} F(t)e^{-i\omega t}dt$$

定义函数 $F(t)$ 的傅里叶变换，而公式（7.6）

$$F(t) = \frac{1}{2\pi}\int_{-\infty}^{\infty} G(\omega)e^{-i\omega t}d\omega$$

给出了从函数的傅里叶变换 $G(\omega)$ 得到函数 $F(t)$ 本身的逆变换式.它们是傅里叶变换理论的基础.定理 7.1 给出了一个函数的傅里叶变换存在的条件和逆变换的收敛结果.求一个函数的傅里叶变换最基本的方法是利用留数定理计算复积分，一些初等函数，特别是有理函数的傅里叶变换都可以采用这个方法.

单位脉冲函数 δ 是一个广义函数，它的出现具有强烈的物理背景.对于单位脉冲函数，我们首先应该从它的物理意义上来理解，其次掌握在积分计算中的应用，特别是对不满足傅里叶变换存在定理条件的函数，如单位阶跃函数等，求它们的傅里叶变换中的应用.利用 δ 函数及其傅里叶变换，我们可以计算出 $\sin t, \cos t$ 等函数的傅里叶变换.

傅里叶变换有很好的性质，定理 7.2 表明它是具有线性性、t 变量的平移转化为 ω 变量的相移、对 t 变量的微分运算与积分转化为对 ω 变量的一个多项式与有理函数的乘法运算.特别是最后一个性质，可以将一个关于变量 t 的常微分方程转化为关于 ω 的一个代数方程.傅里叶变换的另一个重要性质就是保持乘积不变，即

$$\int_{-\infty}^{\infty} f(t)g(t)\mathrm{d}t = \frac{1}{2\pi}\int_{-\infty}^{\infty}\overline{F(\omega)}G(\omega)\mathrm{d}\omega = \frac{1}{2\pi}\int_{-\infty}^{\infty}\overline{G(\omega)}F(\omega)\mathrm{d}\omega.$$

从乘法公式出发，可以得到能量积分定理"帕塞瓦尔（Parseval）等式"

$$\int_{-\infty}^{\infty}\left|f(t)\right|^2\mathrm{d}t = \frac{1}{2\pi}\int_{-\infty}^{\infty}\left|F(\omega)\right|^2\mathrm{d}\omega.$$

卷积是线性系统分析中的一个重要运算，但是直接对卷积进行计算和分析是一个比较困难的问题.定理 7.5 给出了"两个函数的卷积的傅里叶变换等于它们的傅里叶变换的乘积"这样的事实，因此积分的运算变成一种乘法的运算，对线性系统的研究带来很大的便利.

习题七

1.证明：如果 $f(t)$ 满足傅里叶变换定理的条件，当 $f(t)$ 为偶函数时，则有

$$f(t) = \int_0^{+\infty} a(\omega)\cos\omega t\mathrm{d}\omega,$$

其中

$$a(\omega) = \frac{2}{\pi}\int_0^{+\infty} f(t)\cos\omega t\mathrm{d}t.$$

2. 在上一题中，设

$$f(t) = \begin{cases} t^2, & |t| < 1; \\ 0, & |t| \geqslant 1. \end{cases}$$

计算出 $a(\omega)$ 的值.

3. 计算函数

$$f(t) = \begin{cases} \sin t, & |t| \leqslant 6\pi; \\ 0, & |t| > 6\pi, \end{cases}$$

的傅里叶变换.

4. 求下列函数的傅里叶变换.

（1）$f(t) = \mathrm{e}^{-|t|}$；　（2）$f(t) = t\mathrm{e}^{-t^2}$；　（3）$f(t) = \dfrac{\sin\pi t}{1-t^2}$；　（4）$f(t) = \dfrac{1}{t^4+1}$；　（5）$f(t) = \dfrac{t}{t^4+1}$.

5. 设函数 $F(t)$ 是解析函数，而且在带形区域 $|\mathrm{Im}(t)| < \delta$ 内有界.定义函数 $G_L(\omega)$ 为

$$G_L(\omega) = \int_{-L/2}^{L/2} F(t)e^{-i\omega t}dt.$$

证明当 $L \to \infty$ 时，有

$$\frac{1}{2\pi}\int_{-\infty}^{\infty} G_L(\omega)e^{i\omega t}d\omega \to F(t)$$

对所有的实数 t 成立.

6. 求符号函数

$$\text{sgn}\, t = \frac{t}{|t|} = \begin{cases} -1, & t < 0; \\ 1, & t > 0, \end{cases}$$

的傅里叶变换.

7. 已知函数 $f(t)$ 的傅里叶变换 $F(\omega) = \pi(\delta(\omega + \omega_0) + \delta(\omega - \omega_0))$，求 $f(t)$.

8. 设函数 $f(t)$ 的傅里叶变换 $F(\omega)$，a 为一常数. 证明

$$\mathcal{F}[f(at)](\omega) = \frac{1}{|a|}F\left(\frac{\omega}{a}\right).$$

9. 设 $F(\omega) = \mathcal{F}[f](\omega)$，证明

$$F(-\omega) = \mathcal{F}[f(-t)](\omega)$$

10. 设 $F(\omega) = \mathcal{F}[f](\omega)$，证明

$$\mathcal{F}[f(t)\cos\omega_0 t](\omega) = \frac{1}{2\pi}\big(F(\omega - \omega_0) + F(\omega + \omega_0)\big).$$

以及

$$\mathcal{F}[f(t)\sin\omega_0 t](\omega) = \frac{1}{2}\big(F(\omega - \omega_0) - F(\omega + \omega_0)\big).$$

11. 设

$$f(t) = \begin{cases} 0, & t < 0; \\ e^{-t}, & t \geqslant 0 \end{cases}, \quad g(t) = \begin{cases} \sin t, & 0 \leqslant t \leqslant \dfrac{\pi}{2}; \\ 0, & \text{其他}. \end{cases}$$

计算 $f * g(t)$.

12. 设 $u(t)$ 为单位阶跃函数（参考例 7.2），求下列函数的傅里叶变换.

（1）$f(t) = e^{-\alpha t}\sin\omega_0 t \cdot u(t)$;

（2）$f(t) = e^{i\omega_0 t}t \cdot u(t)$;

（3）$f(t) = e^{-\alpha t + i\omega_0 t}u(t)$.

第八章　拉普拉斯变换

在实际问题中，例如考虑电路中的电流 $I(t)$ 作为时间的函数，我们可以令起始时刻为零，于是在 $t<0$ 的时间范围内 $I(t)$ 等于零，这样，它的傅里叶变换表示式的积分下限可从零开始，

$$F(\omega) = \int_0^\infty I(t)\mathrm{e}^{-i\omega t}\mathrm{d}t.$$

但是 ω 仍取全体实数，因此，其逆变换的积分限不变.根据定理 7.1 的条件，一个函数的傅里叶变换要存在，总是要求函数绝对可积.这个条件限制了某些增长的函数如 $\mathrm{e}^{at}(a>0)$ 的傅里叶变换存在，而这些函数在工程中会经常遇到.为了能使更多的函数存在变换，并简化某些变换的形式或运算过程，我们引入一个衰减因子 $\mathrm{e}^{-\sigma t}$（σ 为任意实数），使它与函数 f 相乘，这样 $\mathrm{e}^{-\sigma t}f(t)$ 就可以收敛，绝对可积的条件就容易满足.按照此原理，求出的 $\mathrm{e}^{-\sigma t}f(t)$ 的傅里叶变换为

$$F(\omega) = \int_0^\infty \left(f(t)\mathrm{e}^{-\sigma t} \right)\mathrm{e}^{-i\omega t}\mathrm{d}t = \int_0^\infty f(t)\mathrm{e}^{-(\sigma+i\omega)t}\mathrm{d}t.$$

令 $s = \sigma + i\omega$，则上式可表示为

$$F(s) = \int_0^\infty f(t)\mathrm{e}^{-st}\mathrm{d}t,$$

就称为 $f(t)$ 的拉普拉斯变换.从傅里叶变换的性质看到，我们期望拉普拉斯变换也能简化运算.事实上，拉普拉斯变换也能将"微分"转化为"乘法"运算，因此，从数学的角度看，拉普拉斯变换方法是求解常系数线性微分方程的有力工具.

8.1　拉普拉斯变换定义

定义 8.1　设函数 $f(t)$ 当 $t \geqslant 0$ 时有定义，而且积分

$$\int_0^\infty f(t)\mathrm{e}^{-st}\mathrm{d}t,$$

在复数 s 的某一个区域内收敛，则由此积分所确定的函数记为

$$F(s) = \mathcal{L}[f](s) = \int_0^\infty f(t)\mathrm{e}^{-st}\mathrm{d}t. \tag{8.1}$$

称式（8.1）为函数的 $f(t)$ 的**拉普拉斯变换式**，$F(s)$ 称为 $f(t)$ 的**拉普拉斯变换**（或称为**象函数**）.

若 $F(s)$ 是 $f(t)$ 的拉普拉斯变换，则称 $f(t)$ 为 $F(s)$ 的**拉普拉斯逆变换**（或称为**原象函数**），记作

$$f(t)= \mathcal{L}^{-1}[F](t). \tag{8.2}$$

例 8.1 求阶跃函数 $u(t)=\begin{cases}1, & t>0;\\ 0, & t<0\end{cases}$ 的拉普拉斯变换.

解：由式（8.1），有

$$\mathcal{L}[u](s)= \int_0^\infty f(t)e^{-st}dt = -\frac{e^{-st}}{s}\Big|_0^\infty = \frac{1}{s}.$$

例 8.2 求函数 $f(t)=e^{at}$ 的拉普拉斯变换，其中 a 是复常数.

解 当 $\mathrm{Re}(s)>\mathrm{Re}(a)$ 时，

$$\mathcal{L}[f](s)= \int_0^\infty e^{at}e^{-st}dt = \frac{-1}{s-a}e^{-(s-a)}\Big|_0^\infty = \frac{1}{s-a},$$

即

$$\mathcal{L}[e^{at}u(t)](s)= \frac{1}{s-a},\ \mathrm{Re}(s)>\mathrm{Re}(a)$$

例 8.3 求函数 t^n 的拉普拉斯变换，其中 n 是正整数.

解：由式（8.1），有

$$\mathcal{L}[t^n](s)= \int_0^\infty t^n e^{-st}dt.$$

用分部积分法，得

$$\int_0^\infty t^n e^{-st}dt = -\frac{t^n}{s}e^{-st} + \frac{n}{s}\int_0^\infty t^{n-1}e^{-st}dt = \frac{n}{s}\int_0^\infty t^{n-1}e^{-st}dt.$$

所以有

$$\mathcal{L}[t^n]= \frac{n}{s}\mathcal{L}[t^{n-1}]. \tag{8.3}$$

容易求得，当 $n=1$ 时，有

$$\mathcal{L}[t](s)= \frac{1}{s^2}. \tag{8.4}$$

当 $n=2$ 时，有

$$\mathcal{L}[t^2](s)= \frac{2}{s^3}. \tag{8.5}$$

依此类推，得

$$\mathcal{L}[t^n](s)= \frac{n!}{s^{n+1}}.\tag{8.6}$$

从上面的例题看到，拉普拉斯变换的条件要比傅里叶变换存在的条件弱一些，但是对一个函数作拉普拉斯变换也还是要满足一定的条件.下面的定理给出了这些条件和结论.

定理 8.1　若函数 $f(t)$ 满足下列条件：

（1）在 $t\geqslant 0$ 的任意有限区间上分段连续；

（2）存在常数 $M>0$ 与 $\sigma_0\geqslant 0$，使得

$$\left|f(t)\right|\leqslant Me^{\sigma_0 t}, t>0$$

即当 $t\to\infty$ 时，函数 $f(t)$ 的增长速度不超过某一个指数函数，σ_0 称为函数 $f(t)$ 的增长指数.则函数 $f(t)$ 的拉普拉斯变换

$$F(s)= \int_0^\infty f(t)e^{-st}dt$$

在半平面 $\text{Re}(s)>\sigma_0$ 上存在，右端的积分在闭区域 $\text{Re}(s)\geqslant\sigma>\sigma_0$ 上绝对收敛且一致收敛，并且在半平面 $\text{Re}(s)>\sigma_0$ 内，$F(s)$ 为解析函数.

证明：设 $\sigma=\text{Re}(s)$，$\sigma-\sigma_0\geqslant\delta>0$，则由条件（2）有

$$\left|f(t)e^{-st}\right|=\left|f(t)\right|e^{-\delta t}\leqslant Me^{-(\sigma-\sigma_0)}=Me^{-\delta t},$$

所以

$$\int_0^\infty\left|f(t)e^{-st}\right|.\leqslant M\int_0^\infty e^{-\delta t}dt=\frac{M}{\delta}$$

根据含参变量广义积分的性质知，积分式（8.1）在 $\text{Re}(s)\geqslant\sigma_0+\delta$ 上绝对且一致收敛，因此

$$F(s)= \int_0^\infty f(t)e^{-st}dt$$

在 $\text{Re}(s)\geqslant\sigma_0+\delta$ 上存在.

若在式（8.1）积分号下对 s 求导数，有

$$\int_0^\infty\frac{d}{ds}(f(t)e^{-st})dt=-\int_0^\infty tf(t)e^{-st}dt.$$

右端积分在 $\text{Re}(s)\geqslant\sigma_0+\delta$ 上也是绝对且一致收敛.事实上

$$\int_0^\infty\left|tf(t)e^{-st}\right|dt\leqslant M\int_0^\infty te^{-(\sigma-\sigma_0)t}dt$$

$$\leqslant M\int_0^\infty te^{-\delta t}dt$$

$$= \frac{M}{\delta^2}$$

因此在式（8.1）中，积分与微分的次序可以交换，于是有

$$\frac{\mathrm{d}}{\mathrm{d}s} F(s) = \frac{\mathrm{d}}{\mathrm{d}s} \int_0^\infty f(t) e^{-st} \mathrm{d}t$$

$$= \int_0^\infty \frac{\mathrm{d}}{\mathrm{d}s}(f(t)e^{-st}) \mathrm{d}t$$

$$= \int_0^\infty (-t) f(t) e^{-st} \mathrm{d}t .$$

由拉普拉斯变换的定义，得

$$F'(s) \, \mathcal{L}[(-t)f(t)](s)$$

所以，$F'(s)$ 在 $\mathrm{Re}(s) \geqslant \sigma_0 + \delta$ 上可导.

由 δ 的任意性，知 $F(s)$ 在 $\mathrm{Re}(s) > \sigma_0$ 上存在，且为解析函数. 定理得证.

工程中常见的函数大都能满足这两个条件.而且一个函数增大是指数级的和函数要绝对可积两个条件相比，前一个条件是很弱的条件，容易满足的.例如三角函数函数 $\cos at$、阶跃函数 $u(t)$、幂函数 t^n 等都满足这一增长条件.事实上，容易得到

$$|\cos at| \leqslant 1 \cdot e^{0t}, \quad \text{此处 } M = 1, \quad \sigma_0 = 0 ;$$

$$|u(t)| \leqslant 1 \cdot e^{0t}, \quad \text{此处 } M = 1, \quad \sigma_0 = 0 ;$$

因为 $\lim\limits_{t \to \infty} \dfrac{t^n}{e^t} = 0$，所以当 t 充分大的时候，有 $t^n < e^t$，故有

$$|t^n| \leqslant e^t, \quad \text{此处 } M = 1, \quad \sigma_0 = 1 .$$

例 8.4 求正弦函数 $\sin kt$ 的拉普拉斯变换，其中 k 为实数.

解：根据定义 8.1，当 $\mathrm{Re}(s) > 0$ 时，有

$$\mathcal{L}\big[\sin kt\big](s) = \int_0^\infty \sin kt e^{-st} \mathrm{d}t$$

$$= \frac{e^{-st}}{s^2 + k^2}(-s \cdot \sin kt - k \cdot \cos kt)\Big|_0^\infty$$

$$= \frac{k}{s^2 + k^2}$$

同样可以得到余弦函数 $\cos kt$ 的拉普拉斯变换

$$\mathcal{L}\big[\cos kt\big](s) = \frac{s}{s^2 + k^2}, \quad \mathrm{Re}(s) > 0 .$$

例 8.5 求函数 $f(t) = t^\beta$ 的拉普拉斯变换，其中 $\beta > -1$ 为实数.

解：当 $-1 < \beta < 0$ 时，$f(t)$ 不满足定理 8.1 的条件，因为当 $t \to 0$ 时，$t \to \infty$，但函数 $f(t)$ 的拉普拉斯变换在 $\mathrm{Re}(s) > 0$ 时是存在且解析的.因为当 $\mathrm{Re}(s) > 0$ 时，有

$$\int_0^\infty \left| t^\beta \mathrm{e}^{-st} \right| dt = \int_0^\infty t^\beta \cdot \mathrm{e}^{-\sigma t} dt$$

$$= \frac{1}{\sigma^{a+1}} \int_0^\infty u^\beta \mathrm{e}^{-u} du$$

$$= \frac{\Gamma(\beta+1)}{\sigma^{\beta+1}} \tag{8.8}$$

从式（8.8）知，在 $\mathrm{Re}(s) = \sigma > 0$ 上，函数

$$F(s) = \int_0^\infty t^\beta \mathrm{e}^{-st} dt$$

存在.

同理，由

$$\int_0^\infty \left| \frac{\mathrm{d}}{\mathrm{d}s}(t^\beta \cdot \mathrm{e}^{-st}) \right| dt = \int_0^\infty t^{\beta+1} \mathrm{e}^{-\sigma t} dt = \frac{\Gamma(\beta+2)}{\sigma^{\beta+2}},$$

故有 $\dfrac{\mathrm{d}}{\mathrm{d}s} F(s)$ 存在，即在 $\mathrm{Re}(s) > 0$ 时，函数 $F(s)$ 解析.

当 $\beta \geqslant 1$ 时，函数 $f(t) = t^\beta$ 满足定理 8.1 的条件，$\sigma_0 = 0$，因此 $F(t)$ 的拉普拉斯变换在 $\mathrm{Re}(s) > 0$ 时存在且解析.

由式（8.8），当 s 为实数且 $s > 0$ 时，有

$$F(s) = \frac{\Gamma(\beta+1)}{\sigma^{\beta+1}}$$

由于 $F(s)$ 和 $\dfrac{\Gamma(\beta+1)}{\sigma^{\beta+1}}$ 在半平面 $\mathrm{Re}(s) > 0$ 上均为解析函数，而且在正实轴上相等，因此由解析函数的唯一性定理知道，在区域 $\mathrm{Re}(s) > 0$ 上处处相等，即

$$\mathcal{L}\left[t^\beta \right](s) = \frac{\Gamma(\beta+1)}{s^{\beta+1}}. \tag{8.9}$$

例 8.6 求周期为 $2a$ 的函数

$$f(t) = \begin{cases} t, & 0 \leqslant t \leqslant a; \\ 2a - t, & a \leqslant t \leqslant 2a, \end{cases}$$

的拉普拉斯变换.

解：由拉普拉斯变换的定义，有

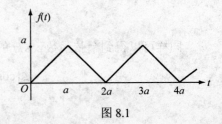

图 8.1

$$\mathcal{L}[f](s) = \int_0^\infty f(t)e^{-st}dt$$

$$= \int_0^{2a} f(t)e^{-st}dt + \int_{2a}^{4a} f(t)e^{-st}dt + \int_{4a}^{6a} f(t)e^{-st}dt \cdots + \int_{2ka}^{2(k+1)a} f(t)e^{-st}dt$$

$$= \sum_{k=0}^\infty \int_{2ka}^{2(k+1)a} f(t)e^{-st}dt.$$

令 $t = u + +2ka$ ，则有

$$\int_{2ka}^{2(k+1)a} f(t)e^{-st}dt = \int_0^{2a} f(u+2ka)e^{-s(u+2ka)}du$$

$$= e^{-2kas}\int_0^{2a} f(u)e^{-su}du.$$

根据函数的定义，有

$$\int_0^{2a} f(u)e^{-su}du = \int_0^a ue^{-su}du + \int_0^{2a} f(2a-u)e^{-su}du$$

$$= \frac{1}{s^2}(1-e^{-as})^2.$$

所以，

$$\mathcal{L}[f](s) = \sum_{k=0}^\infty e^{-2kas}\int_0^{2a} f(u)e^{-su}du$$

$$= \int_0^{2a} f(u)e^{-su}du \cdot \sum_{k=0}^\infty e^{-2kas}.$$

记 $\beta = \mathrm{Re}(s)$. 当 $\beta > 0$ 时，有

$$\left| e^{-2as} \right| = e^{-2a\beta} < 1.$$

因此有

$$\sum_{k=0}^\infty e^{-2kas} = \frac{1}{1-e^{-2bs}}.$$

故有

$$\mathcal{L}[f](s) = \frac{1}{1-e^{-2bs}}\int_0^{2a} f(u)e^{-su}ds$$

$$= \frac{1}{1-e^{-2bs}} \cdot \frac{1}{s^2} \cdot (1-e^{-as})^2$$

$$= \frac{1}{s^2} \cdot \frac{(1-e^{-as})^2}{(1-e^{-bs})(1+e^{-bs})}$$

$$= \frac{1}{s^2} \cdot \frac{1-e^{-as}}{1+e^{-bs}}.$$

$$= \frac{1}{s^2} \tanh \frac{as}{2}.$$

为了求单位脉冲函数 $\delta(t)$ 的拉普拉斯变换，先考虑单位脉冲函数 $\delta(t)$ 在有限区间上的积分. 设函数 $f(t)$ 是一个连续函数，则有

$$\int_a^b f(t)\delta(t)dt = \begin{cases} f(0), & a \leq 0 \leq b; \\ 0, & a > 0 \ \text{或} \ b \leq 0. \end{cases} \tag{8.10}$$

上述积分我们从公式（7.12）关于 δ 函数积分可以得到. 在式（8.10）中，当 $a=b=0$ 时，积分表示为

$$\int_{0^-}^{0^+} f(t)\delta(t)dt = \lim_{a\to 0^-, b\to 0^+} \int_a^b f(t)\delta(t)dt = f(0)$$

当被积函数不含单位脉冲函数时，很明显，

$$\int_{0^-}^{0^+} f(t)dt = 0$$

因为单位脉冲函数的出现改变了在 0 点的邻域内函数积分的性质，当考虑函数 $f(t)$ 的拉普拉斯变换时，$f(t)$ 的定义要从区间 $t \geq 0$ 扩大到 $t > 0$ 及 $t = 0$ 的一个任意邻域内，即拉普拉斯变换的定义应为

$$\mathcal{L}[f](s) = \int_{0^-}^{\infty} f(t)e^{-st}dt \tag{8.11}$$

当被积函数不含单位脉冲函数时，新定义和以前的定义是一致的，因此，新定义与旧定义不矛盾，而且还包含了以前的内容.

例 8.7　求单位脉冲函数 $\delta(t)$ 的拉普拉斯变换.

解：由上面的讨论及公式（7.12），有

$$\mathcal{L}[f](s) = \int_{0^-}^{\infty} \delta(t)e^{-st}dt$$

$$= \int_{-\infty}^{\infty} \delta(t)e^{-st}dt$$

$$= e^{-st}\big|_{t=0}$$

$$= 1.$$

在实际工作中，对于常见的函数类，我们不要求逐个求拉普拉斯变换，而是做好一个变换表供查阅.

8.2 拉普拉斯变换的性质

从上一节中看到，由拉普拉斯变换的定义可以求出一些常见函数的拉普拉斯变换，但是，在实际应用中通常不进行这样的积分运算，而是利用拉普拉斯变换的一些基本性质得到它们的变换式.这样的方法在傅里叶变换中曾被采用.本节讨论拉普拉斯变换的一些基本性质，为了叙述方便，在研究这些性质时，我们假设所出现的函数均满足拉普拉斯变换存在定理中的条件，并且这些函数的增长指数都统一取为 δ_0.在证明过程中，我们不再重述这些条件.

定理 8.2 对函数的拉普拉斯变换有下列性质成立.

1.（线性性质）设 α, β 为常数，记 $F(s) = \mathcal{L}[f](s)$，$G(s) = \mathcal{L}[g](s)$，则有

$$\mathcal{L}[\alpha f + \beta g](s) = \alpha F(s) + \beta G(s)，\tag{8.12}$$

或有

$$\mathcal{L}^{-1}[\alpha f + \beta g](t) = \alpha F(t) + \beta G(t)．\tag{8.13}$$

2.（延迟性质）若 $\mathcal{L}[f](s) = F(s)$，则对 $t_0 > 0$，有

$$\mathcal{L}[f(t - t_0)](s) = e^{-st_0} F(s)．\tag{8.14}$$

或有

$$\mathcal{L}^{-1}\left[e^{-st_0} F\right](t) = f(t - t_0)．\tag{8.15}$$

3.（位移性质）记 $\mathcal{L}[f](s) = F(s)$.对常数 s_0，若 $\mathrm{Re}(s - s_0) > \sigma_0$，则有

$$\mathcal{L}\left[e^{s_0 t} f\right](s) = F(s - s_0)．\tag{8.16}$$

证明：性质 1 说明函数线性组合的拉普拉斯变换等于各函数的拉普拉斯变换的线性组合.根据定义，利用积分的线性性质就可以得到.

我们证明性质 2.注意到当 $t < 0$ 时，有 $f(t) = 0$，所以当 $t < t_0$ 时，$f(t - t_0) = 0$，因此有

$$\mathcal{L}[f(t - t_0)] = \int_0^\infty f(t - t_0) e^{-st} \mathrm{d}t$$

$$= \int_{t_0}^\infty f(t - t_0) e^{-st} \mathrm{d}t$$

$$= \int_0^\infty f(u)e^{-s(u+t_0)}\mathrm{d}u$$

$$= e^{-st_0}\int_0^\infty f(u)e^{-su}\mathrm{d}u$$

$$= e^{-st_0}F(s)$$

性质 3 的证明完全类似性质 2 的证明.

例 8.8 求函数 $\sin\omega t$ 的拉普拉斯变换，其中 ω 为实数.

解：因为 $\sin\omega t = \dfrac{1}{2i}(e^{i\omega t} - e^{-i\omega t})$，所以由式（8.13）有

$$\mathcal{L}\big[\sin\omega t\big](s) = \frac{1}{2i}(\mathcal{L}\big[e^{i\omega t}\big](s) - \mathcal{L}\big[e^{-i\omega t}\big](s))$$

$$= \frac{1}{2i}(\frac{1}{s-i\omega} - \frac{1}{s+i\omega})$$

$$= \frac{\omega}{s^2+\omega^2}$$

同样可得

$$\mathcal{L}\big[\cos\omega t\big](s) = \frac{s}{s^2+\omega^2}, \quad \mathrm{Re}(s) > 0. \tag{8.17}$$

$$\mathcal{L}\big[\sin\omega t\big](s) = \frac{\omega}{s^2+\omega^2}, \quad \mathrm{Re}(s) > |\omega|.$$

例 8.9 求 $f(t) = \sin^2 t$ 的拉普拉斯变换.

解：因为 $f(t) = \sin^2 t = \dfrac{1}{2}(1 - \cos 2t)$，所以由阶跃函数的拉普拉斯变换和式（8.17），有

$$\mathcal{L}\big[\sin^2 t\big](s) = \frac{1}{2}(\mathcal{L}[1](s) - \mathcal{L}[\cos 2t](s))$$

$$= \frac{1}{2}(\frac{1}{s} - \frac{s}{s^2+4}).$$

例 8.10 求 $\mathcal{L}\big[e^{at}t^m\big]$.

解：已知 $\mathcal{L}\big[t^m\big](s) = \dfrac{\Gamma(m+1)}{s^{m+1}}$，利用位移性质，有

$$\mathcal{L}\big[e^{at}t^m\big] = \frac{\Gamma(m+1)}{(s-a)^{m+1}}.$$

例 8.11 求函数

$$u(t-\omega) = \begin{cases} 0, & t < \omega; \\ 1, & t > \omega \end{cases}$$

的拉普拉斯变换.

解： 已知阶跃函数 $u(t)$ 的拉普拉斯变换为

$$\mathcal{L}\big[u(t)\big](s)=\frac{1}{s}.$$

根据延迟性质，有

$$\mathcal{L}\big[u(t-\omega)\big](s)=\frac{1}{s}e^{-s\omega}.$$

例 8.12 设 $f_T(t)$ （$t>0$）是周期为 T 的函数，其中 $T>0$，即 $f(t)=0$，$t>0$，$f(t+T)=f(t)$，$t>0$.求 $f_T(t)$ 的拉普拉斯变换.

解： 我们定义函数

$$f(t)=\begin{cases}f_T(t), & 0<t<T;\\ 0, & \text{其余地方}.\end{cases}$$

则周期函数 $f_T(t)$ 可以表示为

$$f_T(t)=f(t)+f(t-T)+f(t-2T)+\cdots.$$

记

$$\mathcal{L}\big[f\big](s)=F(s)=\int_0^T f_T(t)e^{-st}\mathrm{d}t.$$

由延迟性质，有

$$\begin{aligned}\mathcal{L}\big[f\big](s)&=F(s)+F(s)e^{-Ts}+F(s)e^{-2Ts}+\cdots\\ &=F(s)(1+e^{-Ts}+e^{-2Ts}+\cdots).\end{aligned}$$

当 $\mathrm{Re}(s)>0$ 时，有 $\big|e^{-Ts}\big|<1$，所以上式括号内是一个公比的模小于 1 的等比级数，从而有

$$\mathcal{L}\big[f_T\big](s)=\frac{\displaystyle\int_0^T f_T(t)e^{-st}\mathrm{d}t}{1-e^{-Ts}}.\tag{8.18}$$

例8.13 求如图 8.2 所示定义的矩形波的拉普拉斯变换.

解： 矩形波的函数表达式为

$$f_T(t)=f(t),\quad 0<t<2T,$$

且

$$f_T(t)=f_T(t-2T),\quad t>2T.$$

其中

$$f(t)=\begin{cases}a, & 0<t<T;\\ 0, & T<t<2T.\end{cases}$$

则有

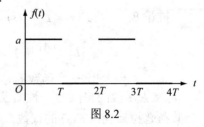

图 8.2

$$F(s) = \mathcal{L}[f](s)$$

$$= \int_0^{2T} f(t)e^{-st}\,dt$$

$$= a\int_0^T e^{-st}\,dt$$

$$= \frac{a}{s}(1 - e^{-Ts})$$

由公式（8.18），得

$$\mathcal{L}[f](s) = \frac{a}{s}\frac{1 - e^{-Ts}}{1 - e^{-2Ts}} = \frac{a}{s}\frac{1}{1 + e^{-Ts}}.$$

定理 8.3　（微分性质）记 $F(s) = \mathcal{L}[f](s)$，则有

$$\mathcal{L}[f'](s) = sF(s) - f(0+).\qquad(8.19)$$

其中 $f(0+) = \lim_{t \to 0^+} f(t)$. 同时我们还有

$$F^{(n)}(s) = \mathcal{L}\left[(-t)^n f(t)\right](s).\qquad(8.20)$$

证明： 我们证明公式（8.19），公式（8.20）留给读者自己证明.

由拉普拉斯变换的定义，我们有

$$\mathcal{L}[f'](s) = \int_0^\infty f'(t)e^{-st}\,dt.$$

由分部积分公式，得

$$\int_0^\infty f'(t)e^{-st}\,dt = f(t)e^{-st}\bigg|_0^\infty + s\int_0^\infty f(t)e^{-st}\,dt$$

$$= sF(s) - f(0+).$$

所以公式（8.19）成立.

推论 8.1　记 $F(s) = \mathcal{L}[f](s)$，则有

$$\mathcal{L}\left[f^{(nk)}\right](s) = s^n F(s) - s^{n-1}f(0+) - s^{n-2}f'(0+) - \cdots - f^{(n-1)}(0+)\qquad(8.21)$$

定理 8.3 说明，一个函数的导数的拉普拉斯变换等于这个函数的拉普拉斯变换乘以参变量 s，再减去函数的初值.这一性质及公式（8.21）使我们有可能将一个关于 $f(t)$ 的微分方程转化为其拉普拉斯变换 $F(s)$ 的代数方程，因此它对于分析线性系统有非常重要的作用.

例 8.14　求函数 $f(t) = \cos\omega t$ 的拉普拉斯变换，其中 ω 为常数.

解： 由于 $f(0) = 1$，$f'(0) = 0$，$f''(t) = -\omega^2\cos\omega t$，利用公式（8.21），有

$$\mathcal{L}\left[-\omega^2 \cos \omega t\right](s) = \mathcal{L}\left[f''\right](s)$$
$$= s^2 \mathcal{L}[f](s) - sf(0) - f'(0).$$

再由线性性质，有

$$-\omega^2 \mathcal{L}[\cos \omega t](s) = s^2 \mathcal{L}[\cos \omega t](s) - s .$$

故有

$$\mathcal{L}[\cos \omega t](s) = \frac{s}{s^2 + \omega^2} , \quad \mathrm{Re}(s) > 0$$

例 8.15 求函数 $f(t) = t \sin \omega t$ 的拉普拉斯变换，其中 ω 为实数.

解： 由本节例 8.8 和式（8.20），有

$$\mathcal{L}[t \sin \omega t](s) = -\left(\frac{\omega}{s^2 + \omega^2}\right)' .$$

故有

$$\mathcal{L}[t \sin \omega t](s) = \frac{2\omega s}{(s^2 + \omega^2)^2} .$$

同理可得

$$\mathcal{L}[t \cos \omega t](s) = \frac{s^2 - \omega^2}{(s^2 + \omega^2)^2}$$

定理 8.4 （积分性质）$\mathcal{L}[f](s) = F(s)$，则有

$$\mathcal{L}\left[\int_0^t f(t)\mathrm{d}t\right](s) = \frac{1}{s}F(s) \tag{8.22}$$

若积分 $\int_s^\infty F(t)\mathrm{d}s$ 收敛，则 $\dfrac{f(t)}{t}$ 的拉普拉斯变换存在，且有

$$\mathcal{L}\left[\frac{f(t)}{t}\right](s) = \int_s^\infty F(s)\mathrm{d}s \tag{8.23}$$

证明： 记 $g(t) = \int_0^t f(t)\mathrm{d}t$，则有 $g'(t) = f(t)$，且 $g(0) = 0$.由定理 8.3 的微分性质，有

$$\mathcal{L}[g'](s) = s\mathcal{L}[g](s) .$$

故有

$$\mathcal{L}\left[\int_0^t f(t)\mathrm{d}t\right](s) = \frac{1}{s}\mathcal{L}[f](s) = \frac{1}{s}F(s) .$$

例 8.16 求函数 $f(t) = \dfrac{\sin t}{t}$ 的拉普拉斯变换.

解： 因为 $\mathcal{L}[\sin t](s) = \dfrac{1}{s^2+1}$，由积分性质式（8.23），有

$$\mathcal{L}[f](s) = \int_s^\infty \mathcal{L}[\sin t](s)\mathrm{d}s$$

$$= \int_s^\infty \frac{1}{s^2+1}\mathrm{d}s$$

$$= \arctan s\Big|_s^\infty$$

$$= \frac{\pi}{2} - \arctan s$$

例 8.17 求正弦积分 $\displaystyle\int_0^t \frac{\sin t}{t}\mathrm{d}t$ 的拉普拉斯变换.

解： 由公式（8.22）可得

$$\mathcal{L}\left[\int_0^t \frac{\sin t}{t}\mathrm{d}t\right](s) = \frac{1}{s}\mathcal{L}\left[\frac{\sin t}{t}\right](s).$$

由例 8.16 得

$$\mathcal{L}\left[\int_0^t \frac{\sin t}{t}\mathrm{d}t\right](s) = \frac{1}{s}\left(\frac{\pi}{2} - \arctan s\right)$$

定理 8.5* （初值定理）记 $\mathcal{L}[f](s) = F(s)$. 如果极限 $\lim\limits_{s\to\infty} sF(s)$ 存在，则有

$$f(0+) = \lim_{s\to\infty} sF(s). \tag{8.24}$$

其中 $f(0+) = \lim\limits_{t\to 0^+} f(t)$.

证明： 根据拉普拉斯变换的微分性质定理 8.3，有

$$\mathcal{L}[f'](s) = s\mathcal{L}[f](s) - f(0+)$$

$$= sF(s) - f(0+)$$

根据假设，$\lim\limits_{s\to\infty} sF(s)$ 存在，所以 $\lim\limits_{\mathrm{Re}(s)\to+\infty} sF(s)$ 也存在，而且两者相等. 对前一式中两端取

极限，则有

$$\lim_{\mathrm{Re}(s)\to+\infty} \mathcal{L}[f'](s) = \lim_{\mathrm{Re}(s)\to+\infty} (sF(s) - f(0+))$$

$$= \lim_{s\to\infty} sF(s) - f(0+).$$

又因为拉普拉斯变换存在定理所述的关于积分的一致收敛性，从而允许交换积分与极限的次序，所以有

$$\lim_{\mathrm{Re}(s)\to+\infty}\mathcal{L}[f'](s)=\lim_{\mathrm{Re}(s)\to+\infty}\int_0^\infty f'(t)e^{-st}\mathrm{d}t$$

$$=\int_0^\infty \lim_{\mathrm{Re}(s)\to+\infty}f'(t)e^{-st}\mathrm{d}t$$

$$=0.$$

这个性质表明，函数 $f(t)$ 在 $t=0$ 的函数值可以通过 f 的拉普拉斯变换 $F(s)$ 乘以 s 在无穷远点的极限而得到，它建立了函数 f 在坐标原点的值与函数 $s\mathcal{L}[f](s)$ 的无穷远点的值之间的关系.

定理 8.6　（终值定理）记 $\mathcal{L}[f](s)=F(s)$.如果 $\lim\limits_{t\to\infty}f(t)=f(+\infty)$ 存在，且 $sF(s)$ 的所有奇点在左半平面 $\mathrm{Re}(s)<\sigma_0$ ，其中 σ_0 是函数 f 的增长指数，则有

$$\lim_{t\to\infty}f(t)=f(+\infty)=\lim_{s\to 0}sF(s). \tag{8.25}$$

证明： 由定理的条件及微分性质定理 8.3，有

$$\mathcal{L}[f'](s)=sF(s)-f(0).$$

两边关于 s 取极限，得

$$\lim_{s\to 0}\mathcal{L}[f'](s)=\lim_{s\to 0}(sF(s)-f(0))=\lim_{s\to 0}sF(s)-f(0).$$

又因为

$$\lim_{s\to 0}\mathcal{L}[f'](s)=\lim_{s\to 0}\int_0^\infty f'(t)e^{-st}\mathrm{d}t$$

$$=\int_0^\infty \lim_{s\to 0}e^{-st}f'(t)\mathrm{d}t$$

$$=\int_0^\infty f'(t)\mathrm{d}t$$

$$=\lim_{t\to+\infty}f(t)-f(0)$$

故有

$$\lim_{t\to+\infty}f(s)-f(0)=\lim_{s\to 0}\int_0^\infty sF(s)-f(0),$$

即

$$\lim_{t\to+\infty}f(t)=f(+\infty)=\lim_{s\to 0}sF(s).$$

定理 8.6 建立了函数 $f(t)$ 在无穷远点的值与函数 $sF(s)$ 在原点的值之间的关系.

在应用拉普拉斯变换时，通常是先得到 $F(s)$ ，然后再求函数 $f(t)$.然而，很多时候我们对函数 $f(t)$ 的表达式不感兴趣，而是关心它在 $t\to+\infty$ 和 $t\to 0$ 时的变化状况，这两个定理给出

了解决这一问题的方式.但是,应用两个定理时,要注意定理的条件是否满足.例如,设函数 $f(t)$ 的拉普拉斯变换为 $F(s) = \dfrac{1}{s^2+1}$,此时 $sF(s) = \dfrac{s}{s^2+1}$,它的奇点为 $s = \pm i$,位于虚轴上,不在区域 $\mathrm{Re}(s) < 0$ 内,显然 $\lim\limits_{s \to 0} sF(s) = 0$,但是函数

$$f(t) = \mathcal{L}^{-1}\left[\frac{1}{s^2+1}\right](t) = \sin t$$

当 $t \to +\infty$ 时极限不存在.

接下来我们介绍卷积定理.根据第七章的卷积定义,有

$$f * g(t) = \int_{-\infty}^{\infty} f(y)g(t-y)\mathrm{d}y$$

当 f 和 g 满足条件: $t < 0$ 时, $f(t) = g(t) = 0$,则上式可表示为

$$f * g(t) = \int_{-\infty}^{0} f(y)g(t-y)\mathrm{d}y + \int_{0}^{t} f(y)g(t-y)\mathrm{d}y + \int_{t}^{\infty} f(y)g(t-y)\mathrm{d}y$$

$$= \int_{0}^{t} f(y)g(t-y)\mathrm{d}y . \tag{8.26}$$

因此,这里的卷积按照（8.26）式来定义,与第七章的定义是一致的.

定义 8.2 设函数 f 和 g 满足条件: $t < 0$ 时, $f(t) = g(t) = 0$,定义 f 和 g 的**卷积**为

$$f * g(t) = \int_{0}^{t} f(y)g(t-y)\mathrm{d}y$$

例 8.18 计算函数 $f(t) = t$ 和 $g(t) = \sin t$ 的卷积.

解: 由定义,有

$$f * g(t) = \int_{0}^{t} f(y)g(t-y)\mathrm{d}y$$

$$= y(t-y)\Big|_{0}^{t} - \int_{0}^{t} \cos(t-y)\mathrm{d}y$$

$$= t - \sin t$$

这里讨论的卷积与第七章讨论的一样,满足交换律、结合律、乘法对加法的分配律,作为练习,请读者自己证明这些性质.

定理 8.7 （卷积定理）设函数 $f(t)$ 和 $g(t)$ 满足拉普拉斯变换存在定理的条件,记 $\mathcal{L}[f](s) = F(s)$, $\mathcal{L}[g](s) = G(s)$,则有 $f * g(t)$ 的拉普拉斯变换一定存在,且有

$$\mathcal{L}[f*g](s) = F(s)*G(s) \qquad (8.27)$$

或是

$$\mathcal{L}^{-1}[F(s)*G(s)](t) = f*g(t) \qquad (8.28)$$

证明：容易得到 $f*g$ 满足拉普拉斯变换存在定理的条件，其变换式为

$$\mathcal{L}[f*g](s) = \int_0^\infty f*g(t)e^{-st}\,\mathrm{d}t$$

$$= \int_0^\infty \left(\int_0^t f(y)g(t-y)\mathrm{d}t \right) e^{-st}\,\mathrm{d}t$$

$$= \int_0^\infty f(y) \left(\int_0^t g(t-y)e^{-st}\,\mathrm{d}t \right) \mathrm{d}y.$$

作变量替换 $t-y=u$，则有

$$\int_y^\infty g(t-y)e^{-st}\,\mathrm{d}t = \int_0^\infty g(u)e^{-s(u+y)}\,\mathrm{d}u = e^{-sy}G(s).$$

故有

$$\mathcal{L}[f*g](s) = \int_0^\infty f(y)e^{-sy}G(s)\mathrm{d}y$$

$$= \left(\int_0^\infty f(y)e^{-sy}\,\mathrm{d}y \right) G(s)$$

$$= F(s) \cdot G(s).$$

卷积定理表示两个函数的卷积的拉普拉斯变换等于它们各自的拉普拉斯变换的乘积.这一性质显然很容易推广到多个函数卷积的情形.利用这一定理，能求出一些函数的拉普拉斯逆变换，我们放到下一节讲卷积定理的应用.

8.3　拉普拉斯逆变换

本章 8.1 节和 8.2 节主要讨论已知函数 $f(t)$，求它的拉普拉斯变换 $F(s)$，即是求象函数.但是常常遇到逆问题，已知函数 $f(t)$ 的拉普拉斯变换 $F(s)$，求 $f(t)$，即已知象函数，求原像函数.前两节中介绍了一些求原像的公式，但是那些公式还远不能解决实际问题，下面我们将介绍几种常用的方法.

从拉普拉斯变换的定义，函数 $f(t)$ 的拉普拉斯变换实际上就是函数 $f(t)u(t)e^{-\sigma t}$ 的傅里叶变换，其中 $u(t)$ 是阶跃函数.因此，当函数 $f(t)u(t)e^{-\sigma t}$ 满足傅里叶变换定理的条件时，对于 $t>0$

而函数 $f(t)$ 在该点连续，我们有

$$f(t)u(t)e^{-\sigma t} = \frac{1}{2\pi}\int_{-\infty}^{\infty}\left(\int_{-\infty}^{\infty}f(y)u(y)e^{-\sigma y}e^{-i\omega y}dy\right)e^{i\omega t}d\omega$$

$$= \frac{1}{2\pi}\int_{-\infty}^{\infty}e^{i\omega t}d\omega\left(\int_{-\infty}^{\infty}f(y)e^{(\sigma+i\omega)y}dy\right)$$

$$= \frac{1}{2\pi}\int_{-\infty}^{\infty}F(\sigma+i\omega)e^{i\omega t}d\omega.$$

上式两边同时乘以 $e^{-\sigma t}$ ，则对 $t>0$ ，有

$$f(t) = \frac{1}{2\pi}\int_{-\infty}^{\infty}F(\sigma+i\omega)e^{(\sigma+i\omega)t}d\omega.$$

令 $s = \sigma + i\omega$ ，则有

$$f(t) = \frac{1}{2\pi i}\int_{\sigma-i\infty}^{\sigma+i\infty}F(s)e^{st}ds, t>0 \tag{8.29}$$

公式（8.29）就是从象函数 $F(s)$ 出发求原象函数 $f(t)$ 的一般公式.

右端的积分称为拉普拉斯变换的反演积分.反演积分是一个复变函数的积分，它的计算通常是比较困难的，但是当 $F(s)$ 满一定条件时，可以利用留数方法计算.

下面介绍留数方法求这个积分.

定理 8.8　记 $\mathcal{L}[f](s) = F(s)$.如果函数 $F(s)$ 的全部奇点 $s_1, s_2, \cdots, s_n$ 都位于半平面 $\text{Re}(s)<\sigma$ ，其中 σ 为一个适当的常数，且当 $\text{Re}(s)<\sigma, s\to\infty, F(s)$ 的极限为零，则对 $t>0$ ，有

$$f(t) = \frac{1}{2\pi i}\int_{\sigma-i\infty}^{\sigma+i\infty}F(s)e^{st}ds = \sum_{k=1}^{n}\text{Re}s_{s=sk}\left[F(s)e^{st}\right]. \tag{8.30}$$

证明： 作闭曲线 $\Gamma = L + \Gamma_R$ ，其中 Γ_R 是半圆周，位于区域 $\text{Re}(s)<\sigma$ 内， L 为直线 $\overline{(\sigma-iR)(\sigma+iR)}$.当 R 充分大时，闭曲线 Γ 所围的区域包含 $F(s)$ 的所有奇点.因为函数 e^{st} 在整个复平面上解析，所以函数 $F(s)e^{st}$ 的奇点就是 $F(s)$ 的全部奇点.根据留数定理，有

$$\frac{1}{2\pi i}\oint_{\Gamma}F(s)e^{st}ds = \sum_{k=1}^{n}\text{Re}s_{s=sk}\left[F(s)e^{st}\right].$$

即

$$\frac{1}{2\pi i}\int_{\sigma-iR}^{\sigma+iR}F(s)e^{st}ds + \frac{1}{2\pi i}\int_{\Gamma R}F(s)e^{st}ds = \sum_{k=1}^{n}\text{Re}s_{s=sk}\left[F(s)e^{st}\right].$$

令 $R\to+\infty$ ，当 $t>0$ 时，上式左端第二个积分的极限为零，即

$$\lim_{R \to +\infty} \frac{1}{2\pi i} \int_{\Gamma R} F(s)e^{st}\mathrm{d}s = 0 .$$

故有

$$\frac{1}{2\pi i} \int_{\sigma-i\infty}^{\sigma+i\infty} F(s)e^{st}\mathrm{d}s = \sum_{k=1}^{n} \mathrm{Re}s_{s=sk}\left[F(s)e^{st} \right].$$

定理得证.

例 8.19 求函数 $F(s) = \dfrac{s}{s^2+1}$ 的拉普拉斯逆变换.

解：注意到函数 $F(s)$ 有两个单极点 $s=i$ 和 $s=-i$，由式（5.4），有

$$\mathrm{Re}s\left[\frac{s}{s^2+1}e^{st}, s=i \right] = \frac{1}{2}e^{it}$$

$$\mathrm{Re}s\left[\frac{s}{s^2+1}e^{st}, s=-i \right] = \frac{1}{2}e^{-it}$$

所以，当 $t>0$ 时，有

$$f(t) = \frac{1}{2}(e^{it}+e^{-it}) = \cos t .$$

例 8.20 求函数 $F(s)$ 的拉普拉斯逆变换.

解：因为 $F(s)$ 有一个单极点 $s=0$，一个二级极点 $s=1$.根据式（5.4）和式（5.5），有

$$\mathrm{Re}s\left[\frac{e^{st}}{s(s-1)^2}, s=0 \right] = \frac{1}{3s^2-4s+1}e^{st}\bigg|_{s=0} = 1,$$

$$\mathrm{Re}s\left[\frac{e^{st}}{s(s-1)^2}, s=1 \right] = \lim_{s \to 1}\frac{\mathrm{d}}{\mathrm{d}s}\left[s(s-1)^2 \frac{e^{st}}{s(s-1)^2} \right]$$

$$= \lim_{s \to 1}\frac{\mathrm{d}}{\mathrm{d}s}\left[\frac{e^{st}}{s} \right]$$

$$= \lim_{s \to 1}\left(\frac{t}{s}e^{st} - \frac{1}{s^2}e^{st} \right)$$

$$= e^{t}(t-1).$$

所以，当 $t>0$ 时，有

$$f(t) = \mathrm{Re}s\left[\frac{e^{st}}{s(s-1)^2}, s=0 \right] + \mathrm{Re}s\left[\frac{e^{st}}{s(s-1)^2}, s=1 \right]$$

$$= 1 + e^{t}(t-1).$$

例 8.21 求函数 $F(s) = \dfrac{s+2}{s^2+4s+5}$ 的拉普拉斯逆变换.

解: 由拉普拉斯逆变换公式, 有

$$f(t) = \mathcal{L}^{-1}\left[\frac{s+2}{s^2+4s+5}\right](t)$$

$$= \mathcal{L}^{-1}\left[\frac{s+2}{(s+2)^2+1}\right](t).$$

由 8.2 节关于拉普拉斯变换的位移性质式 (8.16), 有

$$\mathcal{L}\left[e^{s_0 t}f\right](s) = F(s-s_0).$$

所以

$$\mathcal{L}^{-1}\left[F(s-s_0)\right](t) = e^{s_0 t}\mathcal{L}^{-1}\left[F(s)\right](t).$$

因此

$$\mathcal{L}^{-1}\left[\frac{s+2}{(s+2)^2+1}\right](t) = e^{-2t}\mathcal{L}^{-1}\left[\frac{s}{s^2+1}\right](t).$$

由例 8.19 可知, 当 $t > 0$ 时, 有

$$f(t) = e^{-2t}\cos t.$$

例 8.22 求函数 $F(s) = \dfrac{1}{s^2(s+1)}$ 的拉普拉斯逆变换.

解: 因为 $F(s)$ 为一有理函数, 利用部分分式的方法, 将 $F(s)$ 分解为

$$F(s) = \frac{1}{s^2(s+1)} = -\frac{1}{s} + \frac{1}{s^2} + \frac{1}{s+1}.$$

所以, 当 $F(s)$ 时, 有

$$f(t) = \mathcal{L}^{-1}\left[\frac{1}{s(s+1)^2}\right](t)$$

$$= -\mathcal{L}^{-1}\left[\frac{1}{s}\right](t) + \mathcal{L}^{-1}\left[\frac{1}{s^2}\right](t) + \mathcal{L}^{-1}\left[\frac{1}{s+1}\right](t)$$

$$= -1 + t + e^{-t}.$$

对于此题, 我们还可以利用卷积定理来计算. 因为

$$F(s) = \frac{1}{s^2(s+1)} = \frac{1}{s^2}\cdot\frac{1}{s+1}.$$

所以

$$f(t) = \mathcal{L}^{-1}\big[F(s)\big](t)$$

$$= t * e^{-t}$$

$$= \int_0^t y e^{-(t-y)} \mathrm{d}y$$

$$= e^{-t} \int_0^t y e^y \mathrm{d}y$$

$$= t - 1 + e^{-t}.$$

8.4 拉普拉斯变换的应用

在工程中经常要对一个线性系统进行分析研究,建立这样一个系统的数学模型.很多情形,例如电路理论和自动控制理论中, 一个线性系统可以用一个线性微分方程描述.利用拉普拉斯变换的性质,可以将一个常系数的线性微分方程问题转换成一个代数方程问题,解此代数方程,然后再求拉普拉斯逆变换, 就可以得到原方程的解.在这一节, 我们介绍应用拉普拉斯变换求解常系数线性微分方程.

我们首先考查一个实例,然后总结拉普拉斯变换应用的基本原理.

例 8.23 求初值问题

$$\frac{f(t)}{dt} + f(t) = \sin \omega t, \tag{8.31}$$

$$f(0) = 0,$$

在区间 $[0, \infty)$ 上的解.

解: 记 $\mathcal{L}[f](s) = F(s)$.在式(8.31)两边取拉普拉斯变换, 得

$$sF(s) + F(s) = \frac{\omega}{s^2 + \omega^2}. \tag{8.32}$$

解代数方程(8.32),我们有

$$F(s) = \frac{1}{s+1} \cdot \frac{\omega}{s^2 + \omega^2}$$

$$= \frac{\omega}{(s+1) \cdot (s^2 + \omega^2)}. \tag{8.33}$$

将式(8.33)表示的 $F(s)$ 分解为部分分式, 有

$$F(s) = \frac{\alpha_1}{s+1} + \frac{\alpha_2}{s - i\omega} + \frac{\alpha_3}{s + i\omega}.$$

其中 $\alpha_1 = \dfrac{\omega}{\omega^2 + 1}, \alpha_2 = \dfrac{-\omega - i}{2(\omega^2 + 1)}, \alpha_3 = \dfrac{-\omega + i}{2(\omega^2 + 1)}$. 求拉普拉斯逆变换, 得

$$f(t) = \frac{\omega}{\omega^2 + 1}(\omega e^{-t} + \sin \omega t - \cos \omega t).$$

这样就求出初值问题（8.31）的解.

总结上述例题，我们看到，应用拉普拉斯变换求常系数线性微分方程问题的主要步骤有：

（1）对方程两边取拉普拉斯变换，利用初值条件 $F(s)$ 得到关于象函数 $F(s)$ 的代数方程；

（2）求解关于 $F(s)$ 的代数方程，得到 $F(s)$ 的表达式；

（3）对 $F(s)$ 的表达式取拉普拉斯逆变换，求出 $F(s)$，得微分方程的解.

例 8.24　求方程组

$$\begin{cases} y'' - x'' + x' - y = e^t - 2, \\ 2y'' - x'' - 2y' + x = -t \end{cases}$$

满足初始条件

$$\begin{cases} y(0) = y'(0) = 0, \\ x(0) = x'(0) = 0 \end{cases}$$

的解.

解：记 $\mathcal{L}[y](s) = Y(s), \mathcal{L}[x](s) = X(s)$. 对方程组两边取拉普拉斯变换，并考虑初始条件，则有

$$\begin{cases} s^2 Y(s) - s^2 X(s) + s X(s) - Y(s) = \dfrac{1}{s-1} - \dfrac{2}{s}, \\ 2s^2 Y(s) - s^2 X(s) - 2s Y(s) + X(s) = -\dfrac{1}{s^2}. \end{cases}$$

将方程组整理化简得

$$\begin{cases} (s+1)Y(s) - sX(s) = \dfrac{-s+2}{s(s-1)^2}, \\ 2sY(s) - (s+1)X(s) = -\dfrac{1}{s^2(s-1)}. \end{cases}$$

解代数方程组，得

$$\begin{cases} Y(s) = \dfrac{1}{s(s-1)^2}, \\ X(s) = \dfrac{2s-1}{s^2(s-1)^2}. \end{cases}$$

我们利用留数方法计算 $Y(s)$ 的原象函数. 由 8.3 节的例 8.20 可知

$$y(t) = 1 + e^t(t-1).$$

因为

$$X(s) = \frac{2s-1}{s^2(s-1)^2}$$

具有两个二级极点：$s = 0$，$s = 1$，所以

$$X(t) = \lim_{s \to 0} \frac{\mathrm{d}}{\mathrm{d}s}\left(\frac{2s-1}{(s-1)^2}e^{st}\right) + \lim_{s \to 1} \frac{\mathrm{d}}{\mathrm{d}s}\left(\frac{2s-1}{s^2}e^{st}\right)$$

$$= \lim_{s \to 0}\left(\frac{2s-1}{(s-1)^2}te^{st} - \frac{2s}{(s-1)^3}e^{st}\right) + \lim_{s \to 1}\left(\frac{2s-1}{s^2}te^{st} + \frac{2(1-s)}{s^3}e^{st}\right)$$

$$= te^t - t.$$

所以，方程组的解为

$$\begin{cases} y(t) = 1 - e^t + te^t, \\ x(t) = te^t - t. \end{cases}$$

例 8.25 对如图 8.3 所示的 *RLC* 串联直流电源 *E* 的电路系统，起始状态为 0，*t*=0 时开关 *K* 闭合，接入直流电源 *E*.求回路中的电流 $i(t)$，其中 *R* 为电阻，*L* 为电感，*C* 为电容，且 $R < 2\sqrt{\dfrac{L}{C}}$.

解：根据克希霍夫（Kirchhoff）定律，有

$$L\frac{\mathrm{d}i(t)}{\mathrm{d}t} + ri(t) + \frac{1}{C}\int_0^t i(t)\mathrm{d}t = E,$$

$$i(0) = 0, \frac{1}{C}\int_0^t i(t)\mathrm{d}t\bigg|_{t=0} = 0.$$

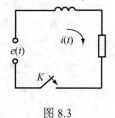

图 8.3

记 $I(s) = \mathcal{L}\big[i(t)\big](s)$，对方程两边取拉普拉斯变换，则有

$$LsI(s) + RI(s) + \frac{1}{Cs}I(s) = \frac{E}{s}.$$

解代数方程，有

$$I(s) = \frac{E}{s\left(Ls + R + \dfrac{1}{Cs}\right)}$$

$$= \frac{E}{L}\frac{1}{\left(s^2 + \dfrac{R}{L}s + \dfrac{1}{LC}\right)}.$$

求出分母多项式 $s^2 + \dfrac{R}{L}s + \dfrac{1}{LC}$ 的零点 p_1, p_2

$$p_1 = -\frac{R}{2L} + \sqrt{\left(\frac{R}{2L}\right)^2 - \frac{1}{LC}},$$

$$p_2 = -\frac{R}{2L} - \sqrt{\left(\frac{R}{2L}\right)^2 - \frac{1}{LC}}.$$

则有

$$I(s) = \frac{E}{L} \cdot \frac{1}{(s - p_1)(s - P_2)}$$

$$= \frac{E}{L} \cdot \left(\frac{1}{(p_1 - p_2)(s - P_1)} + \frac{1}{(p_2 - p_1)(s - P_2)} \right)$$

$$= \frac{E}{L} \cdot \frac{1}{(p_1 - p_2)} \left(\frac{1}{(s - P_1)} - \frac{1}{(s - P_2)} \right).$$

求逆变换得

$$i(t) = \frac{E}{L(p_1 - p_2)} \left(e^{p_1 t} - e^{p_2 t} \right).$$

至此，我们已经求得 $i(t)$ 的表达式，但是其中的 p_1, p_2 还需用 R、L、C 代入.

经典解题方法和拉斯变换方法都能解决连续信号中的问题，两者有什么不同？哪种方法要好一点呢？我们通过对以下题目，用不同的方法求解来进行比较.

例 8.26 已知某二阶线性时不变连续时间系统的动态方程 $y''(t) + 6y''(t) + 8y(t) = x(t), t > 0$ 的初始条件 $y(0) = 1$，$y'(0) = 2$，输入信号 $x(t) = e - tu(t)$，求系统的完全响应 $y(t)$.

解：经典方法

（1）求齐次方程 $y''(t) + 6y'(t) + 8y(t) = 0$ 的齐次解 $y_h(t)$

特征方程为 　　$s^2 + 6s + 8 = 0$

特征根为 　　$s_1 = -2, s_2 = -4$

齐次解 　　　$y_h(t) = K_1 e^{-2t} + K_2 e^{-3t}, t > 0$

（2）求非齐次方程 $y''(t) + 6y'(t) + 8y(t) = x(t), t > 0$ 的特解 $y_p(t)$

由输入 $x(t)$ 的形式，设方程的特解为

$$y_p(t) = Ce^{-t}, t > 0$$

将特解带入原微分方程，即可求得常数 $C = \frac{1}{3}$.

（3）求方程的全解

$$y(t) = y_h(t) + y_p(t) = Ae^{-2t} + Be^{-4t} + \frac{1}{3}e^{-t},$$

$$y(0) = A + B + \frac{1}{3} = 1,$$

$$y'(0) = -2A - 4B - \frac{1}{3} = 2,$$

解得：

$$A = \frac{5}{2}, B = -\frac{11}{6}$$

$$y(t) = \frac{5}{2}e^{-2t} - \frac{11}{6}e^{-4t} + \frac{1}{3}e^{-t}, \quad t \geqslant 0$$

拉氏变换方法

$$s^2Y(S) - Sy(0^-) - y'(0^-) + 6[sY(s) - y(0^-)] + 8Y(s) = X(s)$$

$$Y(S) = \frac{sy(0^-) + y'(0^-) + 6y(0^-)}{s^2 + 6s + 8} + \frac{1}{s^2 + 6s + 8}X(s)$$

$$y_{zi}(s) = \frac{sy(0^-) + y'(0^-) + 6y(0^-)}{(s+2)(s+4)} = \frac{s+8}{(s+2)(s+4)} = \frac{3}{s+2} + \frac{-2}{s+2}$$

$$Y_{zi}(t) = (3e^{-2t} - 2e^{-4t})u(t)$$

$$Yzs(s^-) = \frac{1}{(s+2)(s+4)(s+1)} = \frac{\frac{1}{3}}{s+1} + \frac{-\frac{1}{2}}{s+2} + \frac{\frac{1}{6}}{s+4}$$

$$y_{zs(t)} = \frac{1}{3}e^{-t} - \frac{1}{2}e^{-2t} + \frac{1}{6}e^{-4t}$$

$$y(t) = \frac{1}{3}e^{-t} + \frac{5}{2}e^{-2t} - \frac{11}{6}e^{-4t}, \, t \geqslant 0$$

已知某线性时不变系统的动态方程式为：

$$y''(t) + 4y'(t) + 4y(t) = 2x'(t) + 3x(t), t > 0$$

系统的初始状态为 $y(0^-) = 2, y'(0^-) = -1$，求系统的零输入响应 $y_{zi}(t)$.

解：经典方法

系统的特征方程为　　　　$s^2 + 4s + 4 = 0$

系统的特征根为　　　　　$s_1 = s_2 = -2$

所以，$y_{zi}(t) = K_1 e^{-2t} + K_2 t e^{-2t}$

$$y(o^-) = y_{zi}(0^-) = K_1 = 1$$

$$y'(0^-) = y'_{zi}(0^-) = -2K_1 + K_2 = 3$$

解得 $K_1 = 1, K_2 = 3$

所以，$y_{zi}(t) = 2e^{-2t} + 3te^{-2t}, t \geqslant 0$

拉氏变换方法

$$s^2Y(s) - sy(0^-) - y'(0) + 4[sY(s) - y(0^-)] + 4Y(s) = (2s+3)X(s)$$

$$Y(s) = \frac{sy(0^-) + y'(0^-) + 4y(0^-)}{(s+2)^2} - \frac{2s+3}{(s+2)^2}X(s)$$

$$Y_{zi}(s) = \frac{2s+7}{(s+2)^2} = \frac{3}{(s+2)^2} + \frac{2}{s+2}$$

$$y_{zi}(t) = 3te^{-2t} + 2e^{-2t}, t \geqslant 0$$

分析：由例题可以看出，经典方法和拉氏变换方法都能解决连续信号系统的零输入响应、零状态响应、完全响应及冲激响应方面的问题.用经典方法做题，思路比较简单，容易想出方法，但是计算比较繁琐，容易出错.用拉氏变换方法时思路上稍显麻烦，但是计算要简单得多，减少了错误发生的概率.如果微分方程右边激励项较复杂，用经典方法就难以处理，用拉氏变换方法将数学模型转化为代数式，解决起来就显得容易很多，既明了又简洁.如果激励信号发生变化，用经典方法做，就需要全部重新求解，相对于拉氏变换就麻烦得多.如果初始信号发生变化，用经典方法做题也要全部重新求解，相当复杂.经典方法是一种纯数学的方法，无法突出系统响应的物力概念.拉氏变换相对地能够突出系统响应的物理概念.具体用哪种方法做题，还得依题而论，如果题目比较简单，激励信号不发生变化，初始条件不发生变化，就用经典方法做题，因为经典方法思路比较简单，方法比较好想，减少了做题的时间；如果题目比较复杂，或者激励信号、初始条件发生变化，就用拉氏变换方法，做题步骤简单，节省时间，又减少了错误发生的概率.

小结

当函数 $f(t)$ 定义在区间（$0,\infty$）上时，我们对函数作的变换就是拉普拉斯变换.从形式上看，拉普拉斯变换就是（$0,\infty$）区间上的傅里叶变换，但是我们引入了一个衰减因子 $e^{-\sigma t}$，使得满足积分收敛的函数范围更广.只在区间（$0,\infty$）上不为零的函数经常出现在工程领域中，特别是电路信号研究中.拉普拉斯变换就成为研究这一类线性系统的工具.公式（8.1）

$$F(s) = \mathcal{L}[f](s) = \int_0^\infty f(t)e^{-st}\,\mathrm{d}t,$$

给出函数的拉普拉斯变换定义.定理 8.1 给出了函数的拉普拉斯变换存在的条件和区域,同时告诉我们，一个实函数 f 的拉普拉斯变换 $\mathcal{L}[f]$ 是在某一个半平面内解析的函数,这样就为我们利用解析函数研究线性系统提供了一个重要工具.

计算一个函数的拉普拉斯变换，本质上是计算一个含参变量的积分，因此含参变量积分计算的方法都可以用上.这个含参变量的积分就是（$0,\infty$）区间上的傅里叶变换，所以计算函数的傅里叶变换的方法都可以用来计算拉普拉斯变换.当包含有单位脉冲函数，特别是在 $t = 0$ 点出现单位脉冲函数，其拉普拉斯变换的计算由式（8.11）

$$\mathcal{L}[f](s) = \int_{0^-}^\infty f(t)e^{-st}\,\mathrm{d}t$$

确定，此时我们将积分区间延拓到 $t = 0$ 的一个邻域，再求趋于 0^- 的极限.

我们可以对照函数的傅里叶变换的性质来理解函数的拉普拉斯变换的性质.定理 8.2 给出拉普拉斯变换具有线性、延迟特性和位移特性,利用这些性质，我们可以非常容易地求出一些函数的拉普拉斯变换. 定理 8.3 给出了微分性质，定理 8.4 给出了积分性质.

比较傅里叶变换的微分性质和积分性质，拉普拉斯变换也将对函数的微分和积分运算变成用多项式或有理函数乘该函数的拉普拉斯变换，但是在公式中多出一个初值项.卷积公式同样表明，在（$0,\infty$）区间上，两个函数的卷积的拉普拉斯变换等于其拉普拉斯变换的乘积.

工程中很多问题是已知某函数的拉普拉斯变换，求该函数，即所谓的拉普拉斯逆变换.本质上说，求拉普拉斯逆变换是一个含参变量的积分问题，但是要计算出这样的积分，还是一个比较困难的问题.前面所说的计算方法都可以用上，拉普拉斯变换的性质也可以用于计算拉普拉斯逆变换，这是留数定理的一个基本方法.

拉普拉斯变换可以应用到工程中的线性时不变系统的分析问题，这样的问题通常可以用一个常系数的线性常微分方程的初值问题来表达.解决这类问题的主要步骤如下：

（1）对方程两边取拉普拉斯变换，利用初值条件得到关于象函数 $F(s)$ 的代数方程；

（2）求解关于 $F(s)$ 的代数方程，得到 $F(s)$ 的表达式；

（3）对 $F(s)$ 的表达式取拉普拉斯逆变换，求出 $f(t)$，得到微分方程的解.

习题八

1. 求下列函数的拉普拉斯变换.

（1）$f(t) = \sin t \cos t$；

（2）$f(t) = e^{-4t}$；

（3）$f(t) = \sin^2 t$；

（4）$f(t) = t^2$；

（5）$f(t) = \sinh bt$.

2. 求下列函数的拉普拉斯变换.

（1）$f(t) = \begin{cases} 2, & 0 \leqslant t < 1; \\ 1, & 1 \leqslant t < 2; \\ 0, & t \geqslant 2. \end{cases}$

（2）$f(t) = \begin{cases} \cos t, & 0 \leqslant t < \pi; \\ 0, & t \geqslant \pi. \end{cases}$

3. 设函数 $f(t) = \cos t \cdot \delta(t) - \sin t \cdot u(t)$，其中函数 $u(t)$ 为阶跃函数，求 $f(t)$ 的拉普拉斯变换.

4. 求下图 8.5 所示的周期函数的拉普拉斯变换.

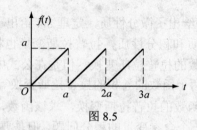

图 8.5

5. 求下列函数的拉普拉斯变换.

（1） $f(t) = \dfrac{t}{2l}\sin lt$；

（2） $f(t) = e^{-2t}\sin 5t$；

（3） $f(t) = 1 - te^{t}$；

（4） $f(t) = e^{4t}\cos 4t$；

（5） $f(t) = u(2t - 4)$；

（6） $f(t) = 5\sin 2t - 3\cos 2t$；

（7） $f(t) = t^{\frac{1}{2}}e^{\sigma t}$；

（8） $f(t) = t^2 + 3t + 2$.

6. 记 $\mathcal{L}[f](s) = F(s)$ 对常数 S_0，若 $\operatorname{Re}(s - s_0) > \sigma_0$，证明

$$\mathcal{L}[e^{s_0 t}f](s) = F(s - s_0).$$

7. 记 $F(s) = \mathcal{L}[f](s)$. 证明

$$F^{(n)}(s) = \mathcal{L}[(-t)^n f(t)](s).$$

8. 记 $F(s) = \mathcal{L}[f](s)$. 如果 a 为实数，证明

$$\mathcal{L}[f(at)](s) = \frac{1}{a}F\left(\frac{s}{a}\right).$$

9. 记 $F(s) = \mathcal{L}[f](s)$. 证明

$$\mathcal{L}\left[\frac{f(t)}{t}\right] = \int_s^\infty F(s)\mathrm{d}s,$$

即

$$\int_0^\infty \frac{f(t)}{t}e^{-st}dt = \int_0^\infty F(u)\mathrm{d}u.$$

10. 计算下列函数的卷积

（1） $1*1$；

（2） $t*t$；

（3） $t*e$；

（4） $\sin at * \sin at$;

（5） $\delta(t-\tau) * f(t)$;

（6） $\sin t * \cos t$;

11. 设函数 f, g, h 均满足当 $t < 0$ 时恒为零. 证明： $f * g(t) = g * f(t)$ ， $(f + g) * h(t) = f * h(t) + g * h(t)$.

12. 利用卷积定理，证明

$$\mathscr{L}\left[\int_0^t f(t)\mathrm{d}t\right] = \frac{F(s)}{s}.$$

13. 求下列函数的拉普拉斯逆变换.

（1） $F(s) = \dfrac{s}{(s-1)(s-2)}$;

（2） $F(s) = \dfrac{s^2 + 8}{(s^2 + 4)^2}$;

（3） $F(s) = \dfrac{1}{s(s+1)(s+2)}$;

（4） $F(s) = \dfrac{s}{(s^2 + 4)^2}$;

（5） $F(s) = \ln\dfrac{s+1}{s-1}$;

（6） $F(s) = \dfrac{s^2 + 2s - 1}{s(s-1)^2}$.

14. 利用卷积定理，证明

$$\mathscr{L}^{-1}\left[\frac{s}{(s^2 + \alpha^2)^2}\right] = \frac{t}{2\alpha}\sin\alpha t.$$

15. 利用卷积定理，证明

$$\mathscr{L}^{-1}\left[\frac{1}{\sqrt{s}(s-1)}\right] = \frac{2}{\sqrt{\pi}}e^t\int_0^{\sqrt{t}} e^{-y}\mathrm{d}y.$$

16. 求下列函数的拉普拉斯逆变换.

（1） $F(s) = \dfrac{1}{(s^2 + 4)^2}$;

（2） $F(s) = \dfrac{1}{s^4 + 5s^2 + 4}$;

（3） $F(s) = \dfrac{s+2}{(s^2 + 4s + 5)^2}$;

（4）$F(s) = \dfrac{2s^2 + 3s + 3}{(s+1)(s+3)^3}$.

17. 求下列微分方程的解：

（1）$y'' + 2y' - 3y = e^{-t}, y(0) = 0, y'(0) = 1$ ；

（2）$y'' - y = 4\sin t + 5\cos 2t, y(0) = -1, y'(0) = -2$ ；

（3）$y'' - 2y' + 2y = 2e^t \cos t, y(0) = y'(0) = 0$ ；

（4）$y''' + y' = e^{2t}, y(0) = y'(0) = y''(0) = 0$ ；

（5）$y^{(4)} + 2y'' + y = 0, y(0) = y'(0) = y'''(0) = 0, y''(0) = 1$ ；

18. 求下列微分方程组的解：

（1）$\begin{cases} x' + x - y = e^t, \\ y + 3x - 2y = 2e^t, \end{cases} x(0) = y(0) = 1$ ；

（2）$\begin{cases} x' - 2y' = g(t), \\ x'' - y'' + y = 0, \end{cases} x(0) = x'(0) = y(0) = y'(0) = 0$.

19. 求下列方程的解：

（1）$x(t) + \displaystyle\int_0^t x(t-w)e^w \mathrm{d}w = 2t - 3$ ；

（2）$y(t) - \displaystyle\int_0^t (t-w)y(w)\mathrm{d}w = t$.

第七、八章　积分变换自测训练题

一、选择题：（共 10 小题，每题 3 分，总分 30 分）．

1. 设 $f(t) = \delta(t - t_0)$，则 $\mathcal{F}[f(t)] = ($ 　　　$)$.

A. 1 　　　　　　　　B. 2π 　　　　　　C. $e^{i\omega t_0}$ 　　　　　　　　D. $e^{-i\omega t_0}$

2. 设 $f(t) = \cos\omega_0 t$ ，则 $\mathcal{F}[f(t)] = ($ 　　　$)$.

A. $\pi[\delta(\omega + \omega_0) + \delta(\omega - \omega_0)]$ 　　　　　　B. $\pi[\delta(\omega + \omega_0) - \delta(\omega - \omega_0)]$

C. $\pi i[\delta(\omega + \omega_0) - \delta(\omega - \omega_0)]$ 　　　　　D. $\pi i[\delta(\omega + \omega_0) - \delta(\omega - \omega_0)]$

3. 设 $f(t) = \delta(2-t) + e^{i\omega_0 t}$，则 $\mathcal{F}[f(t)] = ($ 　　　$)$.

A. $e^{-2\omega i} + 2\pi\delta(\omega - \omega_0)$ 　　　　　　　B. $e^{2\omega i} + 2\pi\delta(\omega - \omega_0)$

C. $e^{-2\omega i} + 2\pi\delta(\omega + \omega_0)$ 　　　　　　　D. $e^{2\omega i} + 2\pi\delta(\omega + \omega_0)$

4. 设 $\mathcal{F}[f(\mathrm{t})] = F(\omega)$，则 $\mathcal{F}[tf(\mathrm{t})] = ($ 　　　 $)$.

A. $F'(\omega)$ 　　　　B. $-F'(\omega)$ 　　　　C. $iF'(\omega)$ 　　　　D. $-iF'(\omega)$

5. 下列变换中正确的是（　　　　）.

A. $\mathcal{F}[\delta(t)] = 1$ 　　　　　　　　　B. $\mathcal{F}[1] = \delta(\omega)$

C. $\mathcal{F}^{-1}[\delta(\omega)] = 1$ 　　　　　　　D. $\mathcal{F}^{-1}[1] = u(t)$

6. 设 $f(t) = e^{-t}u(t-1)$，则 $\mathcal{L}[f(t)] = ($ 　　　 $)$.

A. $\dfrac{e^{-(p-1)}}{p-1}$ 　　B. $\dfrac{e^{-(p+1)}}{p+1}$ 　　C. $\dfrac{e^{-p}}{p-1}$ 　　D. $\dfrac{e^{-p}}{p+1}$

7. 函数 $\delta(2-t)$ 的拉氏变换 $\mathcal{L}[\delta(2-t)] = ($ 　　　 $)$.

A. 等于 1 　　　　B. 等于 e^{2p} 　　　　C. 等于 e^{-2p} 　　　　D. 不存在

8. 设 $f(t) = \sin\left(t - \dfrac{\pi}{3}\right)$，则 $\mathcal{L}[f(t)] = ($ 　　　 $)$.

A. $\dfrac{1 - \sqrt{3}p}{2(1+p^2)}$ 　　B. $\dfrac{p - \sqrt{3}}{2(1+p^2)}$ 　　C. $\dfrac{1}{1+p^2}e^{-\frac{\pi}{3}p}$ 　　D. $\dfrac{p}{1+p^2}e^{-\frac{\pi}{3}p}$

9. 设 $F(p) = \dfrac{e^{-p}}{p(p-2)}$，则 $f(t) = \mathcal{L}^{-1}[F(p)] = ($ 　　　 $)$.

A. $e^{-2(t-1)}u(t-1)$ 　　　　　　　B. $u(t-1) - e^{-2(t-1)}u(t-1)$

C. $\dfrac{1}{2}\left[1 - e^{-2(t-1)}\right]u(t-1)$ 　　　D. $\dfrac{1}{2}\left[u(t) - e^{-(t-2)}u(t-1)\right]$

10. 设 $f(t) = e^{-2t}\cos 3t$，则 $\mathcal{L}[f(t)] = ($ 　　　 $)$.

A. $\dfrac{3}{(p+2)^2 + 9}$ 　　B. $\dfrac{p+2}{(p+2)^2 + 9}$ 　　C. $\dfrac{3p}{(p+2)^2 + 9}$ 　　D. $\dfrac{3(p+2)}{(p+2)^2 + 9}$

二、填空题：（共 5 小题，每题 4 分，共 20 分）.

1. 设 $f(t) = \sin^2 t$，则 $\mathcal{F}[f(t)] = $ _____.

2. 设 $\mathcal{F}[f(t)] = \dfrac{1}{\alpha + i\omega}$，则 $f(t) = $ _____.

3. 设 $f(t) = u(3t - 6)$，则 $\mathcal{L}[f(t)] = $ _____.

4. 设 $\mathcal{L}[f(t)] = \dfrac{2}{p^2 + 4}$，则 $\mathcal{L}[e^{-3t}f(t)] = $ _____.

5. 设 $F(p)=\dfrac{p+1}{p^2+9}$，则 $\mathcal{L}^{-1}\left[F(p)\right]=$ _____.

三、计算题：（共 5 小题，每题 10 分，共 50 分）.

1. 求函数 $f(t)=\dfrac{1}{2}\left[\delta(t+a)+\delta(t-a)+\delta\left(t+\dfrac{a}{2}\right)+\delta\left(t-\dfrac{a}{2}\right)\right]$ 的傅氏变换.

2. 求函数 $f(t)=\sin\left(5t+\dfrac{\pi}{3}\right)$ 的傅氏变换.

3. 设 $\mathcal{F}\left[f(t)\right]=F(\omega)$，试利用傅氏变换的性质求下列函数的傅氏变换.

（1）$tf(2t)$；   （2）$(t-2)f(-2t)$

4. 求解方程 $y''+2y'-3y=e^{-t}, y(0)=0, y'(0)=1$.

5. 求解微分方程组 $\begin{cases} x''-2y'-x=0 \\ x'-y=0 \end{cases}$，满足初始条件 $x(0)=0, x'(0)=y(0)=1$ 的解.

第九章　快速傅里叶变换*

随着计算机技术的发展，运用数字技术对信号进行分析已成为信号处理中最基本的手段，这就是数字信号处理系统.由于数字信号处理系统具有两个特点，第一不能对模拟信号直接进行处理，第二存储量有限.因此，前面所讲到的连续傅里叶变换在实际工程运用中是无法实现的。为了克服第一个缺陷，我们引入了离散时间傅里叶变换（DTFT）.由于系统的存储量有限，虽然 DTFT 具有很高的理论价值，在实际中直接运用的效果并不好。因此，我们在 DTFT 的基础上又引入了一种新的方法——离散傅里叶变换（DFT）.DFT 是信号分析与处理中最基本也是最常用的变换之一，但由于 DFT 的计算量太大，直接用 DFT 算法进行谱分析和实时的信号处理仍然是不实际的.20 世纪 60 年代中期，库里（Cooley）和图基（Tukey）开发了快速傅里叶变换（FFT）算法，使得 DFT 的运算效率大大提高，为数字信号处理技术应用于各种信号的实时处理创造了条件，推动了数字信号处理技术的发展.

本章简单介绍数字信号处理中的傅里叶变换方法，侧重于对实际算法的介绍，因此，对于级数的收敛域问题不再做讨论，并且不加证明的给出一些重要性质.

9.1　离散时间傅里叶变换

1. DTFT 及 IDTFT 的定义

在现实世界中，所有物理信号都是模拟量，想要对这些信号进行处理，就必须将一个模拟信号 $x(t)$ 进行时域抽样，使其变成一个离散的时间序列 $x(n)$.相应地，由连续傅里叶变换导出离散时间傅里叶变换（DTFT）及逆变换（IDTFT）的定义为：

$$\text{DTFT：}\qquad X(e^{j\omega}) = \sum_{-\infty}^{\infty} x(n)e^{-jn\omega} \tag{9.1}$$

$$\text{IDTFT：}\qquad x(n) = \frac{1}{2\pi}\int_{-\pi}^{\pi} X(e^{j\omega})e^{jn\omega}d\omega \tag{9.2}$$

这里为了与工程中应用一致，j 表示纯虚数单位，即 $j^2 = -1$，$X(e^{j\omega})$ 是关于实数 ω 的一个复值函数，用直角坐标可以表示为：

$$X(e^{j\omega}) = \text{Re}(X(e^{j\omega})) + j\,\text{Im}(X(e^{j\omega})); \tag{9.3}$$

用极坐标可以表示为：

$$X(e^{j\omega}) = \left| X(e^{j\omega}) \right| e^{j\theta(\omega)}. \tag{9.4}$$

其中 $\left|X(e^{j\omega})\right|$ 称为幅度函数，$\theta(\omega)$ 称为相位函数，它们都是关于 ω 的实值函数.通常，我们也将傅里叶变换称为傅里叶谱，相应地，将 $\left|X(e^{j\omega})\right|$ 称为幅度谱，$\theta(\omega)$ 称为相位谱.

从式（9.4）可以看出，当相位函数相差 $2k\pi$ 时，其傅里叶变换是保持不变的.即

$$X(e^{j\omega}) = \left|X(e^{j\omega})\right|e^{j\theta(\omega)} = \left|X(e^{j\omega})\right|e^{j(\theta(\omega)+2k\pi)}.$$

也就是说，对任意一个傅里叶变换，相位函数是不能被唯一确定的.一般地，我们假定相位函数 $\theta(\omega)$ 在区域 $[-\pi,\pi)$ 内，该区域称为**主值域**.

2. DTFT 的性质

在数字信号处理中，离散时间傅里叶变换的很多性质是非常有用的，这里我们不加证明地给出其主要性质，具体的证明留作读者的习题.

设离散时间序列 $g(n),h(n),x(n)$ 的离散时间傅里叶变换分别为 $G(e^{j\omega})$、$H(e^{j\omega})$ 和 $X(e^{j\omega})$.则有：

（1）线性

设 $l(n)=ag(n)+bh(n)$，则其离散时间傅里叶变换为

$$L(e^{j\omega}) = aG(e^{j\omega}) + bH(e^{j\omega}). \tag{9.5}$$

（2）平移性

① 时移性

设 $l(n)=g(n-n_0)$，则其离散时间傅里叶变换为

$$L(e^{j\omega}) = e^{-j\omega n_0}G(e^{j\omega}). \tag{9.6}$$

② 频移性

设 $l(n)= e^{j\omega_0 n}g(n)$，则其离散时间傅里叶变换为

$$L(e^{j\omega}) = G(e^{j(\omega-\omega_0)}). \tag{9.7}$$

（3）频域微分性

设 $l(n)=ng(n)$，则其离散时间傅里叶变换为

$$L(e^{j\omega}) = j\frac{dG(e^{j\omega})}{d\omega}. \tag{9.8}$$

（4）卷积性质

设 $l(n)=g(n)h(n)$，则其离散时间傅里叶变换为

$$L(ej\omega) = G(e^{j\omega})H(e^{j\omega}). \tag{9.9}$$

（5）调制性质

设 $l(n)=g(n)h(n)$，则其离散时间傅里叶变换为

$$L(e^{j\omega}) = \frac{1}{2\pi}\int_{-\pi}^{\pi} G(e^{j\theta})H(e^{j(\omega-\theta)})d\theta. \tag{9.10}$$

（6）帕斯瓦尔关系

设 $h*(n)$ 为 $h(n)$ 的共轭，$H*(e^{j\omega})$ 为 $H(e^{j\omega})$ 的共轭，则

$$\sum_{-\infty}^{\infty} g(n)h*(n) = \frac{1}{2\pi}\int_{-\pi}^{\pi} G(e^{j\omega})H*(e^{j\omega})\mathrm{d}\omega. \tag{9.11}$$

（7）对称性

1）复数序列的离散时间傅里叶变换的对称性

设 $x_{cs}(n)$ 和 $x_{ca}(n)$ 分别为 $x(n)$ 的共轭对称和反共轭对称部分，$X_{cs}(e^{j\omega})$ 和 $X_{ca}(e^{j\omega})$ 分别为 $X(e^{j\omega})$ 的共轭对称和反共轭对称部分.则有以下性质成立：

①$x(-n)$ 的离散时间傅里叶变换为 $X(e^{-j\omega})$ ；

②$x*(-n)$ 的离散时间傅里叶变换为 $X*(e^{j\omega})$ ；

③$\mathrm{Re}\,(x(n))$ 的离散时间傅里叶变换为

$$X_{cs}(e^{j\omega}) = \frac{1}{2}(X(e^{j\omega})) + X*(e^{-j\omega}) ;$$

④$j\mathrm{Im}(x(n))$ 的离散时间傅里叶变换为

$$X_{ca}(e^{j\omega}) = \frac{1}{2}(X(e^{j\omega})) - X*(e^{-j\omega}) ;$$

⑤$x_{cs}(n)$ 的离散时间傅里叶变换为 $\mathrm{Re}(X(e^{j\omega}))$ ；

⑥$x_{ca}(n)$ 的离散时间傅里叶变换为 $j\,\mathrm{Im}(X(e^{j\omega}))$ ；

2）实数序列的离散时间傅里叶变换的对称性

设 $x_{ev}(n)$ 和 $x_{od}(n)$ 分别是 $x(n)$ 偶部和奇部. 则有以下性质成立：

①$x_{ev}(n)$ 的离散时间傅里叶变换为 $\mathrm{Re}(X(e^{j\omega}))$ ；

②$x_{od}(n)$ 的离散时间傅里叶变换为 $j\,\mathrm{Im}(X(e^{j\omega}))$ ；

③$X(e^{j\omega}) = X*(e^{-j\omega})$ ；

④$\mathrm{Re}(X(e^{j\omega})) = \mathrm{Re}(X(e^{-j\omega}))$ ；

⑤$\mathrm{Im}(X(e^{j\omega})) = -\mathrm{Im}(X(e^{-j\omega}))$ ；

⑥$\left|X(e^{j\omega})\right| = \left|X(e^{-j\omega})\right|$ ；

⑦$\arg(X(e^{j\omega})) = -\arg(X(e^{-j\omega}))$.

3. MATLAB 的实现

在 MATLAB 中可以使用内部函数 *freqz* 来进行离散时间傅里叶变换，为了得到更加准确的图象，我们必须选择大量的频率采样点.

常用的格式主要有：

$$H=freqz(num,den,w)$$

和
$$H=freqz(num,den,f,FT).$$

在 $H=freqz(num,den,w)$ 中，w 给出在 0 到 π 之间的指定频率集；在 $H=freqz(num,den,f,FT)$ 中，向量 f 指定了值必须在 0 到 $FT/2$ 之间的频率点，其中 FT 为采样频率.

9.2　Z 变换简介

Z 变换作为设计数字滤波器的重要工具，它与离散时间傅里叶变换和离散傅里叶变换之间都有着密切的关系. 在这一节中，我们将对 Z 变换作一个简单的介绍.

1. Z 变换的定义

对于给定的序列 $x(n)$，其 Z 变换 $X(z)$ 的定义为

$$X(z)=Z(x(n))=\sum_{-\infty}^{\infty} x(n)z^{-n}, \tag{9.12}$$

其中 z 是一个复变量，设 $z=re^{j\omega}$，将其代入式（9.12），则有

$$X(re^{j\omega}) = \sum_{n=-\infty}^{\infty} x(n)r^{-n}e^{-j\omega n}. \tag{9.13}$$

式（9.13）可以看成是离散时间序列 $g(n)r^{-n}$ 的离散时间傅里叶变换.对于 $|z|=1,g(n)$ 的 Z 变换就成了 $g(n)$ 的傅里叶变换.因此，Z 变换可以看成是离散时间傅里叶变换的一个推广.

2. 逆 Z 变换的定义

相应地，定义逆 Z 变换为

$$x(n) = Z^{-}(X(z)). \tag{9.14}$$

下面我们用柯西积分定理及 Z 变换的定义（9.12）来推导逆 Z 变换的表达式.

在式（9.12）的两边同乘 z^{k-1}，再在 $X(z)$ 的收敛域内取包含原点的围线，作围道积分

$$\frac{1}{2\pi j}\oint_c X(z)z^{k-1}\mathrm{d}z = \frac{1}{2\pi j}\oint_c \sum_{n=-\infty}^{\infty} x(n)z^{-n+k-1}\mathrm{d}z . \tag{9.15}$$

交换积分与求和的次序，并结合柯西积分定理，可得到

$$\frac{1}{2\pi j}\oint_c \sum_{n=-\infty}^{\infty} x(n)z^{-n+k-1}\mathrm{d}z = \sum_{n=-\infty}^{\infty} x(n)\frac{1}{2\pi j}\oint_c \sum_{n=-\infty}^{\infty} x(n)z^{-n+k-1}\mathrm{d}z = x(k), \tag{9.16}$$

即

$$x(n) = \frac{1}{2\pi j}\oint_c X(z)z^{n-1}\mathrm{d}z \tag{9.17}$$

其中 c 为 $X(z)$ 的收敛域内逆时针环绕原点的闭曲线.式（9.17）为逆 Z 变换的表达式.

经典解题方法和 Z 变换方法均能解决离散信号中的问题，两者有什么优缺点呢？我们通过以下问题进行论证.

（1）已知某线性时不变系统的动态方程式为：
$$y[k]+3y[k-1]+2y[k-2] = x[k]$$

系统的初始状态为 $y[-1]=0$，$y[-2]=\dfrac{1}{2}$，求系统的零输入响应 $y_{zi}[k]$.

解：经典解法

系统的特征方程为　　　$r^2+3r+2=0$

系统的特征根为　　　　$r_1=-1, r_2=-2$

$$y_{zi}[k]=C_1(-1)^k+C_2(-2)^k$$

$$y[-1]=-C_1-\frac{1}{2}C_2=0$$

$$y[-2]=C_1+\frac{1}{4}C_2=\frac{1}{2}$$

解得　$C_1=1, C_2=-2$

$$y_{zi}[k]=(-1)^k-2(-2)^k\quad k\geqslant 0$$

Z 变换解法

$$Y(Z)+3\{Z^{-1}Y(z)+y[-1]\}+2\{z^{-2}Y(s)+z^{-1}[-1]+y[-2]\}=X(z)$$

$$Y(z)=-\frac{3y[-1]+2z^{-1}y[-1]+2y[-2]}{1+3z^{-1}+2z^{-2}}+\frac{X(z)}{1+3z^{-1}+2z^{-2}}$$

$$y_{zi}(z)=-\frac{1}{1+3z^{-1}+2z^{-2}}=\frac{-1}{(1+z^{-1})(1+2z^{-1})}=\frac{1}{1+z^{-1}}+\frac{-2}{1+2z^{-1}}$$

$$y_{zi}[k]=(-1)^k-2(-2)^k, k\geq 0$$

（2）若描述某离散系统的差分方程为：

$$y[k]+3y[k-1]+2y[k-2]=x[k]$$

已知 $x[k]=3(\frac{1}{2})^k u[k]$，$h[k]=[-(-1)^k+2(-2)^k]u[k]$，求系统的零状态响应 $y_{zs}[k]$.

解：经典解法

$$y_{zs}[k]=\sum_{n=-\infty}^{\infty}x[n]h[k-n]$$

$$=\sum_{n=-\infty}^{\infty}3(\frac{1}{2})^n u[n]\cdot[-(-1)^{k-n}+2(-2)^{k-n}]u[k-n]$$

$$=\begin{cases}-3(-1)^k\sum\limits_{n=0}^{k}(-\frac{1}{2})^n+6(-2)^k\sum\limits_{n=0}^{k}(-\frac{1}{4})^n, & k\geqslant 0\\ 0 & k<0\end{cases}$$

$$=[-2(-1)^k+\frac{24}{5}(-2)^k+\frac{1}{5}(\frac{1}{2})^k]u[k]$$

Z 变换解法

$$X(z) = \frac{3}{1 - \frac{1}{2}z^{-1}} \cdots H(z) = \frac{-1}{1 + z^{-1}} + \frac{2}{1 + 2z^{-1}}$$

$$Y_{zs}(z) = H(z)X(z) = \frac{1}{(1 + z^{-10})(1 + 2z^{-1})} * \frac{3}{1 - \frac{1}{2}z^{-1}}$$

$$= \frac{3}{(1 + z^{-1})(1 + 2z^{-1})(1 - \frac{1}{2}z^{-1})} = \frac{-2}{1 + z^{-1}} + \frac{\frac{24}{5}}{1 + 2z^{-1}} + \frac{\frac{1}{5}}{1 - \frac{1}{2}z^{-1}}$$

$$y_{zs}[k] = [-2(-1)^k + \frac{24}{5}(-2)^k + \frac{1}{5}(\frac{1}{2})^k]u[k]$$

分析：由例题可以看出经典方法可和 Z 变换方法都能解决离散信号系统的零输入响应、零状态响应、完全响应及冲激响应，经典方法比较容易的就能得到做题思路，在比较简单的题目上，经典方法看似比较简单，但是如果题目比较复杂，例如二阶电路分析，当初始条件或输入信号发生改变，用经典方法做起来就要复杂得多，做题过程相当繁琐，很容易出现计算式上的错误，此时用 Z 变化做就简单多了，理清做题思路后，过程简洁，步骤简单，减少了计算上错误的发生率又节省了时间.就算在简单的离散信号分析题目上，Z 变换也不比经典方法复杂多少，所以应该加强 Z 变换方面的练习，尽量用 Z 变换方法做题.用复变函数与积分变换中的拉氏变换和 Z 变换能够很好地解决信号与系统中的问题，可把信号与系统中的数学模型转化成简单的代数方程，这样一来就简化了计算过程，减少了错误发生率，节省了大量的时间.在连续信号、离散信号，从其零输入响应、零状态响应、完全响应方面，都可以通过专业中常用的经典方法和复变函数与积分变换中的拉氏变换和 Z 变换解题，但很明显拉氏变换和 Z 变换的方法要比经典方法简单得多，时域分析、频域分析、复频域分析方法比经典的常规方法更明了、简洁、规范；在电路中，也有很多可以运用复变函数与积分变换中的拉斯变换和 Z 变换解决的很多问题，有线性元件（RLC 等）的电路时域方程为线性常系数微分方程，而这类电路的分析最终变成了一系列线性常系数微分方程的求解问题，当微分方程的阶数大于 2 或者输入函数比较复杂时，方程的求解就变得复杂起来了；拉氏变换正是简化这类计算的有效方法之一。通过拉氏变换，用电压、电流对应的复频域象函数代替相应的时间函数，即可将原线性微分方程变换为相应的线性代数方程，从而大大简化电路方程的求解，减少了错误发生的概率，节省了时间。因此得出在本专业学习中，复变函数与积分变换是一个简化做题过程的重要途径，是一个不可缺少的有力教学工具。

9.3 离散傅里叶变换

在工程中，为了便于实现，我们更加关心的问题是，一个有限长度的时间序列 $x(n)$，与其离散时间傅里叶变换的有限个频率采样点之间的关系.基于这一个问题的考虑，下面我们就来研究一种新的方法，离散傅里叶变换及逆变换.

1. DFT 及 IDFT 定义

由离散时间傅里叶变换出发，我们可以很自然的给出离散傅里叶变换的定义.

设 $x(n)$（$0 \leqslant n \leqslant N\text{-}1$）为有限长度的离散时间序列，$x(n)$ 的离散时间傅里叶变换为 $X(e^{j\omega})$，$X(e^{j\omega})$ 的频域均匀抽样点记为 $X(k) = X(e^{j\omega})\big|_{\omega = 2\pi k/N}$，则定义

$$X(k) = \sum_{n=0}^{N-1} x(n)e^{-j2\pi kn/N}, \qquad 0 \leqslant k \leqslant N-1 \tag{9.18}$$

为 $x(n)$ 的离散傅里叶变换.

可以看到，$X(k)$ 是一个长度为 N 的频域抽样点序列，可以由长度为 N 的离散时间序列 $x(n)$ 来复制.反过来，$x(n)$ 是否能由 $X(k)$ 来表示呢？ 这正是我们接下来要考虑的问题.我们先给出逆离散傅里叶变换的定义，再来考查定义是否成立，如果成立，我们提出的问题便可以得到肯定的答案了.

离散傅里叶逆变换（IDFT）的定义为

$$x(n) = \frac{1}{N} \sum_{n=0}^{N-1} X(K)W_N^{-kn}. \tag{9.19}$$

其中 $W_N = e^{-j2\pi/N}$.

下面我们来验证式（9.19）是否成立.

在式（9.19）两边同乘 W_N^{hn}（$0 \leqslant h \leqslant N\text{-}1$），并对两边从 0 到 $N-1$ 求和，可得

$$\sum_{n=0}^{N-1} x(n)W_N^{hn} = \frac{1}{N} \sum_{n=0}^{N-1} \sum_{k=0}^{N-1} X(k)W_N^{-(k-h)n}. \tag{9.20}$$

再交换求和顺序，可得

$$\sum_{n=0}^{N-1} x(n)W_N^{hn} = \frac{1}{N} \sum_{k=0}^{N-1} X(k)\left(\sum_{n=0}^{N-1} W_N^{-(k-h)n}\right). \tag{9.21}$$

又因为

$$\sum_{n=0}^{N-1} W_N^{-(k-h)n} = \begin{cases} N, & k-h = rN, r \ \text{为整数}, \\ 0, & \text{其他}. \end{cases}$$

而由 k 和 h 的取值范围可知，$1\text{-}N \leqslant k-h \leqslant N\text{-}1$.

因此，只有当 $k=h$ 时，$\sum\limits_{n=0}^{N-1} W_N^{-(k-h)n} = N$；其他情况下，$\sum\limits_{n=0}^{N-1} W_N^{-(k-h)n} = 0.$

这样，式（9.21）就可化简为

$$\sum_{n=0}^{N-1} x(n) W_N^{hn} = X(h). \tag{9.22}$$

这与我们所定义的式（9.18）是一致的. 这样，我们就验证了离散傅里叶逆变换的定义式（9.19）是成立的.

2. DFT 与 DTFT 的关系

现在，我们来研究 DFT 与 DTFT 之间的关系，这样可以使它们之间进行相互转换，这在工程实践中是非常有价值的.

（1）由 DFT 通过内插得到 DTFT

设 $x(n)$ 为一个长度为 N 的离散时间序列，由 DTFT 的定义式（9.1）和 IDFT 的定义式（9.19）可得

$$X(\mathrm{e}^{j\omega}) = \sum_{n=0}^{N-1} x(n)\mathrm{e}^{-j\omega n} = \frac{1}{N}\sum_{n=0}^{N-1}\left(\sum_{n=0}^{N-1} X(k) W_N^{-kn}\right)\mathrm{e}^{-j\omega n}. \tag{9.23}$$

交换求和次序可以得到

$$X(\mathrm{e}^{j\omega}) = \frac{1}{N}\sum_{n=0}^{N-1} X(k)\sum_{n=0}^{N-1}\mathrm{e}^{-j(\omega-2k\pi/N)n}. \tag{9.24}$$

而

$$\sum_{n=0}^{N-1} X(k) W_N^{-kn})\mathrm{e}^{-j\omega n} = \frac{1-\mathrm{e}^{-j(\omega N-2\pi k)}}{1-\mathrm{e}^{-j(\omega-(2\pi k/N))}}$$

$$= \frac{\sin(\dfrac{\omega N-2\pi k}{2})}{\sin(\dfrac{\omega N-2\pi k}{2N})}\mathrm{e}^{-j(\omega-(2\pi k/N))((N-1)/2)}. \tag{9.25}$$

再将其代入式（9.24）可得到

$$X(\mathrm{e}^{j\omega}) = \frac{1}{N}\sum_{n=0}^{N-1} X(k)\frac{\sin(\dfrac{\omega N-2\pi k}{2})}{\sin(\dfrac{\omega N-2\pi k}{2N})}\mathrm{e}^{-j(\omega-(2\pi k/N))((N-1)/2)} \tag{9.26}$$

$$= \sum_{n=0}^{N-1} X(k)\Phi(k,\omega)$$

其中 $\phi(k,\omega) = \dfrac{1}{N} \dfrac{\sin(\dfrac{\omega N - 2\pi k}{2})}{\sin(\dfrac{\omega N - 2\pi k}{2N})} \mathrm{e}^{-j(\omega - (2\pi k/N))((N-1)/2)}$，$\phi(k,\omega)$ 称为内插函数.

（2）DTFT 的抽样

我们对离散时间序列 $x(n)$ 的离散时间傅里叶变换 $X(\mathrm{e}^{j\omega})$ 进行频率均匀采样，记采样点为 $Y(k) = X(\mathrm{e}^{j(2\pi k/N)})$（$0 \leqslant n \leqslant N$-1），由离散傅里叶变换的定义（9.18）知，可以将 $Y(k)$ 视为一个有限离散时间序列 $y(n)$（$0 \leqslant n \leqslant N$-1）的离散傅里叶变换.则由离散傅里叶逆变换式（9.19）可得

$$y(n) = \frac{1}{N} \sum_{k=0}^{N-1} Y(k) W_N^{-kn}. \tag{9.27}$$

再由 DTFT 的定义（9.1）可知

$$Y(k) = X(\mathrm{e}^{j(2\pi k/N)}) = \sum_{h=-\infty}^{\infty} x(h) W_N^{kh}. \tag{9.28}$$

将式（9.27）代入式（9.28），交换求和顺序可得

$$y(n) = \sum_{h=-\infty}^{\infty} x(h)(\frac{1}{N} \sum_{k=0}^{N-1} W_N^{-k(n-h)}). \tag{9.29}$$

而

$$\sum_{k=0}^{N-1} W_N^{-k(n-h)} = \begin{cases} N, & n-h = rN, r \text{ 为整数}; \\ 0, & \text{其他}. \end{cases}$$

因此

$$y(n) = \sum_{m=-\infty}^{\infty} x(n+mN), \qquad 0 \leqslant n \leqslant N-1. \tag{9.30}$$

也就是说，将 $x(n)$ 每次平移 N 并无限次叠加，就得到了序列 $y(n)$.

3. DFT 与 Z 变换的关系

（1）由 DFT 通过内插得到 Z 变换

事实上，由 Z 变换的定义（9.12）可知，只要在式（9.31）中令 $z=\mathrm{e}^{j\omega}$，就可以得到在 Z 平面内的插值公式

$$X(z) = \sum_{n=0}^{N-1} X(k)\phi(k,\omega) = \sum_{n=0}^{N-1} X(k)\Phi(k,z), \tag{9.31}$$

其中 $\phi(k,z)$ 为插值函数.

（2）Z 变换的抽样

$$Y(k) = X(\mathrm{e}^{j(2\pi k/N)}) = \sum_{h=-\infty}^{\infty} x(h) W_N^{kh}. \tag{9.32}$$

在式（9.28）中，令 $z=\mathrm{e}^{j(2\pi k/N)}$（$0\leqslant k\leqslant N\text{-}1$），则有

$$Y(k) = X(\mathrm{e}^{j(2\pi k/N)}) = X(z). \tag{9.33}$$

综上所述，从 DTFT 的角度来看，DFT 包含了 DTFT 上 $[0,2)$ 的 N 个均匀频域采样点，从 Z 变换的角度来看，DFT 可以看作是包含了在 Z 平面的单位圆上均匀分布的 Z 变换结果，因此称 DFT 为单位圆上的取样 Z 变换.

与 DTFT 类似，DFT 也有很多具有实际价值的性质.

9.4 快速傅里叶变换

FFT 包括许多不同的算法，这些算法都有着各自不同的优缺点.由于它们对输入数据的要求不同，运算后输出的数据特点也有所不同，因此，在代码的复杂性、存储器的应用和计算要求等方面各有利弊.

FFT 有两类算法：时分算法（DIT-FFT）和频分算法（DIF-FFT）.时频算法是将时间序列分割成较小的序列，并且这些子序列的 DFT 被组合成一定的模式，从而达到以较少的计算量得到整个序列 DFT 的目的.与时分算法的思想类似，频分算法是将频率采样分割成较小的序列，来达到减少计算量的目的.

1. 时分算法

长度为 N 的有限长数列 $x(n)$ 的 DFT 变换为：

$$X(k) = \sum_{n=0}^{N-1} x(n)\mathrm{e}^{-j(2\pi/n)kn} = \sum_{n=0}^{N-1} x(n)W_N^{kn}, \quad k = 0,1,\cdots,N-1. \tag{9.34}$$

其中 $W_N^{kn} = \mathrm{e}^{-j(2\pi/N)kn}$.设 $N=2^r$，我们将 $x(n)$ 按奇偶分成长度均为 $N/2$ 的子序列：

$$\begin{cases} \text{偶数序列：} x_1(m) = x(2m), \\ \text{奇数序列：} x_2(m) = x(2m+1), \end{cases}$$

其中 $m=0,1,...,(N/2)\text{-}1$. 考虑到

$$W_N^{2mk} = \mathrm{e}^{-j(\frac{2\pi}{N})2mk} = \mathrm{e}^{-j(\frac{2\pi}{N/2})2mk} = W_{N/2}^{mk}.$$

则式（9.34）所表示的 DFT 可写成：

$$\begin{aligned} X(k) &= \sum_{n=0}^{N-1} x(n)W_N^{kn} = \sum_{m=0}^{(N/2)-1} x(2m)W_N^{2mk} + \sum_{m=0}^{(N/2)-1} x(2m+1)W_N^{(2m+1)k} \\ &= \sum_{m=0}^{(N/2)-1} x_1(m)W_{N/2}^{mk} + W_N^k \sum_{m=0}^{(N/2)-1} x_2(m)W_{N/2}^{mk} \\ &= X_1(k) + W_N^k X_2(k). \end{aligned} \tag{9.35}$$

其中

$$X_1(k) = \text{DFT}[x_1](k) = \sum_{m=0}^{(N/2)-1} x_1(m) W_{N/2}^{mk}, \tag{9.36}$$

$$X_2(k) = \text{DFT}[x_2](k) = \sum_{m=0}^{(N/2)-1} x_2(m) W_{N/2}^{mk}. \tag{9.37}$$

由于 $X_1(k)$ 和 $X_2(k)$ 均为 $N/2$ 为周期的，且 $W_N^{k+\frac{N}{2}} = -W_N^k$，所以 $X(k)$ 又可以表示为

$$X(k) = X_1(k) + W_N^k X_2(k), \quad k = 1, 2, \cdots, \frac{N}{2} - 1, \tag{9.38}$$

$$X\left(k + \frac{N}{2}\right) = X_1(k) - W_N^k X_2(k), \quad k = 1, 2, \cdots, \frac{N}{2} - 1, \tag{9.39}$$

这样，就将一个长度为 N 的 DFT 式（9.34）转化为两个长度为 $N/2$ 的 DFT 式（9.38）和式（9.39）.其信号流如图 9.1 所示，通常称为蝶形图. 接下来，再将这两个长度为 $N/2$ 的 DFT $X_1(m)$ 和 $X_2(m)$ 分别化为两个长度为 $N/4$ 的 DFT.依此类推，由于 $N = 2^r$，因此总共可以分为 r 级，最终得到 $N/2$ 个 2 点的 DFT 运算.

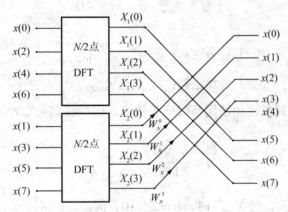

图 9.1　N 点 DFT 的一次时域抽取分解图（$N=8$）

例如，当 $N = 8 = 2^3$ 时，先将 8 个采样点分为两组，将长度为 8 的 DFT 化为两个长度为 4 的 DFT：

$$X(k) = X_1(k) + W_8^k X_2(k), \quad k = 1, 2, \cdots, 7. \tag{9.40}$$

再将 $X_1(k)$ 和 $X_2(k)$ 分别化成两个长度为 2 的子序列：

令

$$\begin{cases} \text{偶数序列：} \quad x_{11}(m) = x_1(2m), \\ \text{奇数序列：} \quad x_{12}(m) = x_1(2m+1). \end{cases}$$

$$\begin{cases} \text{偶数序列：} \quad x_{21}(m) = x_2(2m), \\ \text{奇数序列：} \quad x_{22}(m) = x_2(2m+1). \end{cases}$$

则有

$$\begin{cases} X_1(k) = X_{11}(k) + W_4^k X_{12}(k), \\ X_2(k) = X_{21}(k) + W_4^k X_{22}(k), \end{cases} \tag{9.41}$$

其中

$$\begin{cases} X_{11}(k) = \mathrm{DFT}\left|X_{11}\right|(k) = \sum_{m=0}^{2} x_{11}(m) W_2^{mk}, \\ X_{12}(k) = \mathrm{DFT}\left|X_{12}\right|(k) = \sum_{m=0}^{2} x_{12}(m) W_2^{mk}. \end{cases}$$

X_{21} 和 X_{22} 的定义类似.

最后将式（9.41）代入式（9.40），就将长度为 8 的原 DFT 化成了 4 个长度为 2 的 DFT.

下面我们来比较一下长度为 N 的数列的 DFT 与 FFT 的计算量.

直接计算 DFT 共需：

$$\begin{cases} \text{复乘法数：} m = N^2, \\ \text{复加法数：} a = N(N-1). \end{cases}$$

而计算 FFT 共需：

$$\begin{cases} \text{复乘法数：} m = \dfrac{N}{2} r = \dfrac{N}{2} \log_2 N, \\ \text{复加法数：} a = Nr = N \log_2 N. \end{cases}$$

由于计算机乘法运算要比加法运算时间长很多，因此我们用二者乘法运算量的比值来衡量计算效率：

$$\eta = \frac{N^2}{\dfrac{N}{2} \log_2 N} = \frac{2N}{\log_2 N}.$$

从上述公式可以看到，当 $N=2^{10}$ 时，$\eta = 2^{11}/10$，因此，直接计算 DFT 引起的计算量是相当大的.

2. 频分算法

频分算法的思想与前面介绍的时分算法类似. 首先将长度为 N 的采样数列分成两半，各含有 $N/2$ 个采样点.然后将式（9.34）表示成两个分量之和，得到

$$\begin{aligned} X(k) &= \sum_{n=0}^{(N/2)-1} x(n) W_N^{nk} + \sum_{m=N/2}^{N-1} x(n) W_N^{nk} \\ &= \sum_{n=0}^{(N/2)-1} x(n) W_N^{nk} + W_N^{(N/2)k} \sum_{m=0}^{N/2-1} x\left(n + \frac{N}{2}\right) W_N^{nk}. \end{aligned} \tag{9.42}$$

又因为

$$W_N^{N/2} = \mathrm{e}^{-j\frac{2\pi}{N}(N/2)} = \mathrm{e}^{-j\pi} = -1, \quad W_N^{2kn} = W_{N/2}^{kn}.$$

则(9.42)式可化简为

$$X(k) = \sum_{n=0}^{(N/2)-1} [x(n) + (-1)^k x(n + \frac{N}{2})]W_N^{nk}$$

$$= \begin{cases} \sum_{n=0}^{(N/2)-1} [x(n) + x(n + \frac{N}{2})]W_N^{nk}, & k = 2m; \\ \sum_{n=0}^{(N/2)-1} [x(n) - x(n + \frac{N}{2})]W_N^{nk}, & k = 2m+1. \end{cases} \qquad (9.43)$$

其中 $m=0,1,\ldots,(N/2)-1$.与时频算法类似，共可以分为 r 级，最终得到 $N/2$ 个 2 点的 DFT 运算.

其信号流蝶形图同样可如图 9.1 所示.

3. 快速傅里叶反变换（IFFT）

前面我们已经介绍了快速傅里叶变换，它的逆变换定义与傅里叶逆变换（IDFT）相似，在 IDFT 两边取共轭复数：

$$x * (n) = \frac{1}{N} \sum_{k=0}^{N-1} X * (k) W_N^{kn}, \quad n = 0,1,\cdots,N-1. \qquad (9.44)$$

我们可以利用 FFT 来计算傅里叶变换的逆变换.首先，将求得的 DFT 系数取共轭，得到 $X*(k)$，然后利用 FFT 求 $X*(k)$ 的 DFT，然后乘以 $1/N$，再将 $x*(n)$ 取共轭复数，就得到了 IDFT 的系数.当输入信号是实数值时，就不必进行共轭运算.

这里我们介绍的 FFT 都是基于两输入，两输出蝶形计算称作**基 2 复数 FFT 算法**.也可在其他基数上来开发 FFT.但是，当长度是带有某些因子，并不是某一个数的幂时，FFT 就不能很好地应用了，而且算法要比基 2 复数 FFT 复杂得多，程序也不能直接运用到 DSP 处理器中.即使其他基数的 FFT 可以运用，但速度要比基 2 和基 4 的慢很多，所以这两种算法是比较常用的.此外，不同的基数蝶形还可以结合成混合基数 FFT 算法.

4. MATLAB 的实现

在 MATLAB 中，可以直接利用内部函数 *fft* 来进行计算.该函数是用机器语言而不是 MATLAB 指令写成的，因此运算速度很快.

fft 的常用格式为：

$$y=fft(x)$$

和

$$y=fft(x,N).$$

fft(x)可以以向量 x 的形式计算时间序列的 $X(n)$ 的 DFT.如果 x 是矩阵，则 y 是矩阵每一列的 DFT.如果 x 的长度是 2 的幂，则 *fft* 函数采用基 2FFT 算法；否则，将采用较慢的混合基算法.

fft(x,N)用来计算 x 长度为 N 的 DFT.当 x 的长度小于 N 时，向量 x 通过嵌入尾随零达到长

度 N；当 x 的长度大于 N 时，函数将截断 x，只剩前 N 个采样点进行 FFT.

fft 函数的执行速度取决于输入数据的类型和长度.当输入的数据为实数时，则比计算一个同样长度的复数序列要快.另一方面，当输入的数据长度为 2 的幂时，计算速度是最快的.

比如 $fft(x,256)$ 的运算速度就比 $fft(x,255)$ 快.

这里要强调的是，MATLAB 中的向量指数编号是从 1 到 N，而不是我们前面所定义的从 0 到 N-1.因此，我们要将采样频率 f_s(Hz)和指标 k 的频率 f_k 的关系改写为

$$f_k = (k-1)\frac{f_s}{N}, k=1,2,\ldots,N.$$

对于 IFFT 的算法，MATLAB 也提供了相应的内部函数，常用的格式也有两种：

$$y=i\,fft(x);\quad y=i\,fft(x,N).$$

其特点与用法与 fft 相同.

小结

工程中经常遇到的问题是：对一个连续时间信号，我们能够得到的是间隔非常短的时间的抽样，即我们得到函数在一些点上的函数值 $f(t_n)=x_n$, $n=0,\pm1,\pm2,\cdots$，也就是一个数列，而不是得到函数 $f(t)$.这样的信号我们称为数字信号.随着计算机技术的发展，处理数字信号问题成为当前信号处理研究中最热门的问题.如何应用傅里叶变换理论研究这类数字信号，是本章讨论的主要问题(9.1)和(9.2)给出了由连续时间傅里叶变换导出离散时间傅里叶变换（DTFT）及逆变换（IDTFT）的定义：

$$\text{DTFT：}\quad X(e^{j\omega}) = \sum_{-\infty}^{\infty} x(n)e^{-jn\omega}$$

$$\text{IDTFT：}\quad x(n) = \frac{1}{2\pi}\int_{-\pi}^{\pi} X(e^{j\omega})e^{-jn\omega}d\omega.$$

这样定义的离散时间傅里叶变换及逆变换与连续时间的傅里叶变换有类似的性质，具有线性、时间变量 n 的平移转化为相变量 ω 的相移、对时间变量 n 的微分运算转化为对相变量 ω 的一个多项式的乘法运算.两个数列的卷积的离散时间傅里叶变换等于它们的离散时间傅里叶变换的乘积.最重要的一点，我们可以在计算机上实现这些复杂的计算.这是数字信号的最大的优点.我们给出计算机实现的 MATLAB 实现的格式.对于这一章的学习，最重要的是在计算机上实现我们所要做的各种变换.

Z 变换是数字信号中对应于拉普拉斯变换的一个变换，通过这一变换，我们可以将一个数字信号对应于一个解析函数，然后通过解析函数研究我们所面临的问题.这样的方法在滤波器的设计中很常用.Z 变换的定义为（9.12）

$$X(z) = Z(x(n)) = \sum_{-\infty}^{\infty} x(n)z^{-n}.$$

其中 z 是一个复变量，当 $z = re^{j\omega}$，将其代入式（9.12），则有

$$X(re^{j\omega}) = \sum_{-\infty}^{\infty} x(n)r^{-n}e^{-j\omega n}.$$

这样又回到离散时间傅里叶变换.式（9.17）给出了 Z 变换的逆变换

$$x(n) = \frac{1}{2\pi j}\oint_C X(z)z^{n-1}dz, \quad n = 0, \pm 1, \pm 2, \cdots.$$

其中 C 为 $X(z)$ 的收敛域内逆时针环绕原点的闭合曲线.

通常我们得到的信号总是一个有限长度的时间序列 $\{x(n)\}_0^N$，对其离散时间傅里叶变换，我们也只考虑频率 ω 的有限个采样点 $X(\omega_k)$.如何建立两者的变换与逆变换，就是我们讨论离散傅里叶变换及逆变换的出发点.式（9.18）定义离散傅里叶变换：

$$X(k) = \sum_{n=0}^{N-1} x(n)e^{-j2\pi kn/N}, \quad 0 \leqslant k \leqslant N-1.$$

式（9.19）定义离散傅里叶逆变换：

$$x(n) = \frac{1}{N}\sum_{n=0}^{N-1} X(k)W_N^{-kn}.$$

其中 $W_N = e^{-j2\pi/N}$.对有限长序列 $\{x(n)\}_0^N$ 定义离散傅里叶变换和离散傅里叶逆变换，其性质与离散时间傅里叶变换相似，但对于卷积公式，是所谓的循环卷积.

快速傅里叶变换（FFT）是离散傅里叶变换的快速算法.我们通常采用时分算法与频分算法两种方式.对于这样两种算法的学习，主要是在计算机上的实现.

习题九

1. 求下列信号的离散傅里叶变换
$$x(n) = a^n u(n) \qquad (a \text{ 为实数}，0<a<1).$$

2. 求 $x(n) = \begin{cases} \frac{1}{n}, & n \geqslant 1; \\ 0, & n < 1. \end{cases}$ 的 Z 变换.

3. 求长度为 N 的有限长序列
$$x(n) = \delta(n-n_0), \quad 0 < n_0 < N$$
的 DFT.

4. 已知 $x(n)$ 是 N 点有限长序列，$X(k) = \text{DFT}[x(n)]$.现将长度变为 rN 点的有限长序列 $y(n)$
$$y(n) = \begin{cases} x(n), & 0 \leqslant n \leqslant N-1; \\ 0, & N \leqslant n \leqslant rN-1. \end{cases}$$

试求 rN 点的 DFT[$y(n)$] 与 $X(k)$ 的关系.

5. 已知 $X(k)$ 和 $Y(k)$ 是两个 N 点的实序列 $x(n)$ 和 $y(n)$ 的 DFT 值，现需要用 $X(k)$ 和 $Y(k)$ 求 $x(n)$ 和 $y(n)$ 的值，为了提高运算效率，试用一个 N 点 IFFT 运算一次完成.

6. 如果一台计算机的速度为平均每次复乘 5 μs，每次复加 0.5 μs，用它来计算 512 点的 DFT[$x(n)$]，问直接计算需要多长时间？用 FFT 需要多长时间？

附录 习题参考答案

习题一

1.（1）解：$e^{-\frac{\pi}{4}i} = \cos\left(-\frac{\pi}{4}\right) + i\sin\left(-\frac{\pi}{4}\right) = \frac{\sqrt{2}}{2} + \left(-\frac{\sqrt{2}}{2}i\right) = \frac{\sqrt{2}}{2} - \frac{\sqrt{2}}{2}i$

（2）解：$\dfrac{3+5i}{7i+1} = \dfrac{(3+5i)(1-7i)}{(1+7i)(1-7i)} = -\dfrac{16}{25} + \dfrac{13}{25}i$

（3）解：$(2+i)(4+3i) = 8 - 3 + 4i + 6i = 5 + 10i$

（4）解：$\dfrac{1}{i} + \dfrac{3}{1+i} = -i + \dfrac{3(1-i)}{2} = \dfrac{3}{2} - \dfrac{5}{2}i$

2.（1）解：$\because$ 设 $z = x + iy$

又 $\dfrac{z-a}{z+a} = \dfrac{(x+iy)-a}{(x+iy)+a} = \dfrac{(x-a)+iy}{(x+a)+iy} = \dfrac{[(x-a)+iy][(x+a)-iy]}{(x+a)^2 + y^2}$

$\therefore \operatorname{Re}\left(\dfrac{z-a}{z+a}\right) = \dfrac{x^2 - a^2 - y^2}{(x+a)^2 + y^2}$，$\qquad \operatorname{Im}\left(\dfrac{z-a}{z+a}\right) = \dfrac{2xy}{(x+a)^2 + y^2}$.

（2）解： 设 $z = x + iy$

$\because z^3 = (x+iy)^3 = (x+iy)^2(x+iy) = (x^2 - y^2 + 2xyi)(x+iy)$

$\qquad = x(x^2 - y^2) - 2xy^2 + [y(x^2 - y^2) + 2x^2 y]i$

$\qquad = x^3 - 3xy^2 + (3x^2 y - y^3)i$

$\therefore \operatorname{Re}(z^3) = x^3 - 3xy^2$，$\quad \operatorname{Im}(z^3) = 3x^2 y - y^3$.

（3）解：$\because \left(\dfrac{-1+i\sqrt{3}}{2}\right)^3 = \dfrac{(-1+i\sqrt{3})^3}{8} = \dfrac{1}{8}\left\{\left[-1 - 3\cdot(-1)\cdot(\sqrt{3})^2\right] + \left[3\cdot(-1)^2\cdot\sqrt{3} - (\sqrt{3})^3\right]\right\}$

$\qquad\qquad\qquad = \dfrac{1}{8}(8 + 0i) = 1$

$\therefore \operatorname{Re}\left(\dfrac{-1+i\sqrt{3}}{2}\right) = 1$，$\quad \operatorname{Im}\left(\dfrac{-1+i\sqrt{3}}{2}\right) = 0$.

（4）解：$\because \left(\dfrac{-1+i\sqrt{3}}{2}\right)^3 = \dfrac{(-1)^3 - 3\cdot(-1)\cdot\left(-\sqrt{3}\right)^2 + \left[3\cdot(-1)^2\cdot\sqrt{3} - \left(\sqrt{3}\right)^3\right]i}{8}$

$$= \dfrac{1}{8}(8+0i) = 1$$

$$\therefore \operatorname{Re}\left(\dfrac{-1+i\sqrt{3}}{2}\right) = 1, \qquad \operatorname{Im}\left(\dfrac{-1+i\sqrt{3}}{2}\right) = 0.$$

（5）解：$\because i^n = \begin{cases} (-1)^k, & n = 2k \\ (-1)^k \cdot i, & n = 2k+1 \end{cases} \quad k \in \mathbb{Z}$.

$\therefore$ 当 $n = 2k$ 时，$\operatorname{Re}(i^n) = (-1)^k$，$\operatorname{Im}(i^n) = 0$；

当 $n = 2k+1$ 时，$\operatorname{Re}(i^n) = 0$，$\operatorname{Im}(i^n) = (-1)^k$.

3. （1）$|-2+i| = \sqrt{4+1} = \sqrt{5}$.

$\overline{-2+i} = -2-i$

（2）$|-3| = 3 \quad \overline{-3} = -3$

（3）$\left|(2+i)(3+2i)\right| = |2+i||3+2i| = \sqrt{5}\cdot\sqrt{13} = \sqrt{65}$.

$\overline{(2+i)(3+2i)} = \overline{(2+i)}\cdot\overline{(3+2i)} = (2-i)\cdot(3-2i) = 4-7i$

（4）$\left|\dfrac{1+i}{2}\right| = \dfrac{|1+i|}{2} = \dfrac{\sqrt{2}}{2}$

$\overline{\left(\dfrac{1+i}{2}\right)} = \dfrac{\overline{(1+i)}}{2} = \dfrac{1-i}{2}$

4. 证明：若 $z = \bar{z}$，设 $z = x + iy$，

则有 $x + iy = x - iy$，从而有 $(2y)i = 0$，即 $y = 0$

$\therefore z = x$ 为实数.

若 $z = x$，$x \in \mathbb{R}$，则 $\bar{z} = \bar{x} = x$.

$\therefore z = \bar{z}$.

命题成立.

5. 证明：$\because |z+w|^2 = (z+w)\cdot\overline{(z+w)} = (z+w)(\bar{z}+\bar{w})$

$$= z\cdot\bar{z} + z\cdot\bar{w} + w\cdot\bar{z} + w\cdot\bar{w}$$

$$= |z|^2 + z\bar{w} + \overline{(z\cdot\bar{w})} + |w|^2$$

$$= |z|^2 + |w|^2 + 2\operatorname{Re}(z\cdot\bar{w})$$

$$\leqslant |z|^2 + |w|^2 + 2|z| \cdot |\overline{w}|$$

$$= |z|^2 + |w|^2 + 2|z| \cdot |w|$$

$$= (|z| + |w|)^2$$

$$\therefore |z + w| \leqslant |z| + |w|.$$

6. 证明：$|z + w|^2 = |z|^2 + 2\operatorname{Re}(z \cdot \overline{w}) + |w|^2$ 在第 5 题中已经证明.

下面证 $|z - w|^2 = |z|^2 - 2\operatorname{Re}(z \cdot \overline{w}) + |w|^2$.

$$\because |z - w|^2 = (z - w) \cdot \overline{(z - w)} = (z - w)(\overline{z} - \overline{w})$$

$$= |z|^2 - z \cdot \overline{w} - w \cdot \overline{z} + |w|^2$$

$$= |z|^2 - 2\operatorname{Re}(z \cdot \overline{w}) + |w|^2$$

从而得证.

$$\therefore |z + w|^2 + |z - w|^2 = 2(|z|^2 + |w|^2)$$

几何意义：平行四边形两对角线平方的和等于各边的平方的和.

7. （1） $\dfrac{3 + 5i}{7i + 1} = \dfrac{(3 + 5i)(1 - 7i)}{(1 + 7i)(1 - 7i)} = \dfrac{38 - 16i}{50} = \dfrac{19 - 8i}{25} = \dfrac{\sqrt{17}}{5} \cdot e^{i \cdot \theta}$

其中 $\theta = \pi - \arctan \dfrac{8}{19}$.

（2） $i = e^{i \cdot \theta}$，其中 $\theta = \dfrac{\pi}{2}$.

$$i = e^{i \frac{\pi}{2}}$$

（3） $-1 = e^{i\pi} = e^{\pi i}$

（4） $\left| -8\pi \left(1 + \sqrt{3}i\right) \right| = 16\pi$，$\theta = -\dfrac{2}{3}\pi$.

$$\therefore -8\pi \left(1 + \sqrt{3}i\right) = 16\pi \cdot e^{-\frac{2}{3}\pi i}$$

（5） $\left(\cos \dfrac{2\pi}{9} + i \sin \dfrac{2\pi}{9} \right)^3$

解：$\because \left| \left(\cos \dfrac{2\pi}{9} + i \sin \dfrac{2\pi}{9} \right)^3 \right| = 1$.

$$\therefore \left(\cos \dfrac{2\pi}{9} + i \sin \dfrac{2\pi}{9} \right)^3 = 1 \cdot e^{i \cdot \frac{2}{9}\pi \cdot 3} = e^{\frac{2\pi}{3}i}$$

8. （1） i 的三次根.

解：$\sqrt[3]{i} = \left(\cos\dfrac{\pi}{2} + i\sin\dfrac{\pi}{2}\right)^{\frac{1}{3}} = \cos\dfrac{2k\pi + \dfrac{\pi}{2}}{3} + i\sin\dfrac{2k\pi + \dfrac{\pi}{2}}{3}$ （$k = 0,1,2$）

$\therefore z_1 = \cos\dfrac{\pi}{6} + i\sin\dfrac{\pi}{6} = \dfrac{\sqrt{3}}{2} + \dfrac{1}{2}i$, $\qquad z_2 = \cos\dfrac{5}{6}\pi + i\sin\dfrac{5}{6}\pi = -\dfrac{\sqrt{3}}{2} + \dfrac{1}{2}i$

$\qquad z_3 = \cos\dfrac{9}{6}\pi + i\sin\dfrac{9}{6}\pi = -\dfrac{\sqrt{3}}{2} - \dfrac{1}{2}i$

（2）-1 的三次根

解：$\sqrt[3]{-1} = \left(\cos\pi + i\sin\pi\right)^{\frac{1}{3}} = \cos\dfrac{2k\pi + \pi}{3} + i\sin\dfrac{2k\pi + \pi}{3}$ （$k = 0,1,2$）

$\therefore z_1 = \cos\dfrac{\pi}{3} + i\sin\dfrac{\pi}{3} = \dfrac{1}{2} + \dfrac{\sqrt{3}}{2}i$

$\quad z_2 = \cos\pi + i\sin\pi = -1$

$\quad z_3 = \cos\dfrac{5}{3}\pi + i\sin\dfrac{5}{3}\pi = -\dfrac{1}{2} - \dfrac{\sqrt{3}}{2}i$

（3）$\sqrt{3} + \sqrt{3}i$ 的平方根.

解：$\sqrt{3} + \sqrt{3}i = \sqrt{6} \cdot \left(\dfrac{\sqrt{2}}{2} + \dfrac{\sqrt{2}}{2}i\right) = \sqrt{6} \cdot e^{\frac{\pi}{4}i}$

$\therefore \sqrt{\sqrt{3} + \sqrt{3}i} = \left(\sqrt{6} \cdot e^{\frac{\pi}{4}i}\right)^{\frac{1}{2}} = 6^{\frac{1}{4}} \cdot \left(\cos\dfrac{2k\pi + \dfrac{\pi}{4}}{2} + i\sin\dfrac{2k\pi + \dfrac{\pi}{4}}{2}\right)$ （$k = 0,1$）

$\therefore z_1 = 6^{\frac{1}{4}} \cdot \left(\cos\dfrac{\pi}{8} + i\sin\dfrac{\pi}{8}\right) = 6^{\frac{1}{4}} \cdot e^{\frac{\pi}{8}i}$

$\quad z_2 = 6^{\frac{1}{4}} \cdot \left(\cos\dfrac{9}{8}\pi + i\sin\dfrac{9}{8}\pi\right) = 6^{\frac{1}{4}} \cdot e^{\frac{9}{8}\pi i}$.

9. $1 + z + \cdots + z^{n-1} = 0$.

证明：$\because z = e^{i\frac{2\pi}{n}}$

$\qquad \therefore z^n = 1$ ， 即 $z^n - 1 = 0$.

$\qquad \therefore (z-1)(1 + z + \cdots + z^{n-1}) = 0$

又 $\because n \geqslant 2$

$\quad \therefore z \neq 1$

从而 $1 + z + z^2 + \cdots + z^{n-1} = 0$

10. 证明略.

11. 解：如图所示.

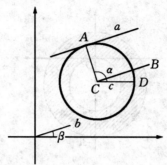

因为 $\angle\beta=\{z:\ \mathrm{Im}\left(\dfrac{z-a}{b}\right)=0\}$ 表示通过点 a 且方向与 b 同向的直线,要使得直线在 a 处与圆相切,则 $CA\perp\angle\beta$. 过 C 作直线平行 $\angle\beta$,则有 $\angle BCD=\beta$,$\angle ACB=90°$

故 $\alpha-\beta=90°$

所以 $\angle\beta$ 在 α 处切于圆周 Γ 的关于 β 的充要条件是 $\alpha-\beta=90°$.

12. （1） $\arg z=\pi$. 表示负实轴.

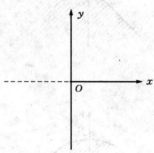

（2）$|z-1|=|z|$. 表示直线 $z=\dfrac{1}{2}$.

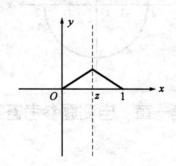

（3）$1<|z+i|<2$

解：表示以 $-i$ 为圆心,以 1 和 2 为半径的圆周所组成的圆环城.

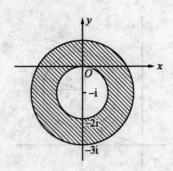

（4）Re(z)>Imz.

解：表示直线 $y=x$ 的右下半平面.

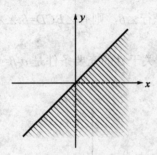

（5）Imz>1，且|z|<2.

解：表示圆盘内的一方形城.

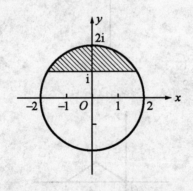

第一章　自测题参考答案

一、选择题

1.B　　2.B　　3.D　　4.A　　5.A　　6.D　　7.C　　8.C　　9.B　　10.C

二、填空题

1. $\pi - \arctan 8$　　　　2. $-1 + 2i$　　　　3. 椭圆 $\dfrac{x^2}{\left(\dfrac{5}{2}\right)^2} + \dfrac{y^2}{\left(\dfrac{3}{2}\right)^2} = 1$（或填 $|z-2| + |z+2| = 5$）

4. $-1 + 2i, 2 - i$　　　　5. $\sqrt{2}$.

三、计算题

1. 证明：设 $z = x + yi$ ，$\dfrac{z-1}{z+1} = \dfrac{x+yi-1}{x+yi-1} = \dfrac{(x-1+yi)(x+1+yi)}{(x+1+yi)(x+1-yi)} = \dfrac{x^2+y^2-1+2i}{(x+1)^2+y^2}$ ，

因 $\dfrac{z-1}{z+1}$ 为纯虚数，所以 $\dfrac{x^2+y^2-1}{(x+1)^2+y^2} = 0$ ，即 $x^2+y^2-1 = 0$.所以 $|z| = 1$ $\rho \cdot |z| < 1$.

2. 解：$z = (\sqrt{3}+i)^{\frac{1}{4}} = \left[c\left(\cos\dfrac{2\pi}{3} + i\sin\dfrac{2\pi}{3}\right)\right]^{\frac{1}{4}} = \sqrt[4]{2}\left(\cos\dfrac{\dfrac{2\pi}{3}+2k\pi}{2} + i\sin\dfrac{\dfrac{2\pi}{3}+2k\pi}{4}\right)$

　　　$= \sqrt[4]{2}\left[\cos\left(\dfrac{\pi}{6}+\dfrac{k\pi}{2}\right) + i\sin\left(\dfrac{\pi}{6}+\dfrac{k\pi}{2}\right)\right]$ （$k = 0,1,2,3$）．

3. 证明：因为 $(5-i)^4(1+i) = (476-480i)(1+i) = 4(239-i)$ ，所以

$\arg(5-i)^4 + \arg(1+i) = \arg 4(239-i)$ ，即 $-4\arctan\dfrac{1}{5} + \dfrac{\pi}{4} = -\arctan\dfrac{1}{239}$ ，　于是

$4\arctan\dfrac{1}{5} - \arctan\dfrac{1}{239} = \dfrac{\pi}{4}$.

4. 解：

$\cos 6\varphi + \sin 6\varphi = (\cos\varphi + i\sin\varphi)^6 = \cos^6\varphi - 15\cos^4\varphi\sin^2\varphi + 15\cos^2\varphi\sin^2\varphi - \sin^6\varphi$

　　　　　$+ i(6\cos^5\varphi\sin\varphi - 20\cos^3\varphi\sin^3\varphi + 6\cos\varphi\sin^5\varphi)$ ，

$\therefore \cos^6\varphi = \cos^6\varphi - 15\cos^4\varphi\sin^2\varphi + 15\cos^2\varphi\sin^4\varphi - \sin^6\varphi$

　$\sin\varphi = 6\cos^5\varphi\sin\varphi$　$-20\cos^3\varphi\sin^3\varphi + 6\cos\varphi\sin^5\varphi$.

5. 解：设 $z = x + yi = r(\cos\theta + i\sin\theta), w = u + vi = R(\cos\varphi + i\sin\varphi)$ ，则 $w = z^2$ 相当于

$$\begin{cases} u = x^2 - y^2 \\ v = 2xy \end{cases} \text{或} \begin{cases} R = r^2 \\ \varphi = 2\theta \end{cases}$$

（1）当 z 的模 r 为 2，辐角 θ 由 0 变至 $\dfrac{\pi}{2}$ （描绘出第一象限里的圆弧）时，对应的 w 的模 R 为 4，辐角 φ 由 0 变至 π .故在 w 平面上的映像为：以原点为中心，4 为半径，在 u 轴上方的半圆周.

（2）z 平面上的倾角 $\theta = \dfrac{\pi}{3}$ 的直线可看成是由 $\theta = \dfrac{\pi}{3}$ 的射线与 $\theta = \pi + \dfrac{\pi}{3}$ 的射线组成，而射线 $\theta = \dfrac{\pi}{3}$ 的映像为 $\varphi = \dfrac{2\pi}{3}$，射线 $\theta = \pi + \dfrac{\pi}{3}$ 的映像为 $\varphi = 2\pi + \dfrac{2\pi}{3}$．故 z 平面上 $\theta = \dfrac{\pi}{3}$ 的倾角的直线映像为 w 平面上射线 $\varphi = \dfrac{2\pi}{3}$．

（3）z 平面上的曲线 $x^2 + y^2 = 4$ 的映像为 w 平面上的直线 $u = 4$．

习题二

1. 解：设 $z = x + iy$，$w = u + iv$，则

$$u + iv = x + iy + \frac{1}{x + iy} = x + iy + \frac{x - iy}{x^2 + y^2} = x + \frac{x}{x^2 + y^2} + i\left(y - \frac{y}{x^2 + y^2}\right)$$

因为 $x^2 + y^2 = 4$，所以 $u + iv = \dfrac{5}{4}x + \dfrac{3}{4}yi$

所以 $u = \dfrac{5}{4}x, v = +\dfrac{3}{4}y$

$$x = \frac{u}{\frac{5}{4}}, y = \frac{v}{\frac{3}{4}}$$

所以 $\dfrac{u}{\left(\dfrac{5}{4}\right)^2} + \dfrac{v}{\left(\dfrac{3}{4}\right)^2} = 2$，即 $\dfrac{u^2}{\left(\dfrac{5}{2}\right)^2} + \dfrac{v^2}{\left(\dfrac{3}{2}\right)^2} = 1$，表示椭圆．

2. 解：设 $w = u + iv = (x + iy)^2 = x^2 - y^2 + 2xyi$

所以 $u = x^2 - y^2, v = 2xy$．

（1）记 $w = \rho e^{i\varphi}$，则 $0 < r < 2, \theta = \dfrac{\pi}{4}$ 映射成 w 平面内虚轴上从 O 到 $4i$ 的一段，即

$$0 < \rho < 4, \varphi = \frac{\pi}{2}.$$

（2）记 $w = \rho e^{i\varphi}$，则 $0 < \theta < \dfrac{\pi}{4}, 0 < r < 2$ 映成了 w 平面上的扇形域，即 $0 < \rho < 4, 0 < \varphi < \dfrac{\pi}{2}$.

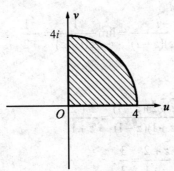

（3）记 $w = u + iv$，则将直线 $x=a$ 映成了 $u = a^2 - y^2, v = 2ay$，即 $v^2 = 4a^2(a^2 - u)$. 是以原点为焦点，张口向左的抛物线将 $y=b$ 映成了 $u = x^2 - b^2, v = 2xb$.

即 $v^2 = 4b^2(b^2 + u)$ 是以原点为焦点，张口向右的抛物线，如下图所示.

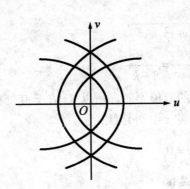

3.（1）$\lim\limits_{z \to \infty} \dfrac{1}{1 + z^2}$；

解：令 $z = \dfrac{1}{t}$，则 $z \to \infty, t \to 0$.

于是 $\lim\limits_{z \to \infty} \dfrac{1}{1 + z^2} = \lim\limits_{t \to 0} \dfrac{t^2}{1 + t^2} = 0$.

（2）$\lim\limits_{z \to 0} \dfrac{\operatorname{Re}(z)}{z}$；

解：设 $z=x+yi$，则 $\dfrac{\operatorname{Re}(z)}{z} = \dfrac{x}{x + iy}$ 有

$$\lim\limits_{z \to 0} \dfrac{\operatorname{Re}(z)}{z} = \lim\limits_{\substack{x \to 0 \\ y = kx \to 0}} \dfrac{x}{x + ikx} = \dfrac{1}{1 + ik}$$

显然当取不同的值时，$f(z)$ 的极限不同.

所以极限不存在.

（3）$\lim\limits_{z \to i} \dfrac{z - i}{z(1 + z^2)}$；

解：$\lim\limits_{z \to i} \dfrac{z - i}{z(1 + z^2)} = \lim\limits_{z \to i} \dfrac{z - i}{z(i + z)(z - i)} = \lim\limits_{z \to i} \dfrac{1}{z(i + z)} = -\dfrac{1}{2}$.

（4）$\lim\limits_{z \to 1} \dfrac{z\bar{z} + 2z - \bar{z} - 2}{z^2 - 1}$.

解：因为 $\dfrac{z\bar{z} + 2z - \bar{z} - 2}{z^2 - 1} = \dfrac{(\bar{z} + 2)(z - 1)}{(z + 1)(z - 1)} = \dfrac{\bar{z} + 2}{z + 1}$，

所以 $\lim\limits_{z \to 1} \dfrac{z\bar{z} + 2z - \bar{z} - 2}{z^2 - 1} = \lim\limits_{z \to 1} \dfrac{\bar{z} + 2}{z + 1} = \dfrac{3}{2}$.

4.（1）$f(z) = \begin{cases} \dfrac{xy}{x^2 + y^2}, & z \neq 0, \\ 0, & z = 0; \end{cases}$

解：因为 $\lim\limits_{z \to 0} f(z) = \lim\limits_{(x,y) \to (0,0)} \dfrac{xy}{x^2 + y^2}$，

若令 $y = kx$，则 $\lim\limits_{(x,y) \to (0,0)} \dfrac{xy}{x^2 + y^2} = \dfrac{k}{1 + k^2}$.

因为当 k 取不同值时，$f(z)$ 的取值不同，所以 $f(z)$ 在 $z=0$ 处极限不存在.

从而 $f(z)$ 在 $z=0$ 处不连续，除 $z=0$ 外连续.

（2）$f(z) = \begin{cases} \dfrac{x^3 y}{x^4 + y^2}, & z \neq 0, \\ 0, & z = 0. \end{cases}$

解：因为 $0 \leqslant \left| \dfrac{x^3 y}{x^4 + y^2} \right| \leqslant \dfrac{|x^3||y|}{2|x^2||y|} = \dfrac{|x|}{2}$，

所以 $\lim\limits_{(x,y) \to (0,0)} \dfrac{x^3 y}{x^4 + y^2} = 0 = f(0)$，

$f(z)$ 在整个 z 平面连续.

5.（1）$f(z) = (z - 1)^{n-1}$ （n 为正整数）；

解：因为 n 为正整数，所以 $f(z)$ 在整个 z 平面上可导.
$$f'(z) = n(z - 1)^{n-1}.$$

（2）$f(z) = \dfrac{z + 2}{(z + 1)(z^2 + 1)}$.

解：因为 $f(z)$ 为有理函数，所以 $f(z)$ 在 $(z+1)(z^2+1)=0$ 处不可导.

从而 $f(z)$ 除 $z=-1, z=\pm i$ 外可导.

$$f'(z) = \frac{(z+2)'(z+1)(z^2+1) - (z+1)[(z+1)(z^2+1)]'}{(z+1)^2(z^2+1)^2}$$

$$= \frac{-2z^3 + 5z^2 + 4z + 3}{(z+1)^2(z^2+1)^2}$$

（3）$f(z) = \dfrac{3z+8}{5z-7}$.

解：$f(z)$ 除 $z=\dfrac{7}{5}$ 外处处可导，且 $f'(z) = \dfrac{3(5z-7)-(3z+8)5}{(5z-7)^2} = -\dfrac{61}{(5z-7)^2}$.

（4）$f(z) = \dfrac{x+y}{x^2+y^2} + i\dfrac{x-y}{x^2+y^2}$.

解：因为 $f(z) = \dfrac{x+y+i(x-y)}{x^2+y^2} = \dfrac{x-iy+i(x-iy)}{x^2+y^2} = \dfrac{(x-iy)(1+i)}{x^2+y^2} = \dfrac{\bar{z}(1+i)}{|z|^2} = \dfrac{1+i}{z}$.

所以 $f(z)$ 除 $z=0$ 外处处可导，且 $f'(z) = -\dfrac{(1+i)}{z^2}$.

6. （1）$f(z) = xy^2 + ix^2y$；

解：$u(x,y) = xy^2, v(x,y) = x^2y$ 在全平面上可微.

$$\frac{\partial y}{\partial x} = y^2, \frac{\partial u}{\partial y} = 2xy, \frac{\partial v}{\partial x} = 2xy, \frac{\partial v}{\partial y} = x^2$$

只有当 $z=0$ 时，可使 $\dfrac{\partial u}{\partial x} = \dfrac{\partial v}{\partial y}$，$\dfrac{\partial u}{\partial y} = -\dfrac{\partial v}{\partial x}$，从而 $f(z)$ 在 $z=0$ 处可导，在全平面上不解析.

（2）$f(z) = x^2 + iy^2$.

解：$u(x,y) = x^2, v(x,y) = y^2$ 在全平面上可微.

$$\frac{\partial u}{\partial x} = 2x, \frac{\partial u}{\partial y} = 0, \frac{\partial v}{\partial x} = 0, \frac{\partial v}{\partial y} = 2y$$

只有当 $z=0$ 时，即（0,0）处有 $\dfrac{\partial u}{\partial x} = \dfrac{\partial v}{\partial y}, \dfrac{\partial u}{\partial y} = -\dfrac{\partial v}{\partial y}$.

所以 $f(z)$ 在 $z=0$ 处可导，在全平面上不解析.

（3）$f(z) = 2x^3 + 3iy^3$；

解：$u(x,y) = 2x^3, v(x,y) = 3y^3$ 在全平面上可微.

$$\frac{\partial u}{\partial x} = 6x^2, \frac{\partial u}{\partial y} = 0, \frac{\partial v}{\partial x} = 9y^2, \frac{\partial v}{\partial y} = 0$$

所以只有当 $\sqrt{2}x = \pm\sqrt{3}y$ 时，才满足 C-R 方程.

从而 $f(z)$ 在 $\sqrt{2}x \pm \sqrt{3}y = 0$ 处可导，在全平面不解析.

（4） $f(z) = \bar{z} \cdot z^2$.

解：设 $z = x + iy$，则 $f(z) = (x - iy) \cdot (x + iy)^2 = x^3 + xy^2 + i(y^3 + x^2y)$

$$u(x, y) = x^3 + xy^2, v(x, y) = y^3 + x^2y$$

$$\frac{\partial u}{\partial x} = 3x^2 + y^2, \frac{\partial u}{\partial y} = 2xy, \frac{\partial v}{\partial x} = 2xy, \frac{\partial v}{\partial y} = 3y^2 + x^2$$

所以只有当 $z=0$ 时才满足 C-R 方程.

从而 $f(z)$ 在 $z=0$ 处可导，处处不解析.

7. （1） $f'(z) = 0$；

证明：因为 $f'(z) = 0$，所以 $\frac{\partial u}{\partial x} = \frac{\partial u}{\partial y} = 0, \frac{\partial v}{\partial x} = \frac{\partial v}{\partial y} = 0$.

所以 u, v 为常数，于是 $f(z)$ 为常数.

（2） $\overline{f(z)}$ 解析.

证明：设 $\overline{f(z)} = u - iv$ 在 D 内解析,则

$$\frac{\partial u}{\partial x} = \frac{\partial(-v)}{\partial y} \Rightarrow \frac{\partial u}{\partial x} = -\frac{\partial v}{\partial y}$$

$$\frac{\partial u}{\partial y} = \frac{-\partial(-v)}{\partial x} = +\frac{\partial v}{\partial y}$$

$$\frac{\partial u}{\partial x} = -\frac{\partial v}{\partial y}, \frac{\partial u}{\partial y} = \frac{\partial v}{\partial x}$$

而 $f(z)$ 为解析函数，所以 $\frac{\partial u}{\partial x} = \frac{\partial u}{\partial y}, \frac{\partial u}{\partial y} = -\frac{\partial v}{\partial x}$

所以 $\frac{\partial v}{\partial x} = -\frac{\partial v}{\partial x}, \frac{\partial v}{\partial y} = -\frac{\partial v}{\partial y}$，即 $\frac{\partial u}{\partial x} = \frac{\partial u}{\partial y} = \frac{\partial v}{\partial x} = \frac{\partial v}{\partial y} = 0$

从而 v 为常数， u 为常数，即 $f(z)$ 为常数.

（3） $\mathrm{Re}f(z)$=常数.

证明：因为 $\mathrm{Re}f(z)$ 为常数，即 $u=C_1$， $\frac{\partial u}{\partial x} = \frac{\partial u}{\partial y} = 0$

因为 $f(z)$ 解析，C-R 条件成立.故 $\frac{\partial u}{\partial x} = \frac{\partial u}{\partial y} = 0$，即 $u=C_2$.

从而 $f(z)$ 为常数.

（4） $\mathrm{Im}f(z)$=常数.

证明：与（3）类似，由 $v=C_1$，得 $\dfrac{\partial v}{\partial x}=\dfrac{\partial v}{\partial y}=0$

因为 $f(z)$ 解析，由 C-R 方程得 $\dfrac{\partial u}{\partial x}=\dfrac{\partial u}{\partial y}=0$，即 $u=C_2$

所以 $f(z)$ 为常数.

5. $|f(z)|=$ 常数.

证明：因为 $|f(z)|=C$，对 C 进行讨论.

若 $C=0$，则 $u=0,v=0,f(z)=0$ 为常数.

若 $C\neq 0$，则 $f(z)\neq 0$，但 $f(z)\cdot\overline{f(z)}=C^2$，即 $u^2+v^2=C^2$

则两边对 x,y 分别求偏导数，有

$$2u\cdot\frac{\partial u}{\partial x}+2v\cdot\frac{\partial v}{\partial x}=0,\ 2u\cdot\frac{\partial u}{\partial y}+2v\cdot\frac{\partial v}{\partial y}=0$$

利用 C-R 条件，由于 $f(z)$ 在 D 内解析，有

$$\frac{\partial u}{\partial x}=\frac{\partial v}{\partial y},\ \frac{\partial u}{\partial y}=-\frac{\partial v}{\partial x}$$

$$\therefore\begin{cases}u\cdot\dfrac{\partial u}{\partial x}+v\cdot\dfrac{\partial v}{\partial x}=0\\[2mm]v\cdot\dfrac{\partial u}{\partial x}-u\cdot\dfrac{\partial v}{\partial x}=0\end{cases}$$

$$\therefore\frac{\partial u}{\partial x}=0,\ \frac{\partial v}{\partial x}=0$$

即 $u=C_1,v=C_2$，于是 $f(z)$ 为常数.

（6）$\arg f(z)=$ 常数.

证明：$\arg f(z)=$ 常数，即 $\arctan\left(\dfrac{v}{u}\right)=C$.

于是

$$\frac{(v/u)'}{1+(v/u)^2}=\frac{u^2\cdot\left(u\cdot\dfrac{\partial v}{\partial x}-v\cdot\dfrac{\partial u}{\partial x}\right)}{u^2(u^2+v^2)}=\frac{u^2\left(u\dfrac{\partial v}{\partial y}-v\dfrac{\partial u}{\partial y}\right)}{u^2(u^2+v^2)}=0$$

得

$$\begin{cases}u\cdot\dfrac{\partial v}{\partial x}-v\cdot\dfrac{\partial u}{\partial x}=0\\[2mm]u\cdot\dfrac{\partial v}{\partial y}-v\cdot\dfrac{\partial u}{\partial y}=0\end{cases}\quad\text{C-R 条件}\rightarrow\quad\begin{cases}u\cdot\dfrac{\partial v}{\partial x}-v\cdot\dfrac{\partial u}{\partial x}=0\\[2mm]u\cdot\dfrac{\partial v}{\partial x}+v\cdot\dfrac{\partial u}{\partial x}=0\end{cases}$$

解得 $\dfrac{\partial u}{\partial x}=\dfrac{\partial v}{\partial x}=\dfrac{\partial u}{\partial y}=\dfrac{\partial v}{\partial y}=0$，即 u,v 为常数，于是 $f(z)$ 为常数.

8. 设 $f(z)=my^3+nx^2y+i(x^3+lxy^2)$ 在 z 平面上解析，求 m, n, l 的值.

解：因为 $f(z)$ 解析，从而满足 C-R 条件.

$$\frac{\partial u}{\partial x} = 2nxy, \quad \frac{\partial u}{\partial y} = 3my^2 + nx^2$$

$$\frac{\partial v}{\partial x} = 3x^2 + ly^2, \quad \frac{\partial v}{\partial y} = 2lxy$$

$$\frac{\partial u}{\partial x} = \frac{\partial v}{\partial y} \Rightarrow n = l$$

$$\frac{\partial u}{\partial y} = -\frac{\partial v}{\partial x} \Rightarrow n = -3, l = -3m$$

所以 $n = -3, l = -3, m = 1$.

9. 试证下列函数在 z 平面上解析，并求其导数.

（1）$f(z)=x^3+3x^2yi-3xy^2-y^3i$

证明：$u(x,y)=x^3-3xy^2$，$v(x,y)=3x^2y-y^3$ 在全平面可微，且

$$\frac{\partial u}{\partial x} = 3x^2 - 3y^2, \quad \frac{\partial u}{\partial y} = -6xy, \quad \frac{\partial v}{\partial x} = 6xy, \quad \frac{\partial v}{\partial y} = 3x^2 - 3y^2$$

所以 $f(z)$ 在全平面上满足 C-R 方程，处处可导，处处解析.

$$f'(z) = \frac{\partial u}{\partial x} + i\frac{\partial v}{\partial x} = 3x^2 - 3y^2 + 6xyi = 3(x^2 - y^2 + 2xyi) = 3z^2.$$

（2）$f(z) = e^x(x\cos y - y\sin y) + ie^x(y\cos y + x\sin y)$.

证明：$u(x,y) = e^x(x\cos y - y\sin y)$，$v(x,y)=e^x(y\cos y + x\sin y)$ 处处可微，且

$$\frac{\partial u}{\partial x} = e^x(x\cos y - y\sin y) + e^x(\cos y) = e^x(x\cos y - y\sin y + \cos y)$$

$$\frac{\partial u}{\partial y} = e^x(-x\sin y - \sin y - y\cos y) = e^x(-x\sin y - \sin y - y\cos y)$$

$$\frac{\partial v}{\partial x} = e^x(y\cos y + x\sin y) + e^x(\sin y) = e^x(y\cos y + x\sin y + \sin y)$$

$$\frac{\partial v}{\partial y} = e^x(\cos y + y(-\sin y) + x\cos y) = e^x(\cos y - y\sin y + x\cos y)$$

所以 $\dfrac{\partial u}{\partial x} = \dfrac{\partial v}{\partial y}$，$\dfrac{\partial u}{\partial y} = -\dfrac{\partial v}{\partial x}$

所以 $f(z)$ 处处可导，处处解析.

$$f'(z) = \frac{\partial u}{\partial x} + i\frac{\partial v}{\partial x} = e^x(x\cos y - y\sin y + \cos y) + i(e^x(y\cos y + x\sin y + \sin y))$$

$$= e^x\cos y + ie^x\sin y + x(e^x\cos y + ie^x\sin y) + iy(e^x\cos y + ie^x\sin y)$$

$$= e^z + xe^z + iye^z = e^z(1+z)$$

10. 证明：（1）$\because \lim\limits_{z \to 0} f(z) = \lim\limits_{(x,y) \to (0,0)} u(x,y) + iv(x,y)$

而 $\lim\limits_{(x,y) \to (0,0)} u(x,y) = \lim\limits_{(x,y) \to (0,0)} \dfrac{x^3 - y^3}{x^2 + y^2}$

$$\because \frac{x^3 - y^3}{x^2 + y^2} = (x - y)\cdot\left(1 + \frac{xy}{x^2 + y^2}\right)$$

$$\therefore 0 \leqslant \left|\frac{x^3 - y^3}{x^2 + y^2}\right| \leqslant \frac{3}{2}|x - y|$$

$$\therefore \lim\limits_{(x,y) \to (0,0)} \frac{x^3 - y^3}{x^2 + y^2} = 0$$

同理 $\lim\limits_{(x,y) \to (0,0)} \dfrac{x^3 + y^3}{x^2 + y^2} = 0$

$$\therefore \lim\limits_{(x,y) \to (0,0)} f(z) = 0 = f(0)$$

$\therefore f(z)$在 $z=0$ 处连续.

（2）考查极限 $\lim\limits_{z \to 0} \dfrac{f(z) - f(0)}{z}$

当 z 沿虚轴趋向于零时，$z=iy$，有

$$\lim\limits_{y \to 0} \frac{1}{iy}\left[f(iy) - f(0)\right] = \lim\limits_{y \to 0} \frac{1}{iy}\cdot\frac{-y^3(1-i)}{y^2} = 1 + i.$$

当 z 沿实轴趋向于零时，$z=x$，有

$$\lim\limits_{x \to 0} \frac{1}{x}\left[f(x) - f(0)\right] = 1 + i$$

它们分别为 $\dfrac{\partial u}{\partial x} + i\cdot\dfrac{\partial v}{\partial x}$，$\dfrac{\partial v}{\partial y} - i\dfrac{\partial u}{\partial y}$

$$\therefore \frac{\partial u}{\partial x} = \frac{\partial v}{\partial y}, \quad \frac{\partial u}{\partial y} = -\frac{\partial v}{\partial x}$$

$\therefore$满足 C-R 条件.

（3）当 z 沿 $y=x$ 趋向于零时，有

$$\lim_{x=y\to 0}\frac{f(x+ix)-f(0,0)}{x+ix}=\lim_{x=y\to 0}\frac{x^3(1+i)-x^3(1-i)}{2x^3(1+i)}=\frac{i}{1+i}$$

$\therefore \lim\limits_{z\to 0}\dfrac{\Delta f}{\Delta z}$ 不存在，即 $f(z)$ 在 $z=0$ 处不可导.

11. 证明：设 $f(z)=u(x,y)+iv(x,y)$，因为 $f(z)$ 在区域 D 内解析.

所以 $u(x,y),v(x,y)$ 在 D 内可微且满足 C-R 方程，即 $\dfrac{\partial u}{\partial x}=\dfrac{\partial v}{\partial y}$，$\dfrac{\partial u}{\partial y}=-\dfrac{\partial v}{\partial x}$.

$$\overline{f(\bar z)}=u(x,-y)-iv(x,-y)=\varphi(x,y)+i\psi(x,y)，\ 得$$

$$\frac{\partial \varphi}{\partial x}=\frac{\partial u(x,-y)}{\partial x}，\quad \frac{\partial \varphi}{\partial y}=\frac{\partial u(x,-y)}{\partial y}=-\frac{\partial u(x,-y)}{\partial y}$$

$$\frac{\partial \psi}{\partial x}=\frac{-\partial v(x,-y)}{\partial x}，\quad \frac{\partial \psi}{\partial y}=+\frac{\partial v(x,-y)}{\partial y}=\frac{\partial v(x,-y)}{\partial y}$$

故 $\varphi(x,y),\psi(x,y)$ 在 D_1 内可微且满足 C-R 条件 $\dfrac{\partial \varphi}{\partial x}=\dfrac{\partial \psi}{\partial y}$，$\dfrac{\partial \varphi}{\partial y}=-\dfrac{\partial \psi}{\partial x}$

从而 $\overline{f(\bar z)}$ 在 D_1 内解析.

13. （1）$e^{2+i}=e^2\cdot e^i=e^2\cdot(\cos 1+i\sin 1)$

（2）$e^{\frac{2-\pi i}{3}}=e^{\frac{2}{3}}\cdot e^{-\frac{\pi}{3}i}=e^{\frac{2}{3}}\cdot\left[\cos\left(-\frac{\pi}{3}\right)+i\sin\left(-\frac{\pi}{3}\right)\right]=e^{\frac{2}{3}}\cdot\left(\frac{1}{2}-\frac{\sqrt{3}}{2}i\right)$

（3）$\mathrm{Re}\left(e^{\frac{x-iy}{x^2+y^2}}\right)$

$=\mathrm{Re}\left(e^{\frac{x}{x^2+y^2}}\cdot e^{-\frac{y}{x^2+y^2}i}\right)$

$=\mathrm{Re}\left(e^{\frac{x}{x^2+y^2}}\cdot\left[\cos\left(-\frac{y}{x^2+y^2}\right)+i\sin\left(-\frac{y}{x^2+y^2}\right)\right]\right)$

$=e^{\frac{x}{x^2+y^2}}\cdot\cos\left(\frac{y}{x^2+y^2}\right)$

（4）$\left|e^{i-2(x+iy)}\right|=\left|e^i\right|\cdot\left|e^{-2(x+iy)}\right|$

$=\left|e^{-2x}\cdot e^{-2iy}\right|=e^{-2x}$

14. 解：令 $z=re^{i\theta}$，

对于 $\forall\theta$，$z\to\infty$ 时，$r\to\infty$.

故 $\lim\limits_{r\to\infty}\left(re^{i\theta}+e^{re^{i\theta}}\right)=\lim\limits_{r\to\infty}\left(re^{i\theta}+e^{r(\cos\theta+i\sin\theta)}\right)=\infty$.

所以 $\lim\limits_{z \to \infty} f(z) = \infty$.

15.

（1）$\ln(-2+3i) = \ln\sqrt{13} + i\arg(-2+3i) = \ln\sqrt{13} + i\left(\pi - \arctan\dfrac{3}{2}\right)$

（2）$\ln\left(3-\sqrt{3}i\right) = \ln 2\sqrt{3} + i\arg\left(3-\sqrt{3}i\right) = \ln 2\sqrt{3} + i\left(-\dfrac{\pi}{6}\right) = \ln 2\sqrt{3} - \dfrac{\pi}{6}i$

（3）$\ln(e^i) = \ln 1 + i\arg(e^i) = \ln 1 + i = i$

（4）$\ln(ie) = \ln e + i\arg(ie) = 1 + \dfrac{\pi}{2}i$

16. 解：显然 $g(z)=|z|$ 在复平面上连续，$\ln z$ 除负实轴及原点外处处连续.

设 $z=x+iy$，$g(z)=|z|=\sqrt{x^2+y^2}=u(x,y)+iv(x,y)$

$u(x,y)=\sqrt{x^2+y^2}, v(x,y)=0$ 在复平面内可微.

$$\frac{\partial u}{\partial x} = \frac{1}{2}(x^2+y^2)^{-\frac{1}{2}} \cdot 2x = \frac{x}{\sqrt{x^2+y^2}}, \quad \frac{\partial u}{\partial y} = \frac{y}{\sqrt{x^2+y^2}}$$

$$\frac{\partial v}{\partial x} = 0, \quad \frac{\partial v}{\partial y} = 0$$

故 $g(z)=|z|$ 在复平面上处处不可导. 从而 $f(x)=|z|+\ln z$ 在复平面上处处不可导. $f(z)$ 在复平面除原点及负实轴外处处连续.

17. （1）$(1+i)^{1-i} = e^{\ln(1+i)^{1-i}} = e^{(1-i)\cdot\ln(1+i)} = e^{(1-i)\cdot\left(\ln\sqrt{2}+\frac{\pi}{4}i+2k\pi i\right)}$

$\quad = e^{\ln\sqrt{2} + \frac{\pi}{4}i - \ln\sqrt{2}i + \frac{\pi}{4} + 2k\pi}$

$\quad = e^{\ln\sqrt{2}+\frac{\pi}{4}+2k\pi} \cdot e^{i\left(\frac{\pi}{4} - \ln\sqrt{2}\right)}$

$\quad = e^{\ln\sqrt{2}+\frac{\pi}{4}+2k\pi} \cdot \left[\cos\left(\frac{\pi}{4} - \ln\sqrt{2}\right) + i\sin\left(\frac{\pi}{4} - \ln\sqrt{2}\right)\right]$

$\quad = \sqrt{2} \cdot e^{2k\pi + \frac{\pi}{4}} \cdot \left[\cos\left(\frac{\pi}{4} - \ln\sqrt{2}\right) + i\sin\left(\frac{\pi}{4} - \ln\sqrt{2}\right)\right]$

（2） $(-3)^{\sqrt{5}} = e^{\ln(-3)^{\sqrt{5}}} = e^{\sqrt{5} \cdot \ln(-3)}$

$\qquad = e^{\sqrt{5} \cdot (\ln 3 + i \cdot \pi + 2k\pi i)} = e^{\sqrt{5}\ln 3 + \sqrt{5}i \cdot \pi + 2k\pi\sqrt{5}i}$

$\qquad = e^{\sqrt{5} \cdot \ln 3}(\cos(2k+1)\pi\sqrt{5} + i\sin(2k+1)\pi\sqrt{5})$

$\qquad = 3^{\sqrt{5}} \cdot (\cos(2k+1)\pi \cdot \sqrt{5} + i\sin(2k+1)\pi\sqrt{5})$

（3） $1^{-i} = e^{\ln 1^{-i}} = e^{-i\ln 1} = e^{-i \cdot (\ln 1 + i \cdot 0 + 2k\pi i)}$

$\qquad = e^{-i \cdot (2k\pi i)} = e^{2k\pi}$

（4）

$\left(\dfrac{1-i}{\sqrt{2}}\right)^{1+i} = e^{\ln\left(\frac{1-i}{\sqrt{2}}\right)^{1+i}} = e^{(1+i)\ln\left(\frac{1-i}{\sqrt{2}}\right)}$

$\qquad = e^{(1+i) \cdot \left(\ln 1 + i\left(-\frac{\pi}{4}\right) + 2k\pi i\right)} = e^{(1+i)\left(2k\pi i - \frac{\pi}{4}i\right)}$

$\qquad = e^{2k\pi i - \frac{\pi}{4}i - 2k\pi + \frac{\pi}{4}} = e^{\frac{\pi}{4} - 2k\pi} \cdot e^{i\left(2k\pi - \frac{\pi}{4}\right)}$

$\qquad = e^{\frac{\pi}{4} - 2k\pi} \cdot \left(\cos\frac{\pi}{4} + i\sin\left(-\frac{\pi}{4}\right)\right)$

$\qquad = e^{\frac{\pi}{4} - 2k\pi} \cdot \left(\dfrac{\sqrt{2}}{2} - \dfrac{\sqrt{2}}{2}i\right)$

18.

（1） $\cos(\pi + 5i) = \dfrac{e^{i(\pi+5i)} + e^{-i(\pi+5i)}}{2} = \dfrac{e^{i\pi-5} + e^{-i\pi+5}}{2}$

$\qquad = \dfrac{-e^{-5} + e^5(-1)}{2} = \dfrac{-e^{-5} - e^5}{2} = -\dfrac{e^5 + e^{-5}}{2} = -\mathrm{ch}\,5$

（2） $\sin(1 - 5i) = \dfrac{e^{i(1-5i)} - e^{-i(1-5i)}}{2i} = \dfrac{e^{i+5} - e^{-i-5}}{2i}$

$\qquad = \dfrac{e^5(\cos 1 + i\sin 1) - e^{-5} \cdot (\cos 1 - i\sin 1)}{2i}$

$\qquad = \dfrac{e^5 + e^{-5}}{2} \cdot \sin 1 - i \cdot \dfrac{e^5 + e^{-5}}{2}\cos 1$

（3） $\tan(3 - i) = \dfrac{\sin(3-i)}{\cos(3-i)} = \dfrac{\dfrac{e^{i(3-i)} - e^{-i(3-i)}}{2i}}{\dfrac{e^{i(3-i)} + e^{-i(3-i)}}{2i}} = \dfrac{\sin 6 - i\sin 2}{2\left(\mathrm{ch}^2 1 - \sin^2 3\right)}$

（4） $|\sin z|^2 = \left| \dfrac{1}{2i} \cdot \left(e^{-y+xi} - e^{y-xi} \right) \right|^2 = |\sin x \cdot \mathrm{ch}\, y + i \cos x \cdot \mathrm{sh}\, y|^2$

$\qquad\qquad = \sin^2 x \cdot \mathrm{ch}^2 y + \cos^2 x \cdot \mathrm{sh}^2 y$

$\qquad\qquad = \sin^2 x \cdot \left(\mathrm{ch}^2 y - \mathrm{sh}^2 y \right) + \left(\cos^2 x + \sin^2 x \right) \cdot \mathrm{sh}^2 y$

$\qquad\qquad = \sin^2 x + \mathrm{sh}^2 y$

（5） $\arcsin i = -i \ln \left(i + \sqrt{1 - i^2} \right) = -i \ln \left(1 \pm \sqrt{2} \right)$

$\qquad\qquad = \begin{cases} -i \left[\ln \left(\sqrt{2} + 1 \right) + i 2k\pi \right] \\ -i \left[\ln \left(\sqrt{2} - 1 \right) + i (\pi + 2k\pi) \right] \end{cases} \quad k = 0, \pm 1, \cdots$

（6） $\arctan (1 + 2i) = -\dfrac{i}{2} \ln \dfrac{1 + i(1 + 2i)}{1 - i(1 + 2i)} = -\dfrac{i}{2} \cdot \ln \left(-\dfrac{2}{5} + \dfrac{1}{5} i \right)$

$\qquad\qquad = k\pi + \dfrac{1}{2} \arctan 2 + \dfrac{i}{4} \cdot \ln 5$

19.

（1） $\sin z = 2$.

解： $z = \arcsin 2 = \dfrac{1}{i} \ln \left(2i \pm \sqrt{3} i \right) = -\ln \left[\left(2 \pm \sqrt{3} \right) i \right]$

$\qquad\qquad = -i \left[\ln \left(2 \pm \sqrt{3} \right) + \left(2k + \dfrac{1}{2} \right) \pi i \right]$

$\qquad\qquad = \left(2k + \dfrac{1}{2} \right) \pi \pm i \ln \left(2 + \sqrt{3} \right), \quad k = 0, \pm 1, \cdots$

（2） $e^z - 1 - \sqrt{3} i = 0$

解： $e^z = 1 + \sqrt{3} i$ ，即 $z = \ln \left(1 + \sqrt{3} i \right) = \ln 2 + i \dfrac{\pi}{3} + 2k\pi i$

$\qquad\qquad = \ln 2 + \left(2k + \dfrac{1}{3} \right) \pi i$

（3） $\ln z = \dfrac{\pi}{2} i$

解： $\ln z = \dfrac{\pi}{2} i$ ，即 $z = e^{\frac{\pi}{2} i} = i$

（4） $z - \ln (1 + i) = 0$

解： $z - \ln (1 + i) = \ln \sqrt{2} + i \cdot \dfrac{\pi}{4} + 2k\pi i = \ln \sqrt{2} + \left(2k + \dfrac{1}{4} \right) \pi i$.

20.

（1）$\sin z = \sin x \mathrm{ch} y + i \cos x \cdot \mathrm{sh} y$

证明：$\sin z = \dfrac{e^{iz} - e^{-iz}}{2i} = \dfrac{e^{i(x+iy)} - e^{-(x+yi)\cdot i}}{2i}$

$= \dfrac{1}{2i} \cdot \left(e^{-y+xi} - e^{y-xi}\right)$

$= \sin x \cdot \mathrm{ch} y + i \cos x \cdot \mathrm{sh} y$

（2）$\cos z = \cos x \cdot \mathrm{ch} y - i \sin x \cdot \mathrm{sh} y$

证明：$\cos z = \dfrac{e^{iz} + e^{-iz}}{2} = \dfrac{1}{2} \cdot \left(e^{i(x+yi)} + e^{-i(x+yi)}\right)$

$= \dfrac{1}{2}\left(e^{-y+xi} + e^{y-xi}\right)$

$= \dfrac{1}{2}\left(e^{-y} \cdot (\cos x + i \sin x) + e^{y} \cdot (\cos x - i \sin x)\right)$

$= \dfrac{e^{y} + e^{-y}}{2} \cdot \cos x - \left(i \sin x \cdot \dfrac{-e^{-y} + e^{y}}{2}\right)$

$= \cos x \cdot \mathrm{ch} y - i \sin x \cdot \mathrm{sh} y$

（3）$|\sin z|^2 = \sin^2 x + \mathrm{sh}^2 y$

证明：$\sin z = \dfrac{1}{2i}\left(e^{-y+xi} - e^{y-xi}\right) = \sin x \cdot \mathrm{ch} y + i \cos x \cdot \mathrm{sh} y$

$|\sin z|^2 = \sin^2 x \mathrm{ch}^2 y + \cos^2 x \cdot \mathrm{sh}^2 y$

$= \sin^2 x \left(\mathrm{ch}^2 y - \mathrm{sh}^2 y\right) + \left(\cos^2 x + \sin^2 x\right)\mathrm{sh}^2 y$

$= \sin^2 x + \mathrm{sh}^2 y$

（4）$|\cos z|^2 = \cos^2 x + \mathrm{sh}^2 y$

证明：$\cos z = \cos x \mathrm{ch} y - i \sin x \mathrm{sh} y$

$|\cos z|^2 = \cos^2 x \cdot \mathrm{ch}^2 y + \sin^2 x \cdot \mathrm{sh}^2 y$

$= \cos^2 x (\mathrm{ch}^2 y - \mathrm{sh}^2 y) + (\cos^2 x + \sin^2 x) \cdot \mathrm{sh}^2 y$

$= \cos^2 x + \mathrm{sh}^2 y$

21. 证明当 $y \to \infty$ 时，$|\sin(x+iy)|$ 和 $|\cos(x+iy)|$ 都趋于无穷大.

证明：$\sin z = \dfrac{1}{2i}\left(e^{iz} - e^{-iz}\right) = \dfrac{1}{2i} \cdot \left(e^{-y+xi} - e^{y-xi}\right)$

$$\therefore |\sin z| = \frac{1}{2} \cdot \left| e^{-y+xi} - e^{y-xi} \right|$$

$$\left| e^{-y+xi} \right| = e^{-y}, \quad \left| e^{y-xi} \right| = e^{y}$$

$$而 \ |\sin z| \geq \frac{1}{2} \left(\left| e^{-y+xi} \right| - \left| e^{y-xi} \right| \right) = \frac{1}{2} \left(e^{-y} - e^{y} \right)$$

当 $y \to +\infty$ 时，$e^{-y} \to 0$，$e^{y} \to +\infty$，有 $|\sin z| \to \infty$.

当 $y \to -\infty$ 时，$e^{-y} \to +\infty$，$e^{y} \to 0$，有 $|\sin z| \to \infty$.

同理得 $\left| \cos(x + iy) \right| = \frac{1}{2} \left| e^{-y+xi} + e^{y-xi} \right| \geq \frac{1}{2} \left(e^{-y} - e^{y} \right)$.

所以当 $y \to \infty$ 时有 $|\cos z| \to \infty$.

第二章　自测题参考答案

一、选择题

1.B　　2.D　　3.B　　4.A　　5.B　　6.D　　7.C　　8.A　　9.D　　10.C

二、填空题

1. $\dfrac{\partial v}{\partial y} = \dfrac{x}{x^2 + y^2}$　　2. $z^4 - (1 - i)$　　3. $\dfrac{\pi}{2}$　　4. $\dfrac{1}{2}$　　5. $z = k\pi$ （$k = 0, \pm 1, \pm 2, \cdots$）

三、计算题

1．解：（1）$f(z) = (z - 1)^5$ 在复平面上处处解析，$f'(z) = 5(z - 1)^4$.

（2）$f(z) = \dfrac{1}{z^2 - 1}$ 为分式函数，在分母不为零处（即 $z \neq \pm 1$）解析，$f'(z) = \dfrac{-2z}{(z^2 - 1)^2}$.

2．解：由对数函数的定义知：

$$\ln(-i) = \ln |-i| + i[\arg(-i) + 2k\pi] = i\left(2k\pi - \frac{\pi}{2}\right), \quad k = 0, \pm 1, \pm 2, \cdots$$

当 $k = 0$ 时，其主值为：$-\dfrac{\pi}{2} i$.

$$Ln(-3 + 4i) = \ln |-3 + 4i| + i[\arg(-3 + 4i) + 2k\pi]$$

$$= \ln 5 + i\left[\pi - \arctan \frac{4}{3} + 2k\pi\right] \quad （k = 0, \pm 1, \pm 2, \cdots）$$

当 $k = 0$ 时，其主值为 $\ln 5 + i\left[\pi - \arctan \dfrac{4}{3}\right]$.

3．解：因为 $f(z) = x + ay + i(bx + cy)$ 是解析函数，所以 $\dfrac{\partial u}{\partial x} = \dfrac{\partial v}{\partial y}, \dfrac{\partial u}{\partial y} = \dfrac{\partial v}{\partial x}$

即有：$c = 1, a = -b$．

4．解：因为 $\dfrac{\partial v}{\partial x} = e^x(y\cos y + x\sin y + \sin y) + 1$，$\dfrac{\partial v}{\partial y} = e^x(\cos y - y\sin y + x\cos y) + 1$

由 $\dfrac{\partial u}{\partial x} = \dfrac{\partial v}{\partial y} = e^x(\cos y - y\sin y + x\cos y) + 1$ 得：

$u = \int [e^x(\cos y - y\sin y + x\cos y) + 1]\mathrm{d}x = e^x(x\cos y - y\sin y) + x + g(y)$．

由 $\dfrac{\partial v}{\partial x} = \dfrac{\partial u}{\partial y}$，得

$e^x(y\cos y + x\sin y + \sin y) + 1 = e^x(x\sin y - y\cos y + \sin y) - g'(y)$

故 $g(y) = -y + C$，因此 $u = e^x(x\cos y - y\sin y) + x - y + C$

从而

$$f(z) = e^x(x\cos y - y\sin y) + x - y + C + i[e^x(y\cos y + x\sin y) + x + y]$$
$$= xe^x e^{iy} + iye^x e^{iy} + x(1+i) + iy(1+i)z + C$$

它可以写成（令 $y = 0$，$x = z$）：$f(z) = ze^z + (1+i)z + C$

由 $f(0) = 0$，得 $C = 0$，故所求的解析函数为：$f(z) = ze^z + (1+i)z$．

5．解：$\because \sin z + \cos z = \dfrac{1}{2i}(e^{iz} - e^{-iz}) + \dfrac{1}{2}(e^{iz} + e^{-iz}) = 0$，

$\therefore e^{i2z} = -\dfrac{1+i}{1-i} = \dfrac{-2i}{2} = -i$

即：$z = \dfrac{1}{2}\left(2k\pi - \dfrac{\pi}{2}\right) = k\pi - \dfrac{\pi}{4}$，$k = 0, \pm 1, \pm 2, \cdots$．

习题三

1．解：设直线段的方程为 $y = x$，则 $z = x + ix$．　$0 \leqslant x \leqslant 1$ 故

$$\int_C \left(x - y + ix^2\right)\mathrm{d}z = \int_0^1 \left(x - y + ix^2\right)\mathrm{d}(x + ix)$$
$$= \int_0^1 ix^2(1+i)\mathrm{d}x = i(1+i) \cdot \dfrac{1}{3}x^3 \Big|_0^1 = \dfrac{i}{3}(1+i) = \dfrac{i-1}{3}$$

2．解：（1）设 $z = x + ix$．　$0 \leqslant x \leqslant 1$

$$\int_C (1 - \bar{z})\mathrm{d}z = \int_0^1 (1 - x + ix)\mathrm{d}(x + ix) = i$$

（2）设 $z = x + ix^2$．　$0 \leqslant x \leqslant 1$

$$\int_C (1-\overline{z})\mathrm{d}z = \int_0^1 (1-x+ix^2)\mathrm{d}(x+ix^2) = \frac{2i}{3}$$

3. 解：（1）设 $z=iy$．　$-1 \leqslant y \leqslant 1$

$$\int_C |z|\mathrm{d}z = \int_{-1}^1 y\,\mathrm{d}iy = i\int_{-1}^1 y\,\mathrm{d}y = i$$

（2）设 $z=e^{i\theta}$．　θ 从 $\dfrac{3\pi}{2}$ 到 $\dfrac{\pi}{2}$

$$\int_C |z|\mathrm{d}z = \int_{\frac{3\pi}{2}}^{\frac{\pi}{2}} 1\mathrm{d}e^{i\theta} = i\int_{\frac{3\pi}{2}}^{\frac{\pi}{2}} \mathrm{d}e^{i\theta} = 2i$$

（3）设 $z=e^{i\theta}$．　θ 从 $\dfrac{3\pi}{2}$ 到 $\dfrac{\pi}{2}$

$$\int_C |z|\mathrm{d}z = \int_{\frac{3\pi}{2}}^{\frac{\pi}{2}} 1\mathrm{d}e^{i\theta} = 2i$$

6. 计算积分 $\oint_C (|z|-e^z\cdot\sin z)\mathrm{d}z$，其中 C 为 $|z|=a>0$．

解　$\oint_C (|z|-e^z\cdot\sin z)\mathrm{d}z = \oint_C |z|\mathrm{d}z - \oint_C e^z\cdot\sin z\mathrm{d}z$

$\because e^z\cdot\sin z$ 在 $|z|=a$ 所围的区域内解析

$\therefore \oint_C e^z\cdot\sin z\mathrm{d}z = 0$

从而

$$\oint_C (|z|-e^z\cdot\sin z)\mathrm{d}z = \oint_C |z|\mathrm{d}z = \int_0^{2\pi} a\mathrm{d}ae^{i\theta}$$
$$= a^2 i\int_0^{2\pi} e^{i\theta}\mathrm{d}\theta = 0$$

故 $\oint_C (|z|-e^z\cdot\sin z)\mathrm{d}z = 0$

7. 计算积分 $\oint_C \dfrac{1}{z(z^2+1)}\mathrm{d}z$，其中积分路径 C 为

（1）$C_1 : |z| = \dfrac{1}{2}$　　（2）$C_2 : |z| = \dfrac{3}{2}$　　（3）$C_3 : |z+i| = \dfrac{1}{2}$　　（4）$C_4 : |z-i| = \dfrac{3}{2}$

解：（1）在 $|z| = \dfrac{1}{2}$ 所围的区域内，$\dfrac{1}{z(z^2+1)}$ 只有一个奇点 $z=0$．

$$\oint_C \frac{1}{z(z^2+1)}dz = \oint_{C_1}(\frac{1}{z} - \frac{1}{2}\cdot\frac{1}{z-i} - \frac{1}{2}\cdot\frac{1}{z+i})\,dz = 2\pi i - 0 - 0 = 2\pi i$$

（2）在 C_2 所围的区域内包含三个奇点 $z = 0, z = \pm i$，故

$$\oint_C \frac{1}{z(z^2+1)}dz = \oint_{C_2}(\frac{1}{z} - \frac{1}{2}\cdot\frac{1}{z-i} - \frac{1}{2}\cdot\frac{1}{z+i})dz = 2\pi i - \pi i - \pi i = 0$$

（3）在 C_2 所围的区域内包含一个奇点 $z = -i$，故

$$\oint_C \frac{1}{z(z^2+1)}dz = \oint_{C_3}(\frac{1}{z} - \frac{1}{2}\cdot\frac{1}{z-i} - \frac{1}{2}\cdot\frac{1}{z+i})dz = 0 - 0 - \pi i = -\pi i$$

（4）在 C_4 所围的区域内包含两个奇点 $z = 0, z = i$，故

$$\oint_C \frac{1}{z(z^2+1)}dz = \oint_{C_4}(\frac{1}{z} - \frac{1}{2}\cdot\frac{1}{z-i} - \frac{1}{2}\cdot\frac{1}{z+i})dz = 2\pi i - \pi i = \pi i$$

10. 解：（1）$\int_0^{\pi+2i} \cos\frac{z}{2}dz = \frac{1}{2}\sin\frac{z}{2}\Big|_0^{\pi+2i} = 2ch1$

（2）$\int_{-\pi i}^0 e^{-z}dz = -e^{-z}\Big|_{-\pi i}^0 = -2$

（3）$\int_1^i (2+iz)^2 dz = \frac{1}{i}\int_1^i (2+iz)^2 d(2+iz) = \frac{1}{i}\cdot\frac{1}{3}(2+iz)^3\Big|_1^i = -\frac{11}{3} + \frac{i}{3}$

（4）$\int_1^i \frac{\ln(z+1)}{z+1}dz = \int_1^i \ln(z+1)d\ln(z+1) = \frac{1}{2}\ln^2(z+1)\Big|_1^i = -\frac{1}{8}(\frac{\pi^2}{4} + 3\ln^2 2)$

（5）$\int_0^1 z\cdot\sin z dz = -\int_0^1 zd\cos z = -z\cos z\Big|_0^1 + \int_0^1 \cos z dz = \sin 1 - \cos 1$

（6）$\int_1^i \frac{1+\tan z}{\cos^2 z}dz = \int_1^i \sec^2 z dz + \int_1^i \sec^2 z \tan z dz = \tan z\Big|_1^i + \frac{1}{2}\tan^2 z\Big|_1^i$

$$= -\left(\tan 1 + \frac{1}{2}\tan^2 1 + \frac{1}{2}th^2 1\right) + ith1$$

11. 解：（1）$\oint_C \frac{e^z}{z^2+1}dz = \oint_C \frac{e^z}{(z+i)(z-i)}dz = 2\pi i\cdot\frac{e^z}{z+i}\Big|_{z=i} = \pi e^i$

（2）$\oint_C \frac{e^z}{z^2+1}dz = \oint_C \frac{e^z}{(z+i)(z-i)}dz = 2\pi i\cdot\frac{e^z}{z-i}\Big|_{z=-i} = -\pi e^{-i}$

（3）$\oint_C \frac{e^z}{z^2+1}dz = \oint_{C_1} \frac{e^z}{z^2+1}dz + \oint_{C_2} \frac{e^z}{z^2+1}dz = \pi e^i - \pi e^{-i} = 2\pi i\sin 1$

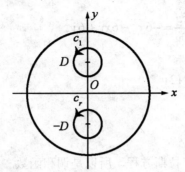

16. 解：（1）$\oint_C \dfrac{e^z}{z^5}dz = \dfrac{2\pi i}{4!}(e^z)^{(4)}\Big|_{z=0} = \dfrac{\pi i}{12}$

（2）$\oint_C \dfrac{\cos z}{z^3}dz = \dfrac{2\pi i}{2!}(\cos z)^{(2)}\Big|_{z=0} = -\pi i$

$\oint_C \dfrac{\tan\dfrac{z}{2}}{(z-z_0)^2}dz = 2\pi i(\tan z)'\Big|_{z=z_0} = \pi i \sec^2 \dfrac{z_0}{2}$

17.

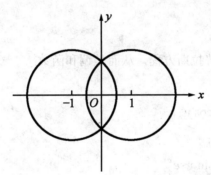

（1）C 内包含了奇点 $z=1$

$\therefore \oint_C \dfrac{1}{(z-1)^3(z+1)^3}dz = \dfrac{2\pi i}{2!}\Big(\dfrac{1}{(z+1)^3}\Big)^{(2)}\Big|_{z=1} = \dfrac{3\pi i}{8}$

（2）C 内包含了奇点 $z=-1$

$\therefore \oint_C \dfrac{1}{(z-1)^3(z+1)^3}dz = \dfrac{2\pi i}{2!}\Big(\dfrac{1}{(z-1)^3}\Big)^{(2)}\Big|_{z=-1} = -\dfrac{3\pi i}{8}$

19. 解（1）设 $w = u + iv$，$u = x^3 - 6x^2y - 3xy^2 + 2y^3$，$v = 0$

$$\therefore \frac{\partial u}{\partial x} = 3x^2 - 12xy - 3y^2 , \quad \frac{\partial u}{\partial y} = -6x^2 - 6xy + 6y^2$$

$$\frac{\partial^2 u}{\partial x^2} = 6x - 12y, \frac{\partial^2 u}{\partial y^2} = -6x + 12y$$

从而有

$$\frac{\partial^2 u}{\partial x^2} + \frac{\partial^2 u}{\partial y^2} = 0 , w \text{ 满足拉普拉斯方程，所以是调和函数.}$$

（2）设 $w = u + iv$ ， $u = e^x \cdot \cos y + 1, v = e^x \cdot \sin y + 1$

$$\therefore \frac{\partial u}{\partial x} = e^x \cdot \cos y, \frac{\partial u}{\partial y} = -e^x \cdot \sin y$$

$$\frac{\partial^2 u}{\partial x^2} = e^x \cdot \cos y, \frac{\partial^2 u}{\partial y^2} = -e^x \cdot \cos y$$

从而有

$$\frac{\partial^2 u}{\partial x^2} + \frac{\partial^2 u}{\partial y^2} = 0 , u \text{ 满足拉普拉斯方程，从而是调和函数.}$$

$$\frac{\partial v}{\partial x} = e^x \cdot \sin y , \quad \frac{\partial v}{\partial y} = e^x \cdot \cos y$$

$$\frac{\partial^2 v}{\partial x^2} = e^x \cdot \sin y , \quad \frac{\partial^2 v}{\partial y^2} = -\sin y \cdot e^x$$

$$\frac{\partial^2 v}{\partial x^2} + \frac{\partial^2 v}{\partial y^2} = 0 , v \text{ 满足拉普拉斯方程，从而是调和函数.}$$

20. 证明：$\frac{\partial u}{\partial x} = 2x , \quad \frac{\partial u}{\partial y} = -2y , \quad \frac{\partial^2 u}{\partial x^2} = 2 , \quad \frac{\partial^2 u}{\partial y^2} = -2$

$$\therefore \frac{\partial^2 u}{\partial x^2} + \frac{\partial^2 u}{\partial y^2} = 0 , \text{ 所以 } u \text{ 是调和函数.}$$

$$\frac{\partial \upsilon}{\partial x} = \frac{y^2 - x^2}{(x^2 + y^2)^2}, \quad \frac{\partial \upsilon}{\partial y} = \frac{-2xy}{(x^2 + y^2)^2}$$

$$\frac{\partial^2 \upsilon}{\partial x^2} = \frac{-6xy^2 + 2x^3}{(x^2 + y^2)^3}, \quad \frac{\partial^2 \upsilon}{\partial y^2} = \frac{6xy^2 - 2x^3}{(x^2 + y^2)^3}$$

$\therefore \dfrac{\partial^2 \upsilon}{\partial x^2} + \dfrac{\partial^2 \upsilon}{\partial y^2} = 0$，从而 υ 是调和函数.

但 $\because \dfrac{\partial u}{\partial x} \neq \dfrac{\partial \upsilon}{\partial y}, \quad \dfrac{\partial u}{\partial y} \neq -\dfrac{\partial \upsilon}{\partial x}$

$\therefore$ 不满足 C-R 方程，所以 $f(z) = u + i\upsilon$ 不是解析函数.

22. 解：（1）因为 $\dfrac{\partial u}{\partial x} = 2x + y = \dfrac{\partial \upsilon}{\partial y}, \quad \dfrac{\partial u}{\partial y} = -2y + x = -\dfrac{\partial \upsilon}{\partial x}$

所以

$$\upsilon = \int_{(0,0)}^{(x,y)} -\frac{\partial u}{\partial y}\mathrm{d}x + \frac{\partial u}{\partial x}\mathrm{d}y + C = \int_{(0,0)}^{(x,y)} (2y - x)\mathrm{d}x + (2x + y)\mathrm{d}y + C = \int_0^x -x\mathrm{d}x + \int_0^y (2x + y)\mathrm{d}y + C$$

$$= -\frac{x^2}{2} + \frac{y^2}{2} + 2xy + C$$

$$f(z) = x^2 - y^2 + xy + i\left(-\frac{x^2}{2} + \frac{y^2}{2} + 2xy + C\right)$$

令 $y = 0$，上式变为

$$f(x) = x^2 - i\left(\frac{x^2}{2} + C\right)$$

从而

$$f(z) = z^2 - i \cdot \frac{z^2}{2} + iC$$

（2）$\dfrac{\partial u}{\partial x} = -\dfrac{2xy}{(x^2 + y^2)^2}, \quad \dfrac{\partial u}{\partial y} = \dfrac{x^2 - y^2}{(x^2 + y^2)^2}$

用线积分法取为，有

$$v = \int_{(1,0)}^{(x,y)} -\frac{\partial u}{\partial y}dx + \frac{\partial u}{\partial x}dy + C = \int_1^x \frac{x^2}{x^4}dx - x\int_0^y \frac{2y}{(x^2+y^2)}dy + C$$

$$= \frac{1}{x} - 1 + \frac{x}{x^2+y^2}\Big|_0^y = \frac{x}{x^2+y^2} - 1 + C$$

$$f(z) = \frac{y}{x^2+y^2} + i(\frac{x}{2+y^2} - 1) + C$$

由 $f(1) = 0$，$C=0$

$$\therefore f(z) = i\left(\frac{1}{z} - 1\right)$$

23. 证明：不妨设闭路 C 内 $P(z)$ 的零点的个数为 k，其零点分别为 $a_1, a_2, \cdots, a_k$

$$\frac{1}{2\pi i}\oint_C \frac{P'(z)}{P(z)}dz = \frac{1}{2\pi i}\oint_C \frac{\prod\limits_{k=2}^{n}(z-a_k) + (z-a_1)\prod\limits_{k=3}^{n}(z-a_k) + \dots (z-a_1)\dots(z-a_{n-1})}{(z-a_1)(z-a_2)\dots(z-a_n)}dz$$

$$= \frac{1}{2\pi i}\oint_C \frac{1}{z-a_1}dz + \frac{1}{2\pi i}\oint_C \frac{1}{z-a_2}dz + \dots + \frac{1}{2\pi i}\oint_C \frac{1}{z-a_n}dz$$

$$= \underbrace{1+1+\dots+1}_{k\uparrow} + \frac{1}{2\pi i}\oint_C \frac{1}{z-a_{k+1}}dz + \dots + \frac{1}{2\pi i}\oint_C \frac{1}{z-a_n}dz$$

$$= k$$

24. 证明：在 D 内任取一点 Z，并取充分大的 R，作圆 $C_R|z| = R$，将 C 与 Z 包含在内，则 $f(z)$ 在以 C 及 C_R 为边界的区域 D 内解析，依柯西积分公式，有

$$f(z) = \frac{1}{2\pi i}[\oint_{C_R} \frac{f(\zeta)}{\zeta-z}d\zeta - \oint_C \frac{f(\zeta)}{\zeta-z}d\zeta]$$

因为 $\frac{f(\zeta-z)}{\zeta-z}$ 在 $|\zeta| > R$ 上解析，且

$$\lim_{\zeta\to\infty} \zeta\frac{f(\zeta)}{\zeta-z} = \lim_{\zeta\to\infty} f(\zeta)\cdot\frac{1}{1-\frac{z}{\zeta}} = \lim_{\zeta\to\infty} f(\zeta) = 1$$

所以，当 Z 在 C 外部时，有

$$f(z) = A - \frac{1}{2\pi i}\oint_C \frac{f(\zeta)}{\zeta-z}d\zeta$$

即 $\dfrac{1}{2\pi i}\oint_C \dfrac{f(\zeta)}{\zeta-z}\mathrm{d}\zeta = -f(z)+A$

设 Z 在 C，则

$$0 = \dfrac{1}{2\pi i}[\overset{f(z)=0}{\oint_{C_R}\dfrac{f(\zeta)}{\zeta-z}\mathrm{d}\zeta} - \oint_C \dfrac{f(\zeta)}{\zeta-z}\mathrm{d}\zeta]$$

$$\dfrac{1}{2\pi i}\oint_C \dfrac{f(\zeta)}{\zeta-z}\mathrm{d}\zeta = A$$

第三章　自测题参考答案

一、选择题

1. C　　2. D　　3. C　　4. C　　5. C　　6. B　　7. A　　8. B　　9. A　　10. D

二、填空题

1. 0　　2. 2　　3. $\dfrac{\pi i}{12}$　　4. 0　　5. $1+i$.

三、计算题

1. 解：正向圆周 $|z|=2$ 的参数方程为 $z=2e^{it}$ （$0 \le t \le 2\pi$）．由公式：

$$\oint_C \dfrac{\bar{z}}{|z|}\mathrm{d}z = \int_0^{2\pi}\dfrac{\overline{2e^{it}}}{2e^{it}}2ie^{it}\mathrm{d}t = 2i\int_0^{2\pi}\mathrm{d}t = 4\pi i.$$

2. 解：被积函数 $\dfrac{1}{z^2+2z+4}$ 的两个奇点 $z_1=-1+\sqrt{3}i$，$z_2=-1-\sqrt{3}i$ 均在 $|z|=1$ 之外，即被

积函数 $\dfrac{1}{z^2+2z+4}$ 在 $|z|=1$ 的内部解析，利用柯西定理得：$\displaystyle\int_C \dfrac{1}{z^2+2z+4}\mathrm{d}z = 0$

3. 解：由柯西积分公式锝：$\displaystyle\oint_C \dfrac{1}{(z+\frac{i}{2})(z+2)}\mathrm{d}z = \oint_C \dfrac{\frac{1}{z+2}}{z-\frac{i}{2}}\mathrm{d}z = 2\pi i \left.\dfrac{1}{z+2}\right|_{z=\frac{i}{2}} = \dfrac{4\pi i}{4+i}$.

4. 解：

$$\int_0^1 z \sin z \mathrm{d}z \arctan z = -[z \cos z]_0^1 + \int_0^1 \cos z \mathrm{d}z$$

$$= -\cos 1 + \sin z \big|_0^1 = \sin 1 - \cos 1$$

5. 解：由高阶求导公式得： $\arctan z = 2\pi i (\sin z)' \big|_{z=\frac{\pi}{2}=0}$.

习题四

1. 答：不一定. 反例： $\sum\limits_{n=1}^{\infty} a_n = \sum\limits_{n=1}^{\infty} \dfrac{1}{n} + i\dfrac{1}{n^2}, \sum\limits_{n=1}^{\infty} b_n = \sum\limits_{n=1}^{\infty} -\dfrac{1}{n} + i\dfrac{1}{n^2}$ 发散

但 $\sum\limits_{n=1}^{\infty}(a_n + b_n) = \sum\limits_{n=1}^{\infty} i \cdot \dfrac{2}{n^2}$ 收敛

$\sum\limits_{n=1}^{\infty}(a_n - b_n) = \sum\limits_{n=1}^{\infty} \dfrac{2}{n}$ 发散

$\sum\limits_{n=1}^{\infty} a_n b_n = \sum\limits_{n=1}^{\infty} [-(\dfrac{1}{n^2} + \dfrac{1}{n^4})]$ 收敛.

2.

解：（1） $\sum\limits_{n=1}^{\infty} \dfrac{1 + i^{2n+1}}{n} = \sum\limits_{n=1}^{\infty} \dfrac{1 + (-1)^n \cdot i}{n} = \sum\limits_{n=1}^{\infty} \dfrac{1}{n} + \dfrac{(-1)^n}{n} \cdot i$

因为 $\sum\limits_{n=1}^{\infty} \dfrac{1}{n}$ 发散，所以 $\sum\limits_{n=1}^{\infty} \dfrac{1 + i^{2n+1}}{n}$ 发散

（2） $\sum\limits_{n=1}^{\infty} \left| \dfrac{1+5i}{2} \right|^n = \sum\limits_{n=1}^{\infty} (\dfrac{\sqrt{26}}{2})^n$ 发散

又因为 $\lim\limits_{n \to \infty}(\dfrac{1+5i}{2})^n = \lim\limits_{n \to \infty}(\dfrac{1}{2} + \dfrac{5}{2}i)^n \neq 0$

所以 $\sum\limits_{n=1}^{\infty}(\dfrac{1+5i}{2})^n$ 发散

（3）$\sum_{n=1}^{\infty}\left|\frac{e^{\frac{\pi i}{n}}}{n}\right|=\sum_{n=1}^{\infty}\frac{1}{n}$ 发散，又因为 $\sum_{n=1}^{\infty}\frac{e^{\frac{i\pi}{n}}}{n}=\sum_{n=1}^{\infty}\frac{\cos\frac{\pi}{n}+i\sin\frac{\pi}{n}}{n}=\sum_{n=1}^{\infty}\frac{1}{n}(\cos\frac{\pi}{n}+i\sin\frac{\pi}{n})$ 收敛，所

以不绝对收敛.

（4）$\sum_{n=1}^{\infty}\left|\frac{i^{n}}{\ln n}\right|=\sum_{n=1}^{\infty}\frac{1}{\ln n}$

因为 $\frac{1}{\ln n}>\frac{1}{n-1}$，所以级数不绝对收敛.

又因为当 $n=2k$ 时，级数化为 $\sum_{k=1}^{\infty}\frac{(-1)^{k}}{\ln 2k}$ 收敛

当 $n=2k+1$ 时，级数化为 $\sum_{k=1}^{\infty}\frac{(-1)^{k}}{\ln(2k+1)}$ 也收敛

所以原级数条件收敛.

（5）$\sum_{n=0}^{\infty}\frac{\cos in}{2^{n}}=\sum_{n=0}^{\infty}\frac{1}{2^{n}}\cdot\frac{e^{n}+e^{-n}}{2}=\frac{1}{2}\sum_{n=0}^{\infty}(\frac{e}{2})^{n}+\frac{1}{2}\sum_{n=0}^{\infty}(\frac{1}{2e})^{n}$

其中 $\sum_{n=0}^{\infty}(\frac{e}{2})^{n}$ 发散，$\sum_{n=0}^{\infty}(\frac{1}{2e})^{n}$ 收敛，所以原级数发散.

3. 证明：设 $a_{n}=x_{n}+iy_{n},a_{n}^{2}=(x_{n}+iy_{n})^{2}=x_{n}^{2}-y_{n}^{2}+2x_{n}y_{n}i$

因为 $\sum_{n=1}^{\infty}a_{n}$ 和 $\sum_{n=1}^{\infty}a_{n}^{2}$ 收敛，所以 $\sum_{n=1}^{\infty}x_{n},\sum_{n=1}^{\infty}y_{n},\sum_{n=1}^{\infty}(x_{n}-y_{n})^{2},\sum_{n=1}^{\infty}x_{n}y_{n}$ 收敛.

又因为 $\text{Re}(a_{n})\geqslant 0$，所以 $x_{n}\geqslant 0$，且 $\lim_{n\to\infty}x_{n}=\lim_{n\to\infty}x_{n}^{2}=0$.

当 n 充分大时，$x_{n}^{2}<x_{n}$，所以 $\sum_{n=1}^{\infty}x_{n}^{2}$ 收敛.

$$|a_{n}|^{2}=x_{n}^{2}+y_{n}^{2}=2x_{n}^{2}-(x_{n}^{2}-y_{n}^{2})$$

而 $\sum_{n=1}^{\infty}2x_{n}^{2}$ 收敛，$\sum_{n=1}^{\infty}(x_{n}^{2}-y_{n}^{2})$ 收敛，所以 $\sum_{n=1}^{\infty}|a_{n}|^{2}$ 收敛，从而级数 $\sum_{n=1}^{\infty}a_{n}^{2}$ 绝对收敛.

4. 解：因为部分和 $s_{n}=\sum_{k=0}^{n}(z^{k+1}-z^{k})=z^{n+1}-1$，所以，当 $|z|<1$ 时，$s_{n}\to -1$；

当 $z=1$ 时，$s_{n}\to 0$，当 $z=-1$ 时，s_{n} 不存在；当 $z=e^{i\theta}$ 而 $\theta\neq 0$ 时，即 $|z|=1,z\neq 1,\cos n\theta$ 和 $\sin n\theta$ 都没有极限，所以也不收敛.

当 $|z|>1$ 时，$s_{n}\to\infty$.

故当 $z=1$ 和 $|z|<1$ 时，$\sum\limits_{n=0}^{\infty}(z^{n+1}-z^{n})$ 收敛.

5. 解：设 $\lim\limits_{n\rightarrow\infty}\left|\dfrac{C_{n+1}}{C_{n}}\right|=\rho$，则当 $|z-2|<\dfrac{1}{\rho}$ 时，级数收敛；$|z-2|>\dfrac{1}{\rho}$ 时，级数发散.

若在 $z=0$ 处收敛，则 $\dfrac{1}{\rho}>2$；

若在 $z=3$ 处发散，则 $\dfrac{1}{\rho}<1$.

显然矛盾，所以幂级数 $\sum\limits_{n=0}^{\infty}C_{n}(z-2)^{n}$ 不能在 $z=0$ 处收敛，而在 $z=3$ 处发散.

6. 答：（1）不正确，因为幂级数在其收敛圆周上可能收敛，也可能发散.
（2）不正确，因为收敛的幂级数的和函数在收敛圆周内是解析的.

7. 解：因为 $\lim\limits_{n\rightarrow\infty}\left|\dfrac{C_{n+1}}{b^{n+1}}\middle/\dfrac{C_{n}}{b^{n}}\right|=\lim\limits_{n\rightarrow\infty}\left|\dfrac{C_{n+1}}{C_{n}}\right|\cdot\left|\dfrac{1}{b}\right|=\dfrac{1}{R}\dfrac{1}{|b|}$

所以 $R'=R\cdot|b|$.

8. 证明：考虑正项级数 $\sum\limits_{n=0}^{\infty}|a_{n}z^{n}|=|a_{1}z|+|a_{2}z^{2}|+\ldots+|a_{n}z^{n}|+\ldots$

由于 $\lim\limits_{n\rightarrow\infty}\sqrt[n]{|a_{n}z^{n}|}=\lim\limits_{n\rightarrow\infty}\sqrt[n]{|a_{n}|}\cdot\sqrt[n]{|z|^{n}}=\rho\cdot|z|$，若 $0<\rho<+\infty$，由正项级数的根值判别法知，

当 $\rho\cdot|z|<1$ 时，即 $|z|<\dfrac{1}{\rho}$ 时，$\sum\limits_{n=0}^{\infty}|a_{n}z^{n}|$ 收敛。当 $\rho\cdot|z|>1$ 时，即 $|z|>\dfrac{1}{\rho}$ 时，$|a_{n}z^{n}|^{2}$ 不能趋于零，

$\lim\limits_{n\rightarrow\infty}\sqrt[n]{|a_{n}z^{n}|}>1$ 级数发散.故收敛半径 $R=\dfrac{1}{\rho}$.

当 $\rho=0$ 时，$\rho\cdot|z|<1$，级数收敛且 $R=+\infty$.

若 $\rho=+\infty$，对 $\forall z\neq0$，当充分大时，必有 $|a_{n}z^{n}|^{2}$ 不能趋于零，级数发散，且 $R=0$.

9. 解：（1）$\lim\limits_{n\rightarrow\infty}\left|\dfrac{1}{(n+1)^{p}}\middle/\dfrac{1}{n^{p}}\right|=\lim\limits_{n\rightarrow\infty}(\dfrac{n}{n+1})^{p}=\lim\limits_{n\rightarrow\infty}(1-\dfrac{1}{n+1})^{p}=1$

$\therefore R=1$

收敛圆周 $|z-\mathrm{i}|<1$

（2）
$$\lim_{n\to\infty}\left|\frac{(n+1)^p}{n^p}\right|=1$$
$$R=1$$

所以收敛圆周 $|z|<1$.

（3）记 $f_n(z)=(-i)^{n-1}\cdot\frac{2n-1}{2^n}\cdot z^{2n-1}$

由比值法，有

$$\lim_{n\to\infty}\left|\frac{f_{n+1}(z)}{f_n(z)}\right|=\lim_{n\to\infty}\frac{(2n+1)\cdot 2^n\cdot|z|^{2n+1}}{(2n-1)\cdot 2^{2n+1}\cdot|z|^{2n-1}}=\frac{1}{2}|z|^2$$

要级数收敛，则

$$|z|<\sqrt{2}$$

级数绝对收敛，收敛半径为

$$R=\sqrt{2}$$

所以收敛圆周

$$|z|<\sqrt{2}$$

（4）记 $f_n(z)=(\frac{i}{n})^n\cdot(z-1)^{n(n+1)}$

$$\lim_{n\to\infty}\sqrt[n]{|f_n(z)|}=\lim_{n\to\infty}\sqrt[n]{\left|\frac{(z-1)^{n(n+1)}}{n^n}\right|}=\lim_{n\to\infty}\frac{|z-1|^{n+1}}{n}=\begin{cases}0,若|z-1|\le1\\\infty,若|z-1|>1\end{cases}$$

所以 $|z-1|\le1$ 时绝对收敛，收敛半径 $R=1$.

收敛圆周 $|z-1|<1$.

10. 解：（1）

$$\lim_{n\to\infty}\left|\frac{C_{n+1}}{C_n}\right|=\lim_{n\to\infty}\frac{n+1}{n}=1$$

故收敛半径 $R=1$，由逐项积分性质

$$\int_0^z\sum_{n=1}^{\infty}(-1)^n nz^{n-1}\mathrm{d}z=\sum_{n=1}^{\infty}(-1)^n z^n=\frac{z}{1+z}$$

所以

$$\sum_{n=1}^{\infty}(-1)^n\cdot nz^{n-1}=(\frac{z}{1+z})'=\frac{1}{(1+z)^2},|z|<1$$

（2）令 $s(z) = \sum_{n=0}^{\infty} (-1)^n \cdot \dfrac{z^{2n}}{(2n)!}$

$$\because \lim_{n \to \infty} \left| \frac{C_{n+1}}{C_n} \right| = \lim_{n \to \infty} \frac{1}{(2n+1)(2n+2)} = 0.$$

故 $R = \infty$，由逐项求导性质

$$s'(z) = \sum_{n=1}^{\infty} (-1)^n \cdot \frac{z^{2n-1}}{(2n-1)!}$$

$$s''(z) = \sum_{n=1}^{\infty} (-1)^n \cdot \frac{z^{2n-2}}{(2n-2)!} = \sum_{m=0}^{\infty} (-1)^{m+1} \cdot \frac{z^{2m}}{(2m)!} (m = n-1) = -\sum_{n=0}^{\infty} (-1)^n \cdot \frac{z^{2n}}{(2n)!}$$

由此得到 $s''(z) = -s(z)$

即有微分方程 $s''(z) + s(z) = 0$

故有 $s(z) = A\cos z + B\sin z$　A,B 待定

由 $s(0) = A = [\sum_{n=0}^{\infty} (-1)^n \cdot \dfrac{z^{2n}}{(2n)!}]_{z=0} = 1 \Rightarrow A = 1$

$$s'(0) = -\sin z + B\cos z = \left[\sum_{n=1}^{\infty} (-1)^n \cdot \frac{z^{2n-1}}{(2n-1)!} \right]_{z=0} = 0 \Rightarrow B = 0$$

所以

$$\sum_{n=0}^{\infty} (-1)^n \cdot \frac{z^{2n}}{(2n)!} = \cos z. \quad R = +\infty$$

11. 证明：因为级数 $\sum_{n=0}^{\infty} C_n$ 收敛

设

$$\lim_{n \to \infty} \left| \frac{C_{n+1} Z^{n+1}}{C_n Z^n} \right| = \lambda |z|.$$

若 $\sum_{n=0}^{\infty} C_n z^n$ 的收敛半径为 1，则 $|z| = \dfrac{1}{\lambda}$.

现用反证法证明 $\lambda = 1$.

若 $0 < \lambda < 1$，则 $|z| > 1$，有 $\lim_{n \to \infty} \left| \dfrac{C_{n+1}}{C_n} \right| = \lambda < 1$，即 $\sum_{n=0}^{\infty} |C_n|$ 收敛，与条件矛盾。

若 $\lambda > 1$，则 $|z| < 1$，从而 $\sum_{n=0}^{\infty} C_n z^n$ 在单位圆上等于 $\sum_{n=0}^{\infty} C_n$，是收敛的，这与收敛半径的概

念矛盾。

综上述可知，必有 $\lambda = 1$，所以

$$R = \frac{1}{\lambda} = 1$$

12. 证明：不妨设当 $|z_1| > |z_0|$ 时，$\sum\limits_{n=0}^{\infty} C_n z^n$ 在 z_1 处收敛.

则对 $\forall |z| > |z_1|$，$\sum\limits_{n=0}^{\infty} C_n z^n$ 绝对收敛，则 $\sum\limits_{n=0}^{\infty} C_n z^n$ 在点 z_0 处收敛.

所以矛盾，从而 $\sum\limits_{n=0}^{\infty} C_n z^n$ 在 $|z| > |z_0|$ 处发散.

13. 解：因为 $\ln(1 + e^{-z}) = \ln(\frac{1 + e^z}{e^z})$

奇点为 $z_k = (2k+1)\pi i$ （$k = 0, \pm 1, \ldots$）

所以 $R = \pi$

又

$$\ln(1 + e^{-z})\big|_{z=0} = \ln 2$$

$$[\ln(1 + e^{-z})]' = -\frac{e^{-z}}{1 + e^{-z}}\Big|_{z=0} = -\frac{1}{2}$$

$$[\ln(1 + e^{-z})]'' = -\frac{e^{-z}}{(1 + e^{-z})^2}\Big|_{z=0} = -\frac{1}{2^2}$$

$$[\ln(1 + e^{-z})]''' = \frac{-e^{-z} + e^{-2z}}{(1 + e^{-z})^3}\Big|_{z=0} = 0$$

$$[\ln(1 + e^{-z})]^{(4)} = \frac{e^{-z}(1 - 4e^{-z} + e^{-2z})}{(1 + e^{-z})^4}\Big|_{z=0} = -\frac{1}{2^3}$$

于是，有展开式

$$\ln(1 + e^{-z}) = \ln 2 - \frac{1}{2}z + \frac{1}{2!2^2}z^2 - \frac{1}{4!2^3}z^4 + \ldots, R = \pi$$

14. 解：$z = \pm i$ 为 $\frac{1}{1 + z^2}$ 的奇点，所以收敛半径 $R = \sqrt{2}$.

又

$$f(z) = \frac{1}{1 + z^2}, f(1) = \frac{1}{2}$$

$$f'(z) = \frac{-2z}{(1+z^2)^2}, f'(1) = -\frac{1}{2}$$

$$f''(z) = \frac{-2+6z^2}{(1+z^2)^3}, f''(1) = \frac{1}{2}$$

$$f'''(z) = \frac{24z - 24z^3}{(1+z^2)^4}, f'''(1) = 0$$

$$f^{(4)}(z) = \frac{24 - 240z^2 + 120z^4}{(1+z^2)^5}, f^{(4)}(1) = 0$$

于是，$f(z)$ 在 $z=1$ 处的泰勒级数为

$$\frac{1}{1+z^2} = \frac{1}{2} - \frac{1}{2}(z-1) + \frac{1}{4}(z-1)^2 - \frac{3}{4!}(z-1)^4 + ..., R = \sqrt{2}$$

15. 解：（1）$\dfrac{1}{2z-3} = -\dfrac{1}{3-2z} = -\dfrac{1}{3} \cdot \dfrac{1}{1-\dfrac{2}{3}z} = -\dfrac{1}{3} \cdot \sum_{n=0}^{\infty} (\dfrac{2}{3}z)^n, |z| < \dfrac{3}{2}$

$$\frac{1}{2z-3} = \frac{1}{2z-2-1} = \frac{1}{2(z-1)-1} = -\frac{1}{1-2(z-1)} = -\sum_{n=0}^{\infty} 2^n (z-1)^n, |z-1| < \frac{1}{2}$$

（2）$\sin z = \sum_{n=0}^{\infty} \dfrac{(-1)^n}{(2n+1)!} z^{2n+1} = z - \dfrac{z^3}{3!} + \dfrac{z^5}{5!} + ...$

$$\sin^3 z = \frac{3}{4} \sum_{n=0}^{\infty} (-1)^n \cdot \frac{3^{2n} - 1}{(2n+1)!} z^{2n+1}, |z| < \infty$$

（3）$\because \arctan z = \int_0^z \dfrac{1}{1+z^2} \mathrm{d}z$

$\therefore z = \pm i$ 为奇点

$\therefore R = 1$

$$\arctan z = \int_0^z \frac{1}{1+z^2} \mathrm{d}z = \int_0^z \sum_{n=0}^{\infty} (-1)^n z^{2n} \mathrm{d}z = \sum_{n=0}^{\infty} (-1)^n \cdot \frac{1}{2n+1} \cdot z^{2n+1}, |z| < 1$$

（4）$\dfrac{1}{(z+1)(z+2)} = \dfrac{1}{z+1} - \dfrac{1}{z+2} = \dfrac{1}{z-2+3} - \dfrac{1}{z-2+4} = \dfrac{1}{3} \cdot \dfrac{1}{1+\dfrac{z-2}{3}} - \dfrac{1}{4} \cdot \dfrac{1}{1+\dfrac{z-2}{4}}$

$$= \frac{1}{3} \sum_{n=0}^{\infty} (-1)^n \cdot (\frac{z-2}{3})^n - \frac{1}{4} \sum_{n=0}^{\infty} (-1)^n \cdot (\frac{z-2}{4})^n$$

$$= \sum_{n=0}^{\infty} (-1)^n \cdot (\frac{1}{2^{2n+1}} - \frac{1}{3^{n+1}})(z-2)^n, |z-2| < 3$$

（5）因为从 $z=-1$ 沿负实轴 $\ln(1+z)$ 不解析

所以，收敛半径为 $R=1$

$$[\ln(1+z)]' = \frac{1}{1+z} = \sum_{n=0}^{\infty}(-1)^n \cdot z^n$$

$$\ln(1+z) = \int_0^z \sum_{n=0}^{\infty}(-1)^n \cdot z^n dz = \sum_{n=0}^{\infty}(-1)^n \cdot \frac{1}{n} \cdot z^{n+1}, |z| < 1$$

16. 答：因为当 z 取实数值时，$f(z)$ 与 $f(x)$ 的泰勒级数展开式是完全一致的，而在 $|x| < R$ 内，$f(x)$ 的展开式系数都是实数。所以在 $|z| < R$ 内，$f(z)$ 的幂级数展开式的系数是实数.

17. 解：函数 $f(z)$ 有奇点 $z_1 = 1$ 与 $z_2 = -2$，有三个以 $z = 0$ 为中心的圆环域，其罗朗级数分别为

在 $|z| < 1$ 时，

$$f(z) = \frac{2z+1}{z^2+z-2} = \frac{1}{z-1} + \frac{1}{z+2} = -\sum_{n=0}^{\infty}z^n + \frac{1}{2}\sum_{n=0}^{\infty}(-1)^n(\frac{z}{2})^n$$

$$= \sum_{n=0}^{\infty}((-1)^n \cdot \frac{1}{2^{n+1}} - 1)z^n$$

19. 解：令 $t = \frac{1}{1-z}$，则

$$f(z) = e^t = 1 + t + \frac{1}{2!} \cdot t^2 + \frac{1}{3!} \cdot t^3 + \ldots$$

而 $t = \frac{1}{1-z}$ 在 $1 < |z| < +\infty$ 内展开式为

$$\frac{1}{1-z} = \frac{-1}{z} \cdot \frac{1}{1-\frac{1}{z}} = -\frac{1}{z} \cdot (1 + \frac{1}{z} + \frac{1}{z^2} + \ldots)$$

所以代入可得

$$f(z) = 1 - \frac{1}{z} \cdot (1 + \frac{1}{z} + \frac{1}{z^2} + \ldots) + \frac{1}{2!}\frac{1}{z} \cdot (1 + \frac{1}{z} + \frac{1}{z^2} + \ldots)^2 + \ldots$$

$$= 1 - \frac{1}{z} - \frac{1}{2z^2} - \frac{1}{6z^3} + \frac{1}{24z^4} + \frac{19}{120z^5} + \ldots$$

20. 答：不正确，因为 $\frac{z}{1-z} = z + z^2 + z^3 + \ldots$ 要求 $|z| < 1$

而 $\frac{z}{1-z} = 1 + \frac{1}{z} + \frac{1}{z^2} + \ldots$ 要求 $|z| > 1$

所以，在不同区域内 $\frac{z}{1-z} + \frac{z}{z-1} \neq \ldots + \frac{1}{z^6} + \frac{1}{z^2} + \frac{1}{z} + 1 + 1 + z + z^2 + z^3 + \ldots \neq 0$

21. 证明：因为 $z = 0$ 和 $z = \infty$ 是 $\cos(z + \frac{1}{z})$ 的奇点，所以在 $0 < |z| < \infty$ 内，$\cos(z + \frac{1}{z})$ 的罗朗级数为

$$\cos\left(z + \frac{1}{z}\right) = \sum_{n=-\infty}^{n=\infty} C_n z^n$$

其中 $C_n = \dfrac{1}{2\pi i}\int c\, \dfrac{\cos\left(\zeta + \dfrac{1}{\zeta}\right)}{\zeta^{n+1}}\,\mathrm{d}\zeta,\ n = 0,\pm 1,\pm 2,\ldots$

其中 C 为 $0 < |z| < \infty$ 内绕任一条原点的简单曲线.

$$C_n = \frac{1}{2\pi i}\oint_{|z|=1}\frac{\cos\left(z + \frac{1}{z}\right)}{z^{n+1}}\mathrm{d}z \quad (z = \mathrm{e}^{i\theta}, 0 \leqslant \theta \leqslant 2\pi)$$

$$= \frac{1}{2\pi i}\int_0^{2\pi}\frac{\cos(\mathrm{e}^{i\theta} + \mathrm{e}^{-i\theta})}{\mathrm{e}^{i(n+1)\theta}}i\mathrm{e}^{i\theta}\mathrm{d}\theta = \frac{1}{2\pi}\int_0^{2\pi}\frac{\cos(\mathrm{e}^{i\theta} + \mathrm{e}^{-i\theta})}{\mathrm{e}^{in\theta}}\mathrm{d}\theta$$

$$= \frac{1}{2\pi}\int_0^{2\pi}\cos(\mathrm{e}^{i\theta} + \mathrm{e}^{-i\theta})\cdot(\cos n\theta - i\sin n\theta)\,\mathrm{d}\theta$$

$$= \frac{1}{2\pi}\int_0^{2\pi}\cos(2\cos\theta)\cos n\theta\mathrm{d}\theta, \quad n = 0,\pm 1,\ldots$$

22. 解：因为 $f(z) = \dfrac{1}{\cos(1/z)}$ 的奇点有 $z = 0$

$$\frac{1}{z} = k\pi + \frac{\pi}{2} \Rightarrow z = \frac{1}{k\pi + \dfrac{\pi}{2}} \quad (k = 0,\pm 1,\pm 2,\ldots)$$

所以在 $z = 0$ 的去心邻域总包括奇点 $z = \dfrac{1}{k\pi + \dfrac{\pi}{2}}$，$k \to \infty$.

从而 $z = 0$ 不是 $\dfrac{1}{\cos(1/z)}$ 的孤立奇点.

23. 解：设

$$f(z) = 6\sin z^3 + z^3(z^6 - 6) = 6\sin z^3 + z^9 - 6z^3$$

$$= 6\left(z^3 - \frac{1}{3!}z^9 + \frac{1}{5!}z^{15} + \ldots\right) + z^9 - 6z^3$$

故 $z=0$ 为 $f(z)$ 的 15 级零点.

24. 解：（1）是 $\mathrm{e}^{\frac{1}{z}}$ 的孤立奇点

因为

$$\mathrm{e}^{\frac{1}{z}} = 1 + \frac{1}{z} + \frac{1}{2!z^2} + \ldots + \frac{1}{n!z^n} + \ldots$$

所以 $z=0$ 是 $e^{\frac{1}{z}}$ 的本性奇点.

（2）因为

$$\frac{1-\cos z}{z^2}=\frac{1-1+\frac{1}{2!}z^2+\frac{1}{4!}z^4+\ldots}{z^2}=\frac{1}{2!}+\frac{1}{4!}z^2+\ldots$$

所以 $z=0$ 是 $\dfrac{1-\cos z}{z^2}$ 的可去奇点.

25. 解：（1）$\dfrac{\sin z}{z^3}=\dfrac{z-\frac{1}{3!}z^3+\frac{1}{5!}z^5+\ldots}{z^3}=\dfrac{1}{z^2}-\dfrac{1}{3!}+\dfrac{1}{5!}z^2+\ldots$

所以 $z=0$ 是奇点，是二级极点.

解：（2）$z=2k\pi i$（$k=0,\pm1,\ldots$）

$z=0$ 是奇点，$2k\pi i$ 是一级极点，0 是二级极点.

解：（3）$z=0$

$$\sin z^2\big|_{z=0}=0,$$
$$(\sin z^2)'\big|_{z=0}=\cos z^2\cdot 2z=0.$$
$$(\sin z^2)''\big|_{z=0}=-4z^2\cdot\sin z^2+2\cos z^2=2\neq0$$

$z=0$ 是 $\sin z^2$ 的二级零点，而 $z=\pm\sqrt{k\pi}i$ 是 $\sin z^2$ 的一级零点，$z=\pm\sqrt{k\pi}$ 是 $\sin z^2$ 的一级零点.

所以 $z=0$ 是 $\dfrac{1}{\sin z^2}$ 的二级极点，$\pm\sqrt{k\pi}i$ 和 $\pm\sqrt{k\pi}$ 是 $\dfrac{1}{\sin z^2}$ 的一级极点.

26. 解：（1）当 $z\to\infty$ 时，$e^{\frac{1}{z^2}}\to1$

所以，$z\to\infty$ 是 $e^{\frac{1}{z^2}}$ 的可去奇点.

（2）因为

$$\cos z-\sin z=1-\frac{1}{2!}z^2+\frac{1}{4!}z^4+\ldots+z-\frac{1}{3!}z^3+\frac{1}{5!}z^5+\ldots$$

$$=1+z-\frac{1}{2!}z^2-\frac{1}{3!}z^3+\frac{1}{4!}z^4+\frac{1}{5!}z^5+\ldots$$

所以，$z\to\infty$ 是 $\cos z-\sin z$ 的本性奇点.

（3）当 $z\to\infty$ 时，$\dfrac{2z}{3+z^2}\to0$

所以，$z\to\infty$ 是 $\dfrac{2z}{3+z^2}$ 的可去奇点.

27. 解：不对，$z=1$ 是 $f(z)$ 的二级极点，不是本性奇点.所给罗朗展开式不是在 $0<|z-1|<1$

内得到的.

在 $0<|z-1|<1$ 内的罗朗展开式为

$$\frac{1}{z(z-1)^2}=\frac{1}{z}-\frac{1}{z-1}+\frac{1}{(z-1)^2}=\frac{1}{(z-1)^2}-\frac{1}{z-1}+1-(z-1)+(z-1)^2+\cdots$$

28. 解：先将展开为罗朗级数，得

$$\frac{1}{z(z+2)}=\frac{1}{2}\left[\frac{1}{z}-\frac{1}{z\left(1+\frac{2}{z}\right)}\right]$$

$$=\frac{1}{2}\left(\frac{2}{z^2}-\frac{4}{z^3}+\frac{8}{z^4}+\cdots\right),2<|z|<+\infty$$

而 $|z|=3$ 在 $2<|z|<+\infty$ 内，$C_{-1}=0$，故

$$\oint_C f(z)\mathrm{d}z=2\pi i\cdot C_{-1}=0$$

（2）$\dfrac{z}{(z+1)(z+2)}$ 在 $2<|z|<+\infty$ 内处处解析，罗朗展开式为

$$\frac{z}{(z+1)(z+2)}=z\left[\frac{1}{z+1}-\frac{1}{z+2}\right]=\frac{1}{1+\frac{1}{z}}-\frac{1}{1+\frac{2}{z}}$$

$$=\frac{1}{z}-\frac{3}{z^2}+\frac{7}{z^3}-\cdots,2<|z|<+\infty$$

而 $|z|=3$ 在 $2<|z|<+\infty$ 内，$C_{-1}=1$，故

$$\oint_C f(z)\mathrm{d}z=2\pi i\cdot C_{-1}=2\pi i$$

第四章　　自测题参考答案

一、选择题

1.B　　2.B　　3.C　　4.D　　5.C　　6.D　　7.B　　8.C　　9.B　　10.A

二、填空题

1. $R=e$　　2. $\dfrac{1}{3}<|z-1|<3$　　3. π　　4. $f(z)=\dfrac{e^z-1}{z^5}$

5. $\sin 1\displaystyle\sum_{n=0}^{\infty}(-1)^n\frac{1}{(2n)!}\frac{1}{(z-1)^{2n}}+\cos 1\sum_{n=0}^{\infty}(-1)^n\frac{1}{(2n+1)!}\frac{1}{(z-1)^{2n+1}}$.

三、计算题

1. 解：$f(z)$ 的奇点为 $z = \frac{4}{3}$，则泰勒级数展开时的收敛半径 $R = \left|\frac{4}{3} - 1\right| = \frac{1}{3}$，即在 $|z-1| < \frac{1}{3}$ 内，函数 $f(z)$ 可以进行泰勒展开，$f(z) = \frac{1}{1 - 3(z-1) - 3} = \frac{1}{1 - 3(z-1)}$，由于 $|z-1| < \frac{1}{3}$，所以 $|3(z-1)| < 1$，即展开式为 $f(z) = \frac{1}{1 - 3(z-1)} = \sum_{n=0}^{\infty} 3^n (z-1)^n$.

2. 解：$f(z)$ 的奇点为 $z = 1$，则进行泰勒级数展开时的收敛半径 $R = |1 - 0| = 1$，在 $|z| < 1$ 内即可进行泰勒展开，$\frac{1}{(1-z)^2} = \left(\frac{1}{1-z}\right)'$，对 $|z| < 1$ 有 $\frac{1}{z-1}$ 的展开式为 $f(z) = \frac{e^z - 1}{z^5}$，即 $\frac{1}{(1-z)^2} = \left(\frac{1}{1-z}\right)' = \left(\sum_{n=0}^{\infty} z^n\right)' = \sum_{n=0}^{\infty} n z^{n-1}$.

3. 解：$f(z)$ 在 $z = 0$ 处的泰勒级数展开式的结果，只要将 $e^{-\varsigma^2}$ 在 $\varsigma = 0$ 处的泰勒展开式进行逐项积分即可. 其中 $e^{-\varsigma^2}$ 在 $\varsigma = 0$ 处的泰勒展开式为 $e^{-\varsigma^2} = \sum_{n=0}^{\infty} \frac{(-1)^n \varsigma^{2n}}{n!}$，即

$$f(z) = \int_0^z e^{-\varsigma^2} d\varsigma = \int_0^z \left(\sum_{n=0}^{\infty} \frac{(-1)^n \varsigma^{2n}}{n!}\right) d\varsigma = \sum_{n=0}^{\infty} \int_0^z \frac{(-1)^n \varsigma^{2n}}{n!} d\varsigma = \sum_{n=0}^{\infty} \frac{(-1)^n z^{2n+1}}{n!(2n+1)}.$$

4. 解：$f(z)$ 的奇点为 $z = -\frac{1}{2}$ 及 $z = -\frac{1}{2}$ 左侧实轴上的点，则泰勒级数展开时的收敛半径 $R = \left|1 + \frac{1}{2}\right| = \frac{3}{2}$，在 $|z-1| < \frac{3}{2}$ 内即可进行泰勒级数展开. 其中 $\ln(2z+1) = \int_0^z \frac{2}{2z+1} dz$，因此将 $f(z)$ 在 $z = 1$ 处的泰勒级数展开，只需对 $\frac{2}{2z+1}$ 在 $z = 1$ 处的泰勒展开式进行逐项积分就可以了. 其中

$\frac{2}{2z+1} = \frac{2}{2(z-1)+3} = \frac{2}{3} \frac{1}{1 - \left(-\frac{2}{3}(z-1)\right)}$，$|z-1| < \frac{3}{2}$，有 $\left|-\frac{2}{3}(z-1)\right| < 1$，此时有 $\frac{2}{2z+1} = \frac{2}{2(z-1)+3}$

$= \frac{2}{3} \frac{1}{1 - \left(-\frac{2}{3}(z-1)\right)} = \sum_{n=0}^{\infty} (-1)^n \left(\frac{2}{3}\right)^{n+1} (z-1)^n$，即 $f(z)$ 最后的展开式为

$$f(z) = \int_0^z \sum_{n=0}^{\infty} (-1)^n \left(\frac{2}{3}\right)^{n+1} (z-1)^n dz = \sum_{n=0}^{\infty} (-1)^n \left(\frac{2}{3}\right)^{n+1} \frac{z^{n+1}}{n+1}.$$

5. 解：本题只需将三个题目中的 $f(z)$ 在指定的圆环域（看好圆环域的圆心），运用简单函数的泰勒级数展开式进行罗朗级数展开即可.

（1）$f(z) = e^{\frac{1}{z}} = 1 + \dfrac{1}{z} + \dfrac{1}{2!}\dfrac{1}{z^2} + \cdots + \dfrac{1}{n!}\dfrac{1}{z^n} + \cdots$

（2）$f(z) = \sin\dfrac{1}{z} = \dfrac{1}{z} - \dfrac{1}{3!}\dfrac{1}{z^3} + \dfrac{1}{5!}\dfrac{1}{z^5} - \cdots$

（3）$f(z) = \dfrac{e^z}{z^3} = \dfrac{1}{z^3}\sum\limits_{n=0}^{\infty}\dfrac{z^n}{n!} = \dfrac{1}{z^3} + \dfrac{1}{z^2} + \dfrac{1}{2!}\dfrac{1}{z} + \dfrac{1}{3!} + \cdots$

6. 解：$f(z)$ 的奇点为 $z_1 = 1, z_2 = 2$，$f(z) = \dfrac{1}{(z-1)(z-2)} = \dfrac{1}{z-2} - \dfrac{1}{z-1}$.

（1）$f(z)$ 的奇点不是圆环域 $1 < |z| < 2$ 的中心，将 $f(z)$ 拆分后的两个有理函数罗朗级数展开做代数运算即可. 由 $1 < |z| < 2$ 得到 $\dfrac{z}{2} < 1, \dfrac{1}{z} < 1$，根据罗朗级数展开法的间接法的模型

$$f(z) = \dfrac{1}{z-2} - \dfrac{1}{z-1} = \dfrac{-1}{2}\dfrac{1}{1-\dfrac{z}{2}} - \dfrac{1}{z}\dfrac{1}{1-\dfrac{1}{z}} = \sum_{n=0}^{\infty}(-1)\dfrac{1}{2^{n+1}}z^n - \sum_{n=0}^{\infty}\dfrac{1}{z^{n+1}}.$$

（2）$f(z)$ 的奇点 $z_1 = 1$ 是圆环域的中心，现只需将 $f(z)$ 整理，然后进行罗朗级数展开即可. 由 $1 < |z-1| < 2$ 得到 $|\dfrac{1}{z-1}| < 1$，那么 $f(z) = \dfrac{1}{z-1}\dfrac{1}{z-2} = \dfrac{1}{(z-1)^2}\dfrac{1}{1-\dfrac{1}{z-1}} = \sum_{n=0}^{\infty}\dfrac{1}{(z-1)^{n+2}}$.

（3）$f(z)$ 的奇点 $z_2 = 2$ 是圆环域的中心，现只需将 $f(z)$ 整理，然后进行罗朗级数展开即可. $1 < |z-2| < +\infty \Rightarrow |\dfrac{1}{z-2}| < 1$，$f(z) = \dfrac{1}{z-2}\dfrac{1}{z-1} = \dfrac{1}{(z-1)^2}\dfrac{1}{1-(\dfrac{-1}{z-2})} = \sum_{n=0}^{\infty}\dfrac{(-1)^n}{(z-2)^{n+2}}$.

7. 解：$(-\dfrac{1}{z})' = \dfrac{1}{z^2}$，将 $\dfrac{1}{z^2}$ 在圆环域 $1 < |z-1| < +\infty$ 内的罗朗级数展开，现只需将函数 $-\dfrac{1}{z}$ 在圆环域 $1 < |z-1| < +\infty$ 内进行罗朗级数展开后，再进行逐项求导即可. $-\dfrac{1}{z} = \dfrac{-1}{1+(z-1)} = \dfrac{-1}{z-1}\dfrac{1}{1-(\dfrac{-1}{z-1})} = \sum_{n=0}^{\infty}(-1)^{n+1}\dfrac{1}{(z-1)^{n+1}}$，则 $\dfrac{1}{z^2}$ 在圆环域 $1 < |z-1| < +\infty$ 内的罗朗级数展开为

$$\dfrac{1}{z^2} = (\dfrac{-1}{2})' = \sum_{n=0}^{\infty}(-1)^{n+1}(\dfrac{1}{(z-1)^{n+1}})' = \sum_{n=0}^{\infty}\dfrac{(-1)^{n+2}(n+1)}{(z-1)^{n+2}}.$$

习题五

1.（1）解：$\dfrac{e^z - 1}{z^5}$ 在 $0 < |z| < +\infty$ 的罗朗展开式为

$$\frac{1+z+\frac{z^2}{2!}+\frac{z^3}{3!}+\frac{z^4}{4!}+\cdots-1}{z^5}=\frac{1}{z^4}+\frac{1}{2!}\cdot\frac{1}{z^3}+\frac{1}{3!}\cdot\frac{1}{z^2}+\frac{1}{4!}\cdot\frac{1}{z}+\cdots$$

$$\therefore \text{Res}\left[\frac{e^z-1}{z^5},0\right]=\frac{1}{4!}\cdot1=\frac{1}{24}$$

（2）解：$e^{\frac{1}{z-1}}$ 在 $0<|z-1|<+\infty$ 的罗朗展开式为

$$e^{\frac{1}{z-1}}=1+\frac{1}{z-1}+\frac{1}{2!}\cdot\frac{1}{(z-1)^2}+\frac{1}{3!}\cdot\frac{1}{(z-1)^3}+\cdots+\frac{1}{n!}\cdot\frac{1}{(z-1)^n}+\cdots$$

$$\therefore \text{Res}\left[e^{\frac{1}{z-1}},1\right]=1.$$

2.（1）解：$f(z)=\dfrac{3z+2}{z^2(z+2)}$ 的有限孤立奇点处有 $z=0$，$z=-2$. 其中 $z=0$ 为二级极点 $z=-2$ 为一级极点.

$$\therefore \text{Res}\left[f(z),0\right]=\frac{1}{1!}\cdot\lim_{z\to0}\left(\frac{3z+2}{z+2}\right)^1=\lim_{z\to0}\frac{3(z+2)-3z-2}{(z+2)^2}=\frac{4}{4}=1$$

$$\text{Res}\left[f(z),-2\right]=\lim_{z\to-2}\frac{3z+2}{z^2}=-1$$

（2）$f(z)=\dfrac{1}{z\sin z}$ 的有限孤立奇点处有 $z=0$，$z=k\pi$（$k=\pm1,\pm2,\cdots$）. 其中 $z=0$ 为二级极点 $z=k\pi$（$k=\pm1,\pm2,\cdots$）为一级极点.

$$\therefore \text{Res}\left[f(z),0\right]=\frac{1}{1!}\cdot\lim_{z\to0}\left(\frac{z}{\sin z}\right)'=0$$

$$\text{Res}\left[f(z),k\pi\right]=\frac{1}{k\pi\cos k\pi}\quad(k=\pm1,\pm2,\cdots)$$

3. 解：$(z+1)^2\cdot\sin\dfrac{1}{z}=(z^2+2z+1)\cdot\sin\dfrac{1}{z}$

$$=(z^2+2z+1)\cdot\left(\frac{1}{z}-\frac{1}{3!}\cdot\frac{1}{z^3}+\frac{1}{5!}\cdot\frac{1}{z^5}+\cdots\right)$$

$$\therefore \text{Res}\left[f(z),0\right]=1-\frac{1}{3!}$$

从而 $\text{Res}\left[f(z),\infty\right]=-1+\dfrac{1}{3!}$

5.（1）解：$\oint_C\tan\pi z\mathrm{d}z=\oint_C\dfrac{\sin\pi z}{\cos\pi z}\mathrm{d}z$.

为在 C 内 $\tan\pi z$ 有 $z_k=k+\dfrac{1}{2}$　（$k=0,\pm1,\pm2\ldots\pm(n-1)$）一级极点

由于 $\text{Res}\left[f(z), z_k\right] = \dfrac{\sin \pi z}{(\cos \pi z)'}\bigg|_{z=2k} = -\dfrac{1}{\pi}$

$$\therefore \oint_C \tan \pi z \, dz = 2\pi i \cdot \sum_k \text{Res}\left[f(z), z_k\right] = 2\pi i \cdot \left(-\dfrac{1}{\pi}\right) \cdot 2n = -4ni$$

（2）解：因为 $\dfrac{1}{(z+i)^{10}(z-1)(z-3)}$ 在 c 内有 $z=1, z=-i$ 两个奇点.

所以 $\oint_C \dfrac{dz}{(z+i)^{10}(z-1)(z-3)} = 2\pi i \cdot \left(\text{Res}\left[f(z), -i\right] + \text{Res}\left[f(z), 1\right]\right)$

$$= -2\pi i \cdot \left(\text{Res}\left[f(z), 3\right] + \text{Res}\left[f(z), \infty\right]\right)$$

$$= -\dfrac{\pi i}{(3+i)^{10}}$$

6. （1）解：因被积函数为 θ 的偶函数，所以 $I = \dfrac{1}{2}\displaystyle\int_{-\pi}^{\pi} \dfrac{\cos m\theta}{5 - 4\cos\theta} \, d\theta$

令 $I_1 = \dfrac{1}{2}\displaystyle\int_{-\pi}^{\pi} \dfrac{\sin m\theta}{5 - 4\cos\theta} \, d\theta$ 则有

$$I + iI_1 = \dfrac{1}{2}\int_{-\pi}^{\pi} \dfrac{e^{im\theta}}{5 - 4\cos\theta} \, d\theta$$

设 $z = e^{i\theta}$，$d\theta = \dfrac{1}{iz} dz$，$\cos\theta = \dfrac{z^2 + 1}{2z}$，则

$$I + iI_1 = \dfrac{1}{2}\oint_{|z|=1} \dfrac{z^m}{5 - 4\left(\dfrac{1+z^2}{2z}\right)} \dfrac{dz}{iz}$$

$$= \dfrac{1}{2i}\oint_{|z|=1} \dfrac{z^m}{5z - 2(1 + z^2)} \, dz$$

被积函数 $f(z) = \dfrac{z^m}{5z - 2(1 + z^2)}$ 在 $|z|=1$ 内只有一个简单极点 $z = \dfrac{1}{2}$

但 $\text{Res}\left[f(z), \dfrac{1}{2}\right] = \lim\limits_{z \to \frac{1}{2}} \dfrac{z^m}{\left[5z - 2(1 + z^2)\right]'} = \dfrac{1}{3 \cdot 2^m}$

所以 $I + iI_1 = 2\pi i \cdot \dfrac{1}{2i} \cdot \dfrac{1}{3 \cdot 2^m} = \dfrac{\pi}{3 \cdot 2^m}$

又因为 $I_1 = \dfrac{1}{2}\displaystyle\int_{-\pi}^{\pi} \dfrac{\sin m\theta}{5 - 4\cos\theta} \, d\theta = 0$

$$\therefore \int_0^{\pi} \dfrac{\cos m\theta}{5 - 4\cos\theta} \, d\theta = \dfrac{\pi}{3 \cdot 2^m}$$

（2）解：令 $I_1 = \int_0^{2\pi} \dfrac{\cos 3\theta}{1 - 2a\cos\theta + a^2} d\theta$，$I_2 = \int_0^{2\pi} \dfrac{\sin 3\theta}{1 - 2a\cos\theta + a^2} d\theta$

$$I_1 + iI_2 = \int_0^{2\pi} \frac{e^{3\theta i}}{1 - 2a\cos\theta + a^2} d\theta$$

令 $z = e^{i\theta}$，$\cos\theta = \dfrac{z^3}{2z}$，$d\theta = \dfrac{1}{iz} dz$，则

$$I_1 + iI_2 = \oint_{|z|=1} \frac{z^3}{1 - 2a \cdot \dfrac{z^2+1}{2z} + a^2} \cdot \frac{1}{iz} dz$$

$$= \frac{1}{i} \oint_{|z|=1} \frac{z^3}{-az^2 + (a^2+1)z - a} dz$$

$$= \frac{-1}{i} \cdot 2\pi i \cdot \text{Res}\left[f(z), \frac{1}{a}\right] = \frac{2\pi}{a^3(a^2-1)}$$

得 $I_1 = \dfrac{2\pi}{a^3(a^2-1)}$.

（3）解：令 $R(z) = \dfrac{1}{(z^2+a^2)(z^2+b^2)}$，被积函数 $R(z)$ 在上半平面有一级极点 $z=ia$ 和 ib. 故

$$I = 2\pi i\left(\text{Res}[R(z), ai] + \text{Res}[R(z), bi]\right)$$

$$= 2\pi i\left[\lim_{z\to ai}(z - ai)\frac{1}{(z^2+a^2)(z^2+b^2)} + \lim_{z\to bi}(z - bi)\frac{1}{(z^2+a^2)(z^2+b^2)}\right]$$

$$= 2\pi i\left[\frac{1}{2ia(b^2-a^2)} + \frac{1}{2ib(a^2-b^2)}\right]$$

$$= \frac{\pi}{ab(a+b)}$$

（4）解：$\displaystyle\int_0^{+\infty} \frac{x^2}{(x^2+a^2)^2} dx = \frac{1}{2}\int_{-\infty}^{+\infty} \frac{x^2}{(x^2+a^2)^2} dx$

令 $R(z) = \dfrac{z^2}{(z^2+a^2)^2}$，则 $z = \pm ai$ 分别为 $R(z)$ 的二级极点.

故 $\displaystyle\int_{-\infty}^{0} \frac{x^2}{(x^2+a^2)^2} dx = \frac{1}{2} \cdot 2\pi i \cdot \left(\text{Res}[R(z), ai] + \text{Res}[R(z), -ai]\right)$

$$= \pi i\left(\lim_{z\to ai}\left[\frac{z^2}{(z+ai)^2}\right]' + \lim_{z\to -ai}\left[\frac{z^2}{(z-ai)^2}\right]'\right)$$

$$= \frac{\pi}{2a}$$

（5）解：$\displaystyle\int_{-\infty}^{+\infty}\frac{x}{\left(x^2+b^2\right)^2}\cdot\mathrm{e}^{i\beta x}\mathrm{d}x=\int_{-\infty}^{+\infty}\frac{x\cdot\cos\beta x}{\left(x^2+b^2\right)^2}\mathrm{d}x+i\int_{-\infty}^{+\infty}\frac{x\cdot\sin\beta x}{\left(x^2+b^2\right)^2}\mathrm{d}x$

而可知 $R(z)=\dfrac{z}{\left(z^2+b^2\right)^2}$，则 $R(z)$ 在上半平面有 $z=bi$ 一个二级极点.

$$\int_{-\infty}^{+\infty}\frac{x}{\left(x^2+b^2\right)^2}\cdot\mathrm{e}^{i\beta x}\mathrm{d}x=2\pi i\cdot\mathrm{Res}\left[R(z)\cdot\mathrm{e}^{i\beta z},bi\right]$$

$$=2\pi i\cdot\lim_{z\to bi}\left[\frac{z\mathrm{e}^{i\beta z}}{(z+bi)^2}\right]'=\frac{\pi\beta}{2b}\cdot\mathrm{e}^{-\beta b}\cdot i$$

$$\int_{-\infty}^{+\infty}\frac{x\cdot\sin\beta x}{\left(x^2+b^2\right)^2}\mathrm{d}x=\frac{\pi\beta}{2b}\cdot\mathrm{e}^{-\beta b}$$

从而 $\displaystyle\int_0^{+\infty}\frac{x\cdot\sin\beta x}{\left(x^2+b^2\right)^2}\mathrm{d}x=\frac{\pi\beta}{4b}\cdot\mathrm{e}^{-\beta b}=\frac{\pi\beta}{4b\mathrm{e}^{\beta b}}$

（6）解：令 $R(z)=\dfrac{1}{z^2+a^2}$，在上半平面有 $z=ai$ 一个一级极点.

$$\int_{-\infty}^{+\infty}\frac{\mathrm{e}^{ix}}{x^2+a^2}\mathrm{d}x=2\pi i\cdot\mathrm{Res}\left[R(z)\cdot\mathrm{e}^{iz},ai\right]=2\pi i\cdot\lim_{z\to ai}\frac{\mathrm{e}^{iz}}{z+ai}=2\pi i\cdot\frac{\mathrm{e}^{-a}}{2ai}=\frac{\pi}{a\mathrm{e}^a}$$

7. （1）解：令 $R(z)=\dfrac{1}{z\left(1+z^2\right)}$，则 $R(z)$ 在实轴上有孤立奇点 $z=0$ 作的原点为圆心、r 为半径的上半圆周 c_r，使 $c_r,[-R,-r],c_r,[r,R]$ 构成封装曲线，此时闭曲线内只有一个奇点 i，

即 $I=\mathrm{Im}\left[\dfrac{1}{2}\int_{-\infty}^{+\infty}\dfrac{\mathrm{e}^{zix}}{x\left(1+x^2\right)}\mathrm{d}x\right]=\dfrac{1}{2}\mathrm{Im}\left\{2\pi i\cdot\mathrm{Res}\left[R(z),i\right]\right\}-\lim_{r\to0}\int_{c_r}\dfrac{\mathrm{e}^{2iz}}{z\left(1+z^2\right)}\mathrm{d}z$

而 $\displaystyle\lim_{r\to0}\int_{c_r}\frac{\mathrm{e}^{2iz}}{\left(1+z^2\right)}\cdot\frac{\mathrm{d}z}{z}=-\pi i$.

设 $I=\dfrac{1}{2}\mathrm{Im}\left[2\pi i\cdot\lim_{z\to i}\dfrac{\mathrm{e}^{2iz}}{z(z+1)}+\pi i\right]=\dfrac{1}{2}\mathrm{Im}\left[2\pi i\cdot\left(-\dfrac{\mathrm{e}^{-2}}{2}\right)+\pi i\right]=\dfrac{\pi}{2}\left(1-\mathrm{e}^{-2}\right)$.

（2）解：在直线 $z=c+iy$ $(-\infty<y<+\infty)$ 上，令 $f(z)=\dfrac{a^z}{z^2}=\dfrac{\mathrm{e}^{z\ln a}}{z^2}$，$\left|f(c+iy)\right|=\dfrac{\mathrm{e}^{c\cdot\ln a}}{c^2+y^2}$，

$\displaystyle\int_{-\infty}^{+\infty}\left|f(c+iy)\right|\mathrm{d}y=\int_{-\infty}^{+\infty}\frac{\mathrm{e}^{c\cdot\ln a}}{c^2+y^2}\mathrm{d}y$ 收敛，所以积分 $\displaystyle\int_{c-i\infty}^{c+i\infty}f(z)\mathrm{d}z$ 是存在的，并且

$$\int_{c-i\infty}^{c+i\infty}f(z)\mathrm{d}z=\lim_{R\to+\infty}\int_{c-iR}^{c+iR}f(z)\mathrm{d}z=\lim_{R\to+\infty}\int_{AB}f(z)\mathrm{d}z$$

其中 AB 为复平面从 $c-iR$ 到 $c+iR$ 的线段.

考虑函数 $f(z)$ 沿长方形 $-R\leqslant x\leqslant c$，$-R\leqslant y\leqslant R$ 周界的积分. 如下图所示.

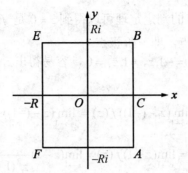

因为 $f(z)$ 在其内仅有一个二级极点 $z=0$，且 $\operatorname{Res}\left[f(z),0\right]=\lim\limits_{z\to0}\left(z^2\cdot f(z)\right)'=\ln a$.

所以由留数定理.

$$\int_{AB}f(z)\mathrm{d}z+\int_{BE}f(z)\mathrm{d}z+\int_{EF}f(z)\mathrm{d}z+\int_{FA}f(z)\mathrm{d}z=2\pi i\cdot\ln a$$

而 $\left|\int_{BE}f(z)\mathrm{d}z\right|=\left|\int_{C}^{-R}\dfrac{\mathrm{e}^{(x+Ri)\ln a}}{(x+Ri)^2}\mathrm{d}x\right|\leqslant\int_{-R}^{C}\dfrac{\mathrm{e}^{x\cdot\ln a}}{x^2+R^2}\mathrm{d}x\leqslant\int_{-R}^{C}\dfrac{\mathrm{e}^{\ln aC}}{R^2}\mathrm{d}x=\dfrac{\mathrm{e}^{C\cdot\ln a}}{R^2}\cdot(C+R)\xrightarrow{R\to+\infty}0$.

第五章 自测题参考答案

一、选择题

1. D   2. B   3. C   4. D   5. D   6. B   7. C   8. B   9. B   10. B

二、填空题

1. 一阶   2. 0   3. 本性，1   4. -1;   5. 0.

三、计算题

1. 解：$f'(z)=e^{z^2}+2z^2e^{z^2}-\cos z$ ，$f'(0)=0$ ；$f''(z)=6e^{z^2}+4z^3e^{z^2}+\sin z$ ，$f''(0)=0$ ；$f'''(z)=6e^{z^2}+24z^2e^{z^2}+8z^4e^{z^2}+\cos z$ ，$f'''(0)=7\neq0$ ，由零点判定定理得，$z=0$ 为函数 $f(z)=ze^{z^2}-\sin z$ 的三阶零点.

2. 解：由 $z^2(e^z-1)=0$ 得，$f(z)$ 的孤立奇点为 $z=0,z=2k\pi i$ （ $k=\pm1,\pm2,\cdots$ ），由零点的判定定理可知 $z=2k\pi i$ （ $k=\pm1,\pm2,\cdots$ ）为 $z^2(e^z-1)$ 的一阶零点，为 $z^2(e^z-1)$ 的 3 阶零点，所以 $z=0,z=2k\pi i$ （ $k=\pm1,\pm2,\cdots$ ）分别为 $f(z)=\dfrac{1}{z^2(e^z-1)}$ 的三阶极点和一阶极点.

3. 解：$f(z)$ 的孤立奇点为 $z=0$ ，$f(z)$ 的分子 $(z-1)e^z\big|_{z=0}\neq0$ $(z-1)e^z\big|_{z=0}\neq0$ ，所以 $z=0$ 是分

子 $(z-1)e^z$ 的零阶零点，由零点的判定定理可以得到 $z=0$ 是 $f(z)$ 分母 $z-\sin z$ 的三阶零点，因此 $z=0$ 就为 $f(z)$ 的 $3-0$ 阶的极点，即三阶极点.

4. 解：$f(z)$ 的孤立奇点为 $z_1=-1, z_2=1, z_3=0$，容易得出 $z_1=-1, z_2=1$ 为 $f(z)$ 的一阶极点，$z_3=0$ 为 $f(z)$ 的二阶极点，则：

$$\mathrm{Re}\,s[f(z),-1] = \lim_{x\to-1}(z-(-1))f(z) = \lim_{x\to-1}(z-(-1))\frac{1}{z^2(1+z)(-z)} = \frac{1}{2}$$

$$\mathrm{Re}\,s[f(z),1] = \lim_{x\to1}(z-1)f(z) = \lim_{x\to1}(z-1)\frac{1}{z^2(1+z)(-z)} = \frac{1}{2}$$

$$\mathrm{Re}\,s[f(z),0] = \frac{1}{(2-1)!}\lim_{x\to0}[(z-0)^2 f(z)]' = \lim_{x\to0}[(z-0)^2\frac{1}{z^2(1-z)^2}]' = 0.$$

5. 解：令 $f(z) = \dfrac{1}{z\sin z}$，孤立奇点为 $z=0, z=k\pi i$（$k=\pm1,\pm2,\cdots$），其中在 $|z|=1$ 内部的孤立奇点只有 $z=0$，由留数定理 $\oint_{|z|=1}\dfrac{1}{z\sin z}\mathrm{d}z = 2\pi i\,\mathrm{Re}\,s[\dfrac{1}{z\sin z},0] = 0$.

四、综合题

1. 解：令 $R(z) = \dfrac{z}{(z^2+1)(z^2+4)}$，孤立奇点为 $z=\pm1i,\pm2i,\cdots$，其中在上半平面的孤立奇点只有 $i,2i$，并且容易验证这两个孤立奇点均为 $R(z)$ 的一阶极点，则 $\displaystyle\int_{-\infty}^{+\infty}\dfrac{x}{(x^2+1)(x^2+4)}\mathrm{d}x$

$= 2\pi i\{\mathrm{Re}\,s[R(z),i] + \mathrm{Re}\,s[R(z),2i]\} = 0$.

2. 解：$\displaystyle\int_0^{+\infty}\dfrac{\cos\alpha x}{(x^2+1)}\mathrm{d}x = \dfrac{1}{2}\int_{-\infty}^{+\infty}\dfrac{\cos\alpha x}{(x^2+1)}\mathrm{d}x$，$e^{iax}=\cos ax + i\sin ax$，令 $f(z)=\dfrac{e^{iaz}}{(z^2+1)^2}$，孤立奇点为 $\pm i$，但在上半平面的孤立奇点只有 i，由留数在定积分计算的应用模型 III 有：

$\displaystyle\int_0^{+\infty}\dfrac{e^{iax}}{(x^2+1)}\mathrm{d}x = 2\pi i\,\mathrm{Re}\,s[f(z),i] = \dfrac{-ae^{-a}-e^{-a}}{4}i$，即 $\displaystyle\int_0^{+\infty}\dfrac{\cos\alpha x}{(x^2+1)}\mathrm{d}x = 0$.

3. 解：令 $z=e^{i\theta}$，$\therefore \cos\theta\dfrac{z^2+1}{2z}$，$\mathrm{d}\theta=\dfrac{1}{iz}\mathrm{d}z$，由留数在定积分计算应用的模型 I，我们得

$\displaystyle\int_0^{2\pi}\dfrac{1}{5+3\cos\theta}\mathrm{d}\theta = \oint_{|z|=1}\dfrac{1}{5+3\dfrac{z^2+1}{2z}}\dfrac{2}{1}\int_{|z|=1}\dfrac{1}{\left(z+\dfrac{5}{3}\right)^2-\dfrac{16}{9}}\mathrm{d}z$，$\dfrac{1}{\left(z+\dfrac{5}{3}\right)^2-\dfrac{16}{9}}$ 的孤立奇点为 $-3,-\dfrac{1}{3}$，

在 $|z|=1$ 内的奇点只有 $-\dfrac{1}{3}$，则 $\dfrac{2}{i}\oint_{|z|=1}\dfrac{1}{\left(z+\dfrac{5}{3}\right)^2-\dfrac{16}{9}}\mathrm{d}z = \dfrac{3}{2}\pi$，因此所求积分

$$\int_0^{2\pi} \frac{1}{5+3\cos\theta} d\theta = \frac{3}{2}\pi.$$

习题六

1.（1）解：$w = \dfrac{1}{z} = \dfrac{1}{x+iy} = \dfrac{x}{x^2+y^2} - \dfrac{y}{x^2+y^2}i = u+iv$

$$u = \frac{x}{x^2+y^2} = \frac{x}{ax} = \frac{1}{a},$$

所以 $w = \dfrac{1}{z}$ 将 $x^2+y^2 = ax$ 映成直线 $u = \dfrac{1}{a}$.

（2）解：$w = \dfrac{1}{z} = \dfrac{x}{x^2+y^2} - \dfrac{y}{x^2+y^2}i$

$$u = \frac{x}{x^2+y^2}, \quad v = -\frac{y}{x^2+y^2} = -\frac{kx}{x^2+y^2}$$

$$v = -ku$$

故 $w = \dfrac{1}{z}$ 将 $y = kx$ 映成直线 $v = -ku$.

2.（1）解：$w = (1+i)\cdot(x+iy) = (x-y)+i(x+y)$

$u = x-y, v = x+y, \quad u-v = -2y < 0.$

所以 $\mathrm{Im}(w) > \mathrm{Re}(w)$.

故 $w = (1+i)\cdot z$ 将 $\mathrm{Im}(z) > 0$ 映成 $\mathrm{Im}(w) > \mathrm{Re}(w)$.

（2）解：设 $z=x+iy$, $x>0$, $0<y<1$. $w = \dfrac{i}{z} = \dfrac{i}{x+iy} = \dfrac{i(x-iy)}{x^2+y^2} = \dfrac{y}{x^2+y^2} + \dfrac{x}{x^2+y^2}i$

$\mathrm{Re}(w)>0$，$\mathrm{Im}(w)>0$. 若 $w=u+iv$, 则 $y = \dfrac{u}{u^2+v^2}, x = \dfrac{v}{u^2+v^2}$.

因为 $0<y<1$, 则 $0 < \dfrac{u}{u^2+v^2} < 1, (u-\dfrac{1}{2})^2 + v^2 > \dfrac{1}{2}$

故 $w = \dfrac{i}{z}$ 将 $\mathrm{Re}(z)>0$, $0<\mathrm{Im}(z)<1$ 映为 $\mathrm{Re}(w)>0$,$\mathrm{Im}(w)>0$, $\left|w_{\frac{1}{2}}\right| > \dfrac{1}{2}$（以 $(\dfrac{1}{2},0)$ 为圆心、$\dfrac{1}{2}$ 为半径的圆）.

3. 求 $w=z^2$ 在 $z=i$ 处的伸缩率和旋转角，问 $w=z^2$ 将经过点 $z=i$ 且平行于实轴正向的曲线的切线方向映成 w 平面上哪一个方向？并作图.

解：因为 $w'=2z$，所以 $w'(i)=2i$, $|w'|=2$，旋转角 $\arg w' = \dfrac{\pi}{2}$.

于是，经过点 i 且平行实轴正向的向量映成 w 平面上过点-1，且方向垂直向上的向量.如下图所示.

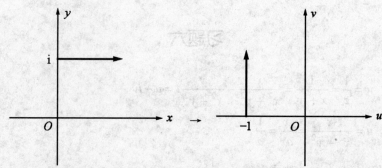

4. 答：一个解析函数所构成的映射在导数不为零的条件下具有伸缩率和旋转不变性映射 $w=z^2$ 在 $z=0$ 处导数为零，所以在 $z=0$ 处不具备这个性质.

5. 解：设所求分式线性变换为 $w=\dfrac{az+b}{cz+d}\ (ad-bc \neq 0)$ 由 $-1 \to -1$.得

$$-1 = \frac{-a+b}{-c+d} \Rightarrow b = a+c-d$$

因为 $w=\dfrac{a(z+1)+c-d}{cz+d}$ ，即 $w+1=\dfrac{a(z+1)+c(z+1)}{cz+d}$.

由 $1 \to 1$ 代入上式，得 $2=2\dfrac{a+c}{c+d} \Rightarrow a=d$.

因此 $w+1=(z+1)\dfrac{d+c}{cz+d}=(z+1)\cdot\dfrac{1+\dfrac{d}{c}}{z+\dfrac{d}{c}}$

令 $\dfrac{d}{c}=q$ ，得

$$\frac{w+1}{w-1}=\frac{(z+1)(1+q)/(z+q)}{(z+1)(1+q)/(z+q)-2}=\frac{(z+1)(1+q)}{(z-1)(q-1)}=a\cdot\frac{z+1}{z-1}$$

其中 a 为复数.

反之也成立，故所求分式线性映射为 $\dfrac{w+1}{w-1}=a\cdot\dfrac{z+1}{z-1}$ ， a 为复数.

6. 解：若 $w=\dfrac{az+b}{cz+d}$ 将圆周 $|z|=1$ 映成直线，则 $z=-\dfrac{d}{c}$ 映成 $z=-\dfrac{d}{c}$.

而 $z=-\dfrac{d}{c}$ 落在单位圆周 $|z|=1$ ，所以 $\left|-\dfrac{d}{c}\right|=1, |c|=|d|$.

故系数应满足 $ad-bc \neq 0$ ，且 $|c|=|d|$.

7. 解：（1）$\mathrm{Re}(z)=0$ 是虚轴，即 $z=iy$ 代入得.

$$w = \frac{iy-1}{iy+1} = \frac{-(1-iy)^2}{1+y^2} = \frac{-1+y^2}{1+y^2} + i \cdot \frac{2y}{1+y^2}$$

写成参数方程为 $u = \dfrac{-1+y^2}{1+y^2}$，$v = \dfrac{2y}{1+y^2}$，$-\infty < y < +\infty$.

消去 y，像曲线方程为单位圆，即

$$u^2+v^2=1.$$

（2）$|z|=2$ 是一圆围，令 $z=2e^{i\theta}, 0 \le \theta \le 2\pi$. 代入得 $w = \dfrac{2e^{i\theta}-1}{2e^{i\theta}+1}$ 化为参数方程.

$$u = \frac{3}{5+4\cos\theta}, \quad u = \frac{3\sin\theta}{5+4\cos\theta}, \quad 0 \le \theta \le 2\pi$$

消去 θ，像曲线方程为一阿波罗斯圆.即

$$\left(u - \frac{5}{3}\right)^2 + v^2 = \left(\frac{4}{3}\right)^2$$

（3）当 $\mathrm{Im}(z)>0$ 时，即 $\dfrac{w+1}{w-1} = -z \Rightarrow \mathrm{Im}\left(\dfrac{w+1}{w-1}\right) < 0$，

令 $w=u+iv$，得

$$\mathrm{Im}\left(\frac{w+1}{w-1}\right) = \mathrm{Im}\left(\frac{(u+1)+iv}{(u-1)+iv}\right) = \frac{-2v}{(u-1)^2+v^2} < 0.$$

即 $v>0$，故 $\mathrm{Im}(z)>0$ 的像为 $\mathrm{Im}(w)>0$.

8. 解：设映射将右半平面 z_0 映射成 $w=0$，则 z_0 关于轴对称点 $\overline{z_0}$ 的像为 $w=\infty$.

所以所求分式线性变换形式为 $w = k \cdot \dfrac{z-z_0}{z-\overline{z_0}}$，其中 k 为常数.

又因为 $|w| = |k| \cdot \left| \dfrac{z-z_0}{z-\overline{z_0}} \right|$，而虚轴上的点 z 对应 $|w|=1$，不妨设 $z=0$，则

$$|w| = |k| \cdot \left| \frac{z-z_0}{z-\overline{z_0}} \right| = |k| = 1 \Rightarrow k = e^{i\theta} \qquad (\theta \in \mathbf{R})$$

故 $w = e^{i\theta} \cdot \dfrac{z-z_0}{z-\overline{z_0}}$（$\mathrm{Re}(z_0)>0$）.

9. 解：因为 $w'(\alpha) = e^{i\varphi} \cdot \dfrac{1-|\alpha|^2}{(1-|\alpha|^2)^2} = e^{i\varphi} \cdot \dfrac{1}{1-|\alpha|^2}$

从而 $w'(\alpha) = e^{i\varphi} \cdot \dfrac{1-|\alpha|^2}{(1-|\alpha|^2)^2} = e^{i\varphi} \cdot \dfrac{1}{1-|\alpha|^2}$.

所以 $\arg w'(\alpha) = \arg e^{i\varphi} - \arg \cdot (1-|\alpha|^2) = \varphi$

故 φ 表示 $w = e^{i\theta} \cdot \dfrac{z-\alpha}{1-\overline{\alpha}z}$ 在单位圆内 α 处的旋转角 $\arg w'(\alpha)$.

10. 解：将上半平面 $\text{Im}(z)>0$，映为单位圆 $|w|<1$ 的一般分式线性映射为 $w=k\cdot\dfrac{z-\alpha}{z-\overline{\alpha}}$（$\text{Im}(\alpha)>0$）.

（1）由 $f(i)=0$ 得 $\alpha=i$，又由 $\arg f'(i)=0$，即 $f'(z)=e^{i\theta}\cdot\dfrac{2i}{(z+i)^2}$，$f'(i)=\dfrac{1}{2}e^{i(\theta-\frac{\pi}{2})}=0$，得 $\theta=\dfrac{\pi}{2}$，所以

$$w=i\cdot\frac{z-i}{z+i}.$$

（2）由 $f(1)=1$，得 $k=\dfrac{1-\overline{\alpha}}{1-\alpha}$；由 $f(i)=\dfrac{1}{\sqrt{5}}$，得 $k=\dfrac{i-\overline{\alpha}}{\sqrt{5}(i-\alpha)}$，联立解得

$$w=\frac{3z+(\sqrt{5}-2i)}{(\sqrt{5}-2i)z+3}.$$

11. 解：将单位圆 $|z|<1$ 映成单位圆 $|w|<1$ 的分式线性映射，即

$$w=e^{i\theta}\frac{z-\alpha}{1-\overline{\alpha}\cdot z},\quad |\alpha|<1.$$

（1）由 $f(\dfrac{1}{2})=0$，知 $\alpha=\dfrac{1}{2}$. 又由 $f(-1)=1$，知

$$e^{i\theta}\cdot\frac{-1-\dfrac{1}{2}}{1+\dfrac{1}{2}}=e^{i\theta}(-1)=1\Rightarrow e^{i\theta}=-1\Rightarrow\theta=\pi.$$

故 $w=-1\cdot\dfrac{z-\dfrac{1}{2}}{1-\dfrac{z}{2}}=\dfrac{2z-1}{z-2}$.

（2）由 $f(\dfrac{1}{2})=0$，知 $\alpha=\dfrac{1}{2}$，又 $w'=e^{i\theta}\cdot\dfrac{5-4z}{(2-z)^2}$，

$$f'(\frac{1}{2})=e^{i\theta}\frac{4}{3}\Rightarrow\theta=\arg f'(\frac{1}{2})=\frac{\pi}{2},$$

于是 $w=e^{i\frac{\pi}{2}}(\dfrac{z-\dfrac{1}{2}}{1-\dfrac{z}{2}})=i\cdot\dfrac{2z-1}{2-z}$.

（3）先求 $\xi=\varphi(z)$，使 $z=a\to\xi=0$，$\arg\varphi'(a)=\theta$，且 $|z|<1$ 映射成 $|\xi|<1$.

则可知 $\xi=\varphi(z)=e^{i\theta}\cdot\dfrac{z-a}{1-\overline{a}\cdot z}$

再求 $w=g(\xi)$，使 $\xi=0\to w=a$，$\arg g'(0)=0$，且 $|\xi|<1$ 映射成 $|w|<1$.

当 $f(t)$ 为奇函数时，$f(t)\cdot\cos\omega t$ 为奇函数，从而 $\int_{-\infty}^{+\infty}f(t)\cdot\cos\omega t\mathrm{d}t=0$

$f(t)\cdot\sin\omega t$ 为偶函数，从而 $\int_{-\infty}^{+\infty}f(t)\cdot\sin\omega t\mathrm{d}t=2\int_{0}^{+\infty}f(t)\cdot\sin\omega t\mathrm{d}t.$

故 $G(\omega)=-2i\int_{0}^{+\infty}f(t)\cdot\sin\omega t\mathrm{d}t.$ 有 $G(-\omega)=-G(\omega)$ 为奇数.

$$f(t)=\frac{1}{2\pi}\int_{-\infty}^{+\infty}G(\omega)\cdot e^{i\omega t}\mathrm{d}\omega=\frac{1}{2\pi}\int_{-\infty}^{+\infty}G(\omega)\cdot(\cos\omega t+i\sin\omega t)\mathrm{d}\omega$$

$$=\frac{1}{2\pi}\int_{-\infty}^{+\infty}G(\omega)\cdot i\sin\omega t\mathrm{d}\omega=\frac{i}{\pi}\int_{0}^{+\infty}G(\omega)\cdot\sin\omega t\mathrm{d}\omega$$

所以，当 $f(t)$ 为奇函数时，有

$$f(t)=\int_{0}^{+\infty}b(\omega)\cdot\sin\omega t\mathrm{d}\omega.\quad\text{其中}\quad b(\omega)=\frac{2}{\pi}\int_{0}^{+\infty}f(t)\cdot\sin\omega t\mathrm{d}t.$$

同理，当 $f(t)$ 为偶函数时，有

$$f(t)=\int_{0}^{+\infty}a(\omega)\cdot\cos\omega t\mathrm{d}\omega.\text{其中}\quad a(\omega)=\frac{2}{\pi}\int_{0}^{+\infty}f(t)\cdot\cos\omega t\mathrm{d}t$$

2. 解：

$$a(\omega)=\frac{2}{\pi}\int_{0}^{+\infty}f(t)\cdot\cos\omega t\mathrm{d}t=\frac{2}{\pi}\int_{0}^{1}t^{2}\cdot\cos\omega t\mathrm{d}t+\frac{2}{\pi}\int_{1}^{+\infty}0\cdot\cos\omega t\mathrm{d}t$$

$$=\frac{2}{\pi}\int_{0}^{1}\cdot\cos\omega t\mathrm{d}t=\frac{2}{\pi}\cdot\frac{1}{\omega}\int_{0}^{1}t^{2}\mathrm{d}\sin\omega t$$

$$=\frac{2}{\pi\omega}\cdot t^{2}\cdot\sin\omega t\Big|_{0}^{1}-\frac{2}{\pi\omega}\int_{0}^{1}\sin\omega\cdot2t\mathrm{d}t$$

$$=\frac{2}{\pi}\cdot\frac{\sin\omega}{\omega}$$

$$=\frac{2\sin\omega}{\pi\omega}$$

3. 解：

$$f(f)(u)=\int_{-\infty}^{+\infty}f(t)\cdot e^{-i\omega t}\mathrm{d}t=\int_{-6\pi}^{6\pi}\sin t\cdot e^{-i\omega t}\mathrm{d}t$$

$$=\int_{-6\pi}^{6\pi}\sin t\cdot(\cos\omega t-i\sin\omega t)\mathrm{d}t$$

$$=-2i\int_{0}^{6\pi}\sin t\cdot\sin\omega t\mathrm{d}t$$

$$=\frac{i\sin6\pi\omega}{\pi(1-\omega^{2})}$$

4. （1）解：

$$\mathrm{F}(f)(\omega) = \int_{-\infty}^{+\infty} f(t) e^{-i\omega t} \mathrm{d}t = \int_{-\infty}^{+\infty} e^{-|t|} \cdot e^{-i\omega t} \mathrm{d}t = \int_{-\infty}^{+\infty} e^{-(|t|+i\omega t)} \mathrm{d}t$$

$$= \int_{-\infty}^{0} e^{t(1-i\omega)} \mathrm{d}t + \int_{-\infty}^{+\infty} e^{-t(1+i\omega)} \mathrm{d}t = \frac{2}{1+\omega^2}$$

（2）解：因为 $F[e^{-t^2}] = \sqrt{\pi} \cdot e^{-\frac{\omega^2}{4}}$，而 $(e^{-t^2})' = e^{-t^2} \cdot (-2t) = -2t \cdot e^{-t^2}$.

所以根据傅里叶变换的微分性质，可得 $G(\omega) = F(t \cdot e^{-t^2}) = \dfrac{\sqrt{\pi}\omega}{2i} \cdot e^{-\frac{\omega^2}{4}}$

（3）解：

$$G(\omega) = F(f)(\omega) = \int_{-\infty}^{+\infty} \frac{\sin \pi t}{1-t^2} \cdot e^{-i\omega t} \mathrm{d}t$$

$$= \int_{-\infty}^{+\infty} \frac{\sin \pi t}{1-t^2} \cdot (\cos \omega t - i \sin \omega t) \mathrm{d}t$$

$$= -i \int_{-\infty}^{+\infty} \frac{\sin \pi t \cdot \sin \omega t}{1-t^2} \mathrm{d}t = -2i \int_{0}^{+\infty} \frac{-\frac{1}{2}[\cos(\pi+\omega)t - \cos(\pi-\omega)t]}{1-t^2} \mathrm{d}t$$

$$= i \int_{0}^{+\infty} \frac{\cos(\pi+\omega)t}{1-t^2} \mathrm{d}t - i \int_{0}^{+\infty} \frac{\cos(\pi-\omega)t}{1-t^2} \mathrm{d}t \quad \text{（利用留数定理）}$$

$$= \begin{cases} -\dfrac{i}{2} \sin \omega, & |\omega| \leqslant \pi \\ 0, & |\omega| \geqslant \pi. \end{cases}$$

（4）解：

$$G(\omega) = \int_{-\infty}^{+\infty} \frac{1}{1+t^4} e^{-i\omega t} \mathrm{d}t = \int_{-\infty}^{+\infty} \frac{\cos \omega t}{1+t^4} \mathrm{d}t - i \int_{-\infty}^{+\infty} \frac{\sin \omega t}{1+t^4} \mathrm{d}t$$

$$= 2 \int_{0}^{+\infty} \frac{\cos \omega t}{1+t^4} \mathrm{d}t = \int_{-\infty}^{+\infty} \frac{\cos \omega t}{1+t^4} \mathrm{d}t$$

$R(z) = \dfrac{1}{1+z^4}$，则 $R(z)$ 在上半平面有两个一级极点 $\dfrac{\sqrt{2}}{2}(1+i)$ 和 $\dfrac{\sqrt{2}}{2}(-1+i)$.

$$\int_{-\infty}^{+\infty} \mathrm{R}(t) \cdot e^{i\omega t} \mathrm{d}t = 2\pi i \cdot res[\mathrm{R}(z) \cdot e^{i\omega z}, \frac{\sqrt{2}}{2}(1+i)] + 2\pi i \cdot res[\mathrm{R}(z) \cdot e^{i\omega z}, \frac{\sqrt{2}}{2}(-1+i)]$$

故 $\displaystyle \int_{-\infty}^{+\infty} \frac{\cos \omega t}{1+t^4} \mathrm{d}t = \mathrm{Re}[\int_{-\infty}^{+\infty} \frac{e^{i\omega t}}{1+t^4} \mathrm{d}t] = \frac{1}{2\sqrt{2}} e^{-|\omega|/\sqrt{2}} (\cos \frac{|\omega|}{2} + \sin \frac{|\omega|}{2})$

（5）解：

$$G(\omega) = \int_{-\infty}^{+\infty} \frac{t}{1+t^4} \cdot e^{-i\omega t} dt$$

$$= \int_{-\infty}^{+\infty} \frac{t}{1+t^4} \cdot \cos\omega t dt - i\int_{-\infty}^{+\infty} \frac{t \cdot \sin\omega t}{1+t^4} dt$$

$$= -i\int_{-\infty}^{+\infty} \frac{t \cdot \sin\omega t}{1+t^4} dt$$

同第（4）题利用留数在积分中的应用，令 $R(z) = \dfrac{z}{1+z^4}$

则

$$-i\int_{-\infty}^{+\infty} \frac{t \cdot \sin\omega t}{1+t^4} dt = (-i)\,\mathrm{Im}(\int_{-\infty}^{+\infty} \frac{t \cdot e^{i\omega t}}{1+t^4} dt)$$

$$= -\frac{i}{2} \cdot e^{-|\omega|/\sqrt{2}} \cdot \sin\frac{\omega}{2}$$

5. 解：过程略

6. 解：因为 $F(u(t)) = \dfrac{1}{i\omega} + \pi \cdot \delta(\omega)$，把函数 $\mathrm{sgn}(t)$ 与 $u(t)$ 作比较.

不难看出　$\mathrm{sgn}(t) = u(t) - u(-t)$.

故

$$F[\mathrm{sgn}(t)] = F(u(t)) - F(u(-t)) = \frac{1}{i\pi} + \pi \cdot \delta(\omega) - [\frac{1}{i(-\omega)} + \pi \cdot \delta(-\omega)]$$

$$= \frac{2}{i\omega} + \pi[\delta(\omega) - \delta(-\omega)] = \frac{2}{i\omega}$$

7. 解：

$$f(t) = F(F(\omega)) = \frac{1}{2\pi} \int_{-\infty}^{+\infty} \pi \cdot [\delta(\omega+\omega_0) + \delta(\omega-\omega_0)] e^{i\omega t} d\omega$$

$$\overline{m} F(\cos\omega_0 t) = \int_{-\infty}^{+\infty} \cos\omega_0 t \cdot e^{-i\omega t} dt$$

$$= \int_{-\infty}^{+\infty} \frac{e^{i\omega_0 t} + e^{-i\omega_0 t}}{2} \cdot e^{-i\omega_0 t} dt$$

$$= \pi[\delta(\omega+\omega_0) + \delta(\omega-\omega_0)]$$

所以 $$f(t) = \cos\omega_0 t$$

8. 证明：$F[f(at)](\omega) = \displaystyle\int_{-\infty}^{+\infty} f(at) \cdot e^{-i\omega t} dt = \frac{1}{a}\int_{-\infty}^{+\infty} f(at) \cdot e^{-i\omega t} d at$

当 $a > 0$ 时，令 $u = at$，则 $F[f(at)](\omega) = \dfrac{1}{a}\displaystyle\int_{-\infty}^{+\infty} f(u) \cdot e^{-i\frac{u}{a}t} du$

当 $a<0$ 时，令 $u=at$，则 $F[f(at)](\omega) = -\dfrac{1}{a}F\left(\dfrac{\omega}{a}\right)$，故原命题成立.

9. 证明：

$$
\begin{aligned}
F[f(-t)](\omega) &= \int_{-\infty}^{+\infty} f(-t) \cdot e^{-i\omega t} dt = -\int_{-\infty}^{+\infty} f(u) \cdot e^{i\omega u} du \\
&= \int_{-\infty}^{+\infty} f(u) \cdot e^{-[i\omega \cdot (-u)]} du = \int_{-\infty}^{+\infty} f(u) \cdot e^{-[i\omega \cdot (-u)]} du \\
&= \int_{-\infty}^{+\infty} f(t) \cdot e^{-[i(-\omega) \cdot t]} dt = F(-\omega).
\end{aligned}
$$

10. 证明：

$$
\begin{aligned}
F[f(t) \cdot \cos \omega_0 t] &= F\left[f(t) \cdot \dfrac{e^{i\omega_0 t} + e^{-i\omega_0 t}}{2}\right] \\
&= \dfrac{1}{2}\left\{ F\left[f(t) \cdot \dfrac{e^{i\omega_0 t}}{2}\right] + F\left[f(t) \cdot \dfrac{e^{-i\omega_0 t}}{2}\right] \right\} \\
&= \dfrac{1}{2}\left[F(\omega - \omega_0) + F(\omega + \omega_0) \right]
\end{aligned}
$$

同理：

$$
\begin{aligned}
F[f(t) \cdot \sin \omega_0 t] &= F\left[f(t) \cdot \dfrac{e^{i\omega_0 t} - e^{-i\omega_0 t}}{2i}\right] \\
&= \dfrac{1}{2i}\left\{ F\left[f(t) \cdot e^{i\omega_0 t}\right] - F\left[f(t) \cdot e^{-i\omega_0 t}\right] \right\} \\
&= \dfrac{1}{2i}\left[F(\omega - \omega_0) - F(\omega + \omega_0) \right]
\end{aligned}
$$

11. 解：$f * g(t) = \displaystyle\int_{-\infty}^{+\infty} f(y) g(t-y) \, dy$

当 $t-y \geqslant 0$ 时，若 $t<0$，则 $f(y)=0$，故 $f * g(t)=0$.

若 $0<t \leqslant \dfrac{\pi}{2}, 0<y \leqslant t$，则 $f * g(t) = \displaystyle\int_{0}^{t} f(y) g(t-y) dy = \int_{0}^{t} e^{-y} \cdot \sin(t-y) \, dy$

若 $t>\dfrac{\pi}{2}, 0 \leqslant t-y \leqslant \dfrac{\pi}{2}. \Rightarrow t-\dfrac{\pi}{2} \leqslant y \leqslant t.$

则 $f * g(t) = \displaystyle\int_{t-\frac{\pi}{2}}^{t} e^{-y} \cdot \sin(t-y) \, dy$

故 $f * g(t) = \begin{cases} 0, & t<0; \\ \dfrac{1}{2}(\sin t - \cos t + e^{-t}), & 0<t \leqslant \dfrac{\pi}{2}; \\ \dfrac{1}{2}e^{-t}\left(1 + e^{\frac{\pi}{2}}\right), & t>\dfrac{\pi}{2}. \end{cases}$

12. （1）解：

$$G(\omega) = F(f)(\omega) = \int_{-\infty}^{+\infty} e^{-at} \cdot \sin \omega_0 t \cdot u(t) \cdot e^{-i\omega t} dt$$

$$= \int_0^{+\infty} e^{-at} \cdot \sin \omega_0 t \cdot e^{-i\omega t} dt$$

$$= \int_0^{+\infty} e^{-at} \cdot \frac{e^{i\omega_0 t} - e^{-i\omega_0 t}}{2i} \cdot e^{-i\omega t} dt$$

$$= \frac{1}{2i} \int_0^{+\infty} e^{-[a+i(\omega-\omega_0)]t} dt - \frac{1}{2i} \int_0^{+\infty} e^{-[a+i(\omega+\omega_0)]t} dt$$

$$= \frac{\omega_0}{(a+i\omega)^2 + \omega_0{}^2}$$

（2）$f(t) = e^{i\omega_0 t} t \cdot u(t)$;

解：$G(\omega) = F(f)(\omega) = \int_{-\infty}^{+\infty} e^{iw_0 t} \cdot t \cdot u(t) \cdot e^{-i\omega t} dt$

$$= \int_0^{+\infty} e^{iw_0 t} \cdot t \cdot e^{-i\omega t} dt$$

$$= \int_0^{+\infty} e^{i(w_0 - w)t} \cdot t \, dt$$

$$= \frac{1}{i(w_0 - w)} \int_0^{+\infty} t \, de^{i(w_0 - w)t}$$

$$= \frac{1}{i(w_0 - w)^2}$$

（3）$f(t) = e^{-\alpha t + i\omega_0 t} u(t)$.

解：$G(\omega) = F(f)(\omega) = \int_{-\infty}^{+\infty} e^{-at + iw_0 t} \cdot u(t) \cdot e^{-i\omega t} dt$

$$= \int_0^{+\infty} e^{-at + iw_0 t} \cdot e^{-i\omega t} dt$$

$$= \int_0^{+\infty} e^{[-a + i(w_0 - w)]t} dt$$

$$= \left(\frac{1}{-a + i(w_0 - w)} e^{[-a + i(w_0 - w)]t} \right)_0^{+\infty}$$

$$= \frac{1}{-a + i(w_0 - w)}$$

习题八

1. 解：（1） $f(t) = \sin t \cdot \cos t = \frac{1}{2}\sin 2t$

$$L(f(t)) = \frac{1}{2}L(\sin 2t) = \frac{1}{2} \cdot \frac{2}{s^2+4} = \frac{1}{s^2+4}$$

（2） $L(f(t)) = \frac{1}{2}L(e^{-4t}) = \frac{1}{s+4}$

（3） $f(t) = \sin^2 t = \frac{1-\cos 2t}{2}$

$$L(f(t)) = L(\frac{1-\cos 2t}{2}) = \frac{1}{2}L(1) - \frac{1}{2}(\cos 2t) = \frac{1}{2} \cdot \frac{1}{s} - \frac{1}{2} \cdot \frac{2}{s^2+4} = \frac{2}{s(s^2+4)}$$

（4） $L(t^2) = \frac{2}{s^3}$

（5） $L(f(t)) = L(\frac{e^{bt} - e^{-bt}}{2}) = \frac{1}{2}L(e^{bt}) - \frac{1}{2}L(e^{-bt}) = \frac{1}{2} \cdot \frac{1}{s-b} - \frac{1}{2} \cdot \frac{1}{s+b} = \frac{b}{s^2-b^2}$

2. 解：（1） $L(f(t)) = \int_0^{+\infty} f(t) \cdot e^{-st}dt = \int_0^1 2 \cdot e^{-st}dt + \int_1^2 e^{-st}dt = \frac{1}{s}(2 - e^{-s} - e^{-2s})$

（2） $L(f(t)) = \int_0^{+\infty} f(t) \cdot e^{-st}dt = \int_0^{\pi} \cos t \cdot e^{-st}dt = \frac{1}{s}(1 + e^{-\pi s}) + \frac{1 + e^{-\pi s}}{s^2+1}$

3. 解：

$$L(f(t)) = \int_0^{+\infty} f(t) \cdot e^{-st}dt = \int_0^{+\infty} \cos t \cdot \delta(t) \cdot e^{-st}dt - \int_0^{+\infty} \sin t \cdot u(t) \cdot e^{-st}dt$$

$$= \int_{-\infty}^{+\infty} \cos t \cdot \delta(t) \cdot e^{-st}dt - \int_0^{+\infty} \sin t \cdot e^{-st}dt$$

$$= \cos t \cdot e^{-st}\big|_{t=0} - \frac{1}{s^2+1} = 1 - \frac{1}{s^2+1} = \frac{s^2}{s^2+1}$$

4. 解：

$$L(f_T(t)) = \frac{\int_0^T f_T(t) \cdot e^{-st}dt}{1 - e^{-as}} = \frac{1+as}{s^2} - \frac{a}{s(1-e^{-as})}$$

5. 解：（1）

$$f(t)=\frac{t}{2l}\cdot\sin lt=-\frac{1}{2l}[(-t)\cdot\sin lt]$$

$$F(s)=L(f(t))=L(\frac{t}{2l}\cdot\sin lt)=-\frac{1}{2l}L[(-t)\cdot\sin lt]$$

$$=-\frac{1}{2l}(\frac{l}{s^2+l^2})'=-\frac{1}{2\rho}\cdot\frac{-2ls}{(s^2+l^2)^2}=\frac{s}{(s^2+l^2)^2}$$

（2）$F(s)=L(f(t))=L(e^{-2t}\cdot\sin 5t)=\dfrac{5}{(s+2)^2+25}$

（3）$F(s)=L(f(t))=L(1-t\cdot e^t)=L(1)-L(t\cdot e^t)=\dfrac{1}{s}+L(-t\cdot e^t)$

$$=\frac{1}{s}+(\frac{1}{s-1})'=\frac{1}{s}-\frac{1}{(s-1)^2}$$

（4）$F(s)=L(f(t))=L(e^{-4t}\cdot\cos 4t)=\dfrac{s+4}{(s+4)^2+16}$

（5）$u(2t-4)=\begin{cases}1,t>2\\0,其他\end{cases}$

$$F(s)=L(f(t))=L(u(2t-4))=\int_0^\infty u(2t-4)\cdot e^{-st}dt$$

$$=\int_2^\infty e^{-st}dt=\frac{1}{s}e^{-2s}$$

（6）$F(s)=L(f(t))=L(5\sin 2t-3\cos 2t)=5L(\sin 2t)-3L(\cos 2t)$

$$=5\cdot\frac{2}{s^2+4}-3\cdot\frac{s}{s^2+4}=\frac{10-3s}{s^2+4}$$

（7）$F(s)=L(f(t))=L(t^{\frac{1}{2}}\cdot e^{\delta t})=\dfrac{\Gamma(1+\frac{1}{2})}{(s-\delta)^{\frac{3}{2}}}=\dfrac{\Gamma(\frac{3}{2})}{(s-\delta)^{\frac{3}{2}}}$

（8）$F(s)=L(f(t))=L(t^2+3t+2)=L(t^2)+3L(t)+2L(1)=\dfrac{1}{s}(2s^2+3s+2)$

6. 证明：

$$L[e^{s_0t}\cdot f](s)=\int_0^\infty e^{s_0t}\cdot f(t)\cdot e^{-st}dt$$

$$=\int_0^\infty f(t)\cdot e^{(s_0-s)t}dt=\int_0^\infty f(t)\cdot e^{-(s-s_0)t}dt=F(s-s_0)$$

7. 证明：当 n=1 时，$F(s)=\int_0^{+\infty}f(t)\cdot e^{-st}dt$

$$F'(s) = [\int_0^{+\infty} f(t) \cdot e^{-st} dt]'$$

$$= \int_0^{+\infty} \frac{\partial[f(t) \cdot e^{-st}]}{\partial s} dt = -\int_0^{+\infty} t \cdot f(t) \cdot e^{-st} dt = -L(t \cdot f(t))$$

所以，当 $n=1$ 时，$F^{(n)}(s) = L[(-t)^n \cdot f(t)](s)$ 显然成立。

假设，当 $n=k-1$ 时，有 $F^{(k-1)}(s) = L[(-t)^{k-1} \cdot f(t)](s)$

现证当 $n=k$ 时，

$$F^{(k)}(s) = \frac{dF^{(k-1)}(s)}{ds} = \frac{d\int_0^{+\infty} (-t)^{k-1} \cdot f(t) \cdot e^{-st} dt}{ds}$$

$$= \int_0^{\infty} \frac{\partial[(-t)^{k-1} \cdot f(t) \cdot e^{-st}]}{\partial s} dt = \int_0^{+\infty} (-t)^k \cdot f(t) \cdot e^{-st} dt$$

$$= L[(-t)^k \cdot f(t)](s)$$

8. 证明：设 $L[f](s) = F(s)$，由定义

$$L[f(at)] = \int_0^{+\infty} f(at) \cdot e^{-st} dt. \quad (\text{令} at=u, t=\frac{u}{a}, dt=\frac{du}{a})$$

$$= \int_0^{+\infty} f(u) \cdot e^{-\frac{s}{a}u} \frac{du}{a} = \frac{1}{a}\int_0^{+\infty} f(u) \cdot e^{-\frac{s}{a}u} du$$

$$= \frac{1}{a}F(\frac{s}{a})$$

9. 证明：

$$\int_s^{\infty} F(s)ds = \int_s^{+\infty}[f(t) \cdot e^{-st}dt]ds = \int_0^{+\infty} f(t) \cdot [\int_s^{\infty} e^{-st}ds]dt$$

$$= \int_0^{+\infty} f(t) \cdot [-\frac{1}{t}e^{-st}\Big|_s^{\infty}]dt = \int_0^{+\infty} \frac{f(t)}{t} \cdot e^{-st}dt = L[\frac{f(t)}{t}]$$

10. 解：（1）$1*1 = \int_0^t 1 \cdot 1 d\tau = t$

（2）$t*t = \int_0^t \tau \cdot (t-\tau) d\tau = \frac{1}{6}t^3$

（3）$t*e^t = \int_0^t \tau \cdot e^{t-\tau}d\tau = e^t \cdot \int_0^t \tau \cdot e^{-\tau}d\tau = -e^t \cdot \int_0^t \tau \cdot de^{-\tau}$

$$= -e^t[\tau e^{-\tau}]\Big|_0^t - \int_0^t e^{-\tau}d\tau = e^t - t - 1$$

（4）$\sin at * \sin at = \int_0^t \sin a\tau \cdot \sin a(t-\tau)d\tau = \int_0^t -\frac{1}{2}[\cos at - \cos(2a\tau - at)]d\tau$

$$= \frac{1}{2a}\sin at - \frac{t}{2}\cos 2at$$

（5）　$\delta(t-\tau)*f(t)=\int_0^t \delta(t-\tau)\cdot f(t-\tau)\mathrm{d}\tau=-\int_0^t \delta(t-\tau)\cdot f(t-\tau)\,\mathrm{d}(t-\tau)$

$$=-\int_t^0 \delta(\tau)\cdot f(\tau)\mathrm{d}\tau=\int_0^t \delta(\tau)\cdot f(\tau)\mathrm{d}\tau=\begin{cases}0, & t<\tau\\ f(t-\tau),0 & \leqslant\tau<t\end{cases}$$

（6）　$\sin t*\cos t=\int_0^t \sin\tau\cdot\cos(t-\tau)\mathrm{d}\tau=\dfrac{1}{2}\int_0^t[\sin t+\sin(2\tau-t)]\mathrm{d}\tau$

$$=\frac{t}{2}\sin t+\frac{t}{2}\int_0^t s\,in(2\tau-t)\mathrm{d}\tau$$

$$=\frac{t}{2}\sin t-\frac{1}{4}\cos(2\tau-t)\Big|_0^t$$

$$=\frac{t}{2}\sin t-\frac{1}{4}[\cos t-\cos(-t)]=\frac{t}{2}\sin t$$

11. 证明：　　　$f*g(t)=\int_0^t f(\tau)g(t-\tau)\mathrm{d}\tau \xrightarrow{\ \ 令 t-\tau=u\ \ } -\int_t^0 f(t-u)\cdot g(u)\mathrm{d}u$

$$=\int_0^t f(t-u)\cdot g(u)\mathrm{d}u=\int_t^0 g(\tau)\cdot f(t-\tau)\mathrm{d}\tau=g*f(t)$$

$$(f+g)*h(t)=\int_0^t\big(f(\tau)+g(\tau)\big)\cdot h(t-\tau)\mathrm{d}\tau$$

$$=\int_0^t f(\tau)\cdot h(t-\tau)\cdot\mathrm{d}\tau+\int_0^t g(\tau)\cdot h(t-\tau)\mathrm{d}\tau$$

$$=f*h(t)+g*f(t)$$

12. 证明：设 $g(t)=\int_0^t f(t)\mathrm{d}t$，则 $g'(t)=f(t),$ 且$g(0)=0$

$L[g'(t)]=sL[g(t)]-g(0)=sL[g(t)]$，则

$L[g(t)]=\dfrac{L[g'(t)]}{s}$，所以

$$L[\int_0^t f(t)\mathrm{d}t]=\frac{F(s)}{\mathrm{d}s}$$

13. 解：（1）$F(s)=\dfrac{s}{(s-1)(s-2)}=\dfrac{2}{s-2}-\dfrac{1}{s-1}$

$$L^{-1}(\frac{2}{s-2}-\frac{1}{s-1})=2L^{-1}(\frac{1}{s-2})-L^{-1}(\frac{1}{s-1})=2\mathrm{e}^{2t}-\mathrm{e}^t$$

（2）　$F(s)=\dfrac{s^2+8}{(s^2+4)^2}=\dfrac{3}{4}L^{-1}(\dfrac{2}{s^2+4})-\dfrac{1}{2}L^{-1}(\dfrac{s^2-4}{(s^2+4)^2})=\dfrac{3}{4}\sin 2t-\dfrac{1}{2}t\cos 2t$

（3）　$F(s)=\dfrac{1}{s(s+1)(s+2)}=\dfrac{1}{2s}-\dfrac{1}{s+1}-\dfrac{1}{2(s+2)}$

故 $L^{-1}(F(s)) = \dfrac{1}{2} - e^{-t} + \dfrac{1}{2} e^{-2t}$

（4） $F(s) = \dfrac{s}{(s^2+4)^2} = -\dfrac{1}{4} \cdot \dfrac{-4s}{(s^2+4)^2} = -\dfrac{1}{4} \cdot \left(\dfrac{2}{s^2+2^2}\right)'$

因为

$$L^{-1}\left(\dfrac{2}{s^2+2^2}\right) = \sin 2t$$

所以

$$L^{-1}(F(s)) = L^{-1}\left(-\dfrac{1}{4} \cdot \dfrac{s}{(s^2+4)^2}\right) = \dfrac{t}{4} \sin 2t$$

（5） $F(s) = \ln \dfrac{s+1}{s-1} = \int_0^\infty \left(\dfrac{1}{u+1} - \dfrac{1}{u-1}\right) du = -L\left(\dfrac{g(t)}{t}\right)$

其中

$$g(t) = L^{-1}\left(\dfrac{1}{s+1} - \dfrac{1}{s-1}\right) = e^{-t} - e^{t}$$

所以

$$F(s) = -L\left(\dfrac{e^{-t} - e^{t}}{t}\right) = L\left(\dfrac{e^{t} - e^{-t}}{t}\right)$$

$$f(t) = L^{-1}(F(s)) = -\dfrac{e^{-t} - e^{t}}{t} = \dfrac{e^{t} - e^{-t}}{t} = 2 \cdot \dfrac{sht}{t}$$

（6） $F(s) = \dfrac{s^2+2s-1}{s(s-1)^2} = -\dfrac{1}{s} + \dfrac{2}{s-1} - \dfrac{2}{(s-1)^2}$

所以

$$L^{-1}(F(s)) = L^{-1}\left(-\dfrac{1}{s}\right) + L^{-1}\left(\dfrac{2}{s-1}\right) - L^{-1}\left(\dfrac{2}{(s-1)^2}\right)$$

$$= -1 + 2e^{t} + 2te^{t} = 2te^{t} + 2e^{t} - 1$$

14. 证明：

$$L^{-1}\left[\dfrac{s}{(s^2+a^2)^2}\right] = L^{-1}\left(\dfrac{s}{s^2+a^2} \cdot \dfrac{a}{s^2+a^2} \cdot \dfrac{1}{a}\right)$$

又因为

$$L(\cos at) = \dfrac{s}{s^2+a^2}, \quad L(\sin at) = \dfrac{a}{s^2+a^2}$$

所以，根据卷积定理

$$L^{-1}(\frac{s}{s^2+a^2}\cdot\frac{a}{s^2+a^2}\cdot\frac{1}{a})=\cos at*\frac{1}{a}\sin at$$

$$=\int_0^t\cos a\tau\cdot\frac{1}{a}\cdot\sin(at-a\tau)\mathrm{d}\tau=\frac{1}{a}\int_0^t\frac{1}{2}[\sin at-\sin(2a\tau-at)]\mathrm{d}\tau$$

$$=\frac{t}{2a}\cdot\sin at$$

15. 证明：

$$L^{-1}[\frac{1}{\sqrt{s}(s-1)}]=L^{-1}[\frac{1}{\sqrt{s}}\cdot\frac{1}{s-1}]$$

$$L^{-1}[\frac{1}{\sqrt{s}(s-1)}]=\frac{2}{\sqrt{\pi}}\mathrm{e}^t\int_0^{\sqrt{t}}\mathrm{e}^{-y^2}\mathrm{d}y$$

因为

$$L^{-1}(\frac{1}{\sqrt{s}})=\frac{1}{\sqrt{\pi}}t^{-\frac{1}{2}},L^{-1}(\frac{1}{s-1})=\mathrm{e}^t$$

所以，根据卷积定理有

$$L^{-1}[\frac{1}{\sqrt{s}(s-1)}]=\frac{1}{\sqrt{\pi}}\cdot t^{-\frac{1}{2}}*\mathrm{e}^t=\frac{2}{\sqrt{\pi}}\int_0^t y^{-\frac{1}{2}}\mathrm{e}^{(t-y)}\mathrm{d}y=\frac{1}{\sqrt{\pi}}\mathrm{e}^t\int_0^t y^{-\frac{1}{2}}\mathrm{e}^{-y}\mathrm{d}y$$

$$=\frac{2}{\sqrt{\pi}}\mathrm{e}^t\int_0^t\mathrm{e}^{-y}\mathrm{d}\sqrt{y}\xrightarrow{\text{令}\sqrt{y}=u}\frac{2}{\sqrt{\pi}}\mathrm{e}^t\int_0^{\sqrt{t}}\mathrm{e}^{-u^2}\mathrm{d}u^2=\frac{2}{\sqrt{\pi}}\mathrm{e}^t\int_0^{\sqrt{t}}\mathrm{e}^{-y^2}\mathrm{d}y$$

16. 解：（1）

$$F(s)=\frac{1}{(s^2+4)^2}=\frac{1}{16}\cdot\frac{2(s^2+4)}{(s^2+4)^2}-\frac{1}{8}\cdot\frac{s^2-4}{(s^2+4)^2}$$

$$=\frac{1}{16}\cdot\frac{2}{s^2+4}-\frac{1}{8}\cdot\frac{s^2-4}{(s^2+4)^2}$$

故 $L^{-1}(F(s))=\frac{1}{16}L^{-1}(\frac{2}{s^2+4})-\frac{1}{8}L^{-1}(\frac{s^2-4}{(s^2+4)^2})=\frac{1}{16}\sin 2t-\frac{1}{8}t\cdot\cos 2t$

（2）$F(s)=\frac{1}{s^4+5s^2+4}=\frac{1}{3}(\frac{1}{s^2+1}-\frac{1}{s^2+4})$

$$=\frac{1}{3}(\frac{1}{s^2+1}-\frac{1}{2}\frac{2}{s^2+2^2})$$

$$L^{-1}(F(s))=\frac{1}{3}L^{-1}(\frac{1}{s^2+1})-\frac{1}{6}L^{-1}(\frac{2}{s^2+2^2})$$

$$=\frac{1}{3}\sin t-\frac{1}{6}\sin 2t$$

（3）$F(s) = \dfrac{s+2}{(s^2+4s+5)^2} = \dfrac{s+2}{[(s+2)^2+1]^2} = -\dfrac{1}{2}\left(\dfrac{1}{(s+2)^2+1}\right)'$

故 $L^{-1}(F(s)) = \dfrac{1}{2}t \cdot e^{-2t} \cdot \sin t$

（4）$F(s) = \dfrac{2s^2+3s+3}{(s+1)(s+3)^2} = \dfrac{A}{s+1} + \dfrac{B}{s+3} + \dfrac{C}{(s+3)^2} + \dfrac{D}{(s+3)^3}$

$$\Rightarrow A = \dfrac{1}{4}, B = -\dfrac{1}{4}, C = \dfrac{3}{2}, D = 3$$

故

$$F(s) = \dfrac{\dfrac{1}{4}}{s+1} + \dfrac{-\dfrac{1}{4}}{s+3} + \dfrac{\dfrac{3}{2}}{(s+3)^2} + \dfrac{3}{(s+3)^3}$$

且

$$\left(\dfrac{1}{s+3}\right)' = -\dfrac{1}{(s+3)^2}, \quad \left(\dfrac{1}{s+3}\right)'' = 2 \cdot \dfrac{1}{(s+3)^3}$$

所以 $L^{-1}(F(s)) = \dfrac{1}{4}e^{-t} - \dfrac{1}{4}e^{-3t} + \dfrac{3}{2}t \cdot e^{-3t} - 3t^2 \cdot e^{-3t}$

17. 解：（1）设

$$L[y(t)] = Y(s), L[y'(t)] = sY(s) - y(0) = sY(s),$$

$$L[(y''(t)] = s^2Y(s) - sy(0) - y'(0) = s^2Y(s) - 1$$

方程两边取拉氏变换，得

$$s^2 \cdot Y(s) - 1 + 2s \cdot Y(s) - 3Y(s) = \dfrac{1}{s+1}$$

$$(s^2 + 2s - 3)Y(s) = \dfrac{1}{s+1} + 1 = \dfrac{s+2}{s+1}$$

$$Y(s) = \dfrac{s+2}{(s+1)(s^2+2s-3)} = \dfrac{s+2}{(s+1)(s-1)(s+3)}$$

$s_1 = -1, s_2 = 1, s_3 = -3$ 为 $Y(s)$ 的三个一级极点，则

$$y(t) = L^{-1}[Y(s)] = \sum_{k=1}^{3} \mathrm{Re}\,s[Y(s) \cdot e^{st}; s_k]$$

$$= \mathrm{Re}\,s\left[\dfrac{(s+2) \cdot e^{st}}{(s+1)(s-1)(s+3)}; -1\right] + \mathrm{Re}\,s\left[\dfrac{(s+2) \cdot e^{st}}{(s+1)(s-1)(s+3)}; 1\right]$$

$$+ \mathrm{Re}\,s\left[\dfrac{(s+2) \cdot e^{st}}{(s+1)(s-1)(s+3)}; -3\right]$$

$$= -\dfrac{1}{4}e^{-t} + \dfrac{3}{8}e^{t} - \dfrac{1}{8}e^{-3t}$$

（2）方程两边同时取拉氏变换，得

$$s^2 \cdot Y(s) + s + 2 - Y(s) = 4 \cdot \frac{1}{s^2 + 1} + 5 \cdot \frac{s}{s^2 + 2^2}$$

$$(s^2 - 1)Y(s) = 4 \cdot \frac{1}{s^2 + 1} + 5 \cdot \frac{s}{s^2 + 2^2} - (s + 2)$$

$$Y(s) = \frac{4}{(s^2 - 1)(s^2 + 1)} + \frac{5s}{(s^2 - 1)(s^2 + 2^2)} - \frac{s + 2}{(s^2 - 1)}$$

$$= 2(\frac{1}{s^2 - 1} - \frac{1}{s^2 + 1}) + s \cdot (\frac{1}{s^2 - 1} - \frac{1}{s^2 + 2^2}) - \frac{s}{s^2 - 1} - \frac{2}{s^2 - 1}$$

$$= -\frac{2}{s^2 + 1} - \frac{s}{s^2 + 2^2}$$

$$y(t) = L^{-1}[Y(s)] = -2\sin t - \cos 2t$$

（3）方程两边取拉氏变换，得

$$s^2 \cdot Y(s) - 2s \cdot Y(s) + 2Y(s) = 2 \cdot \frac{s - 1}{(s - 1)^2 + 1}$$

$$(s^2 - 2s + 2)Y(s) = \frac{2(s - 1)}{(s - 1)^2 + 1}$$

$$Y(s) = \frac{2(s - 1)}{[(s - 1)^2 + 1]^2} = -[\frac{1}{(s - 1)^2 + 1}]'$$

因为由拉氏变换的微分性质知，若 $L[f(t)] = F(s)$，则

$$L[(-t) \cdot f(t)] = F'(s)$$

即

$$L^{-1}[F'(s)] = (-t) \cdot f(t) = (-t) \cdot L^{-1}[F(s)]$$

因为

$$L^{-1}[\frac{1}{(s - 1)^2 + 1}] = e^t \cdot \sin t$$

所以

$$L^{-1}\{\frac{2(s - 1)}{[(s - 1)^2 + 1]^2}\} = -L^{-1}[(\frac{1}{(s - 1)^2 + 1})']$$

$$= -(-t)L^{-1}[\frac{1}{(s - 1)^2 + 1}] = t \cdot e^t \cdot \sin t$$

故有 $Y(t) = e^t \cdot \sin t$

（4）方程两边取拉氏变换，设 $L[y(t)] = Y(s)$，得

$$s^3 \cdot Y(s) - s^2 \cdot y(0) - s \cdot y'(0) - y''(0) + s \cdot Y(s) - y(0) = \frac{1}{s-2}$$

$$s^3 \cdot Y(s) + s \cdot Y(s) = \frac{1}{s-2}$$

$$Y(s) = \frac{1}{s-2} \cdot \frac{1}{s(s^2+1)} = \frac{1}{s(s-2)(s^2+1)}$$

故

$$y(t) = L^{-1}[Y(s)] = \frac{1}{4}e^{-t} - \frac{1}{4}e^{-2t} + \frac{3}{2}t \cdot e^{-3t} - 3t^2 \cdot e^{-3t}$$

（5）设 $L[y(t)]=Y(s)$，则

$$L[(y'(t)] = sY(s) - y(0) = sY(s)$$

$$L[(y''(t)] = s^2 \cdot Y(s) - sy(0) - y'(0) = s^2 Y(s)$$

$$L[(y'''(t)] = s^3 \cdot Y(s) - s^2 \cdot y(0) - sy'(0) - y''(0) = s^3 Y(s) - 1$$

$$L[(y^{(4)}(t)] = s^4 \cdot Y(s) - s^3 \cdot y(0) - s^2 \cdot y'(0) - sy''(0) - y'''(0) = s^4 \cdot Y(s) - s$$

方程两边取拉氏变换，得

$$s^4 \cdot Y(s) - s + 2s^2 \cdot Y(s) + Y(s) = 0$$

$$(s^4 + 2s^2 + 1) \cdot Y(s) = s$$

$$Y(s) = \frac{s}{(s^2+1)^2} = \frac{1}{2} \cdot \frac{2s}{(s^2+1)^2} = -\frac{1}{2} \cdot \left(\frac{1}{s^2+1}\right)'$$

故

$$y(t) = L^{-1}\left[\frac{s}{(s^2+1)^2}\right] = L^{-1}\left[-\frac{1}{2} \cdot \left(\frac{1}{s^2+1}\right)'\right] = \frac{1}{2}t \cdot \sin t$$

18. 解：（1）设

$$L[(x(t)] = X(s), L[(y(t)] = Y(s)$$

$$L[(x'(t)] = s \cdot X(s) - x(0) = s \cdot X(s) - 1$$

$$L[(y'(t)] = s \cdot Y(s) - y(0) = s \cdot Y(s) - 1$$

微分方程组两式的两边同时取拉氏变换，得

$$\begin{cases} s \cdot X(s) - 1 + X(s) - Y(s) = \dfrac{1}{s-1} \\ s \cdot Y(s) - 1 + 3X(s) - 2Y(s) = \dfrac{2}{s-1} \end{cases}$$

得

$$\begin{cases} Y(s) = (s+1)X(s) - \dfrac{s}{s-1}\cdots & ① \\[3mm] 3X(s) - (s-2)\cdot Y(s) = \dfrac{2}{s-1} + 1 = \dfrac{s+1}{s-1}\cdots & ② \end{cases}$$

（2）代入（1），得

$$3X(s) + (s-2)\cdot[(s+1)X(s) - \frac{s}{s-1}] = \frac{s+1}{s-1}$$

$$(s^2 - s + 1)X(s) = \frac{s+1}{s-1} + \frac{s(s-2)}{s-1} = \frac{s^2 - s + 1}{s-1}$$

$$故 X(s) = \frac{1}{s-1}, \quad 于是有 x(t) = \mathrm{e}^t \cdots \qquad ③$$

（3）代入（1），得

$$Y(s) = (s+1)\cdot\frac{1}{s-1} - \frac{s}{s-1} = \frac{1}{s-1} \Rightarrow Y(t) = \mathrm{e}^t$$

（2）设

$$L[(x(t)] = X(s), L[(y(t)] = Y(s), L[(g(t)] = G(s)$$

$$L[(x'(t)] = s\cdot X(s), L[(y'(t)] = s\cdot Y(s)$$

$$L[(x''(t)] = s^2 \cdot X(s), L[(y''(t)] = s^2 \cdot Y(s)$$

方程两边取拉氏变换，得

$$\begin{cases} s\cdot X(s) - 2s\cdot Y(s) = G(s)\cdots & ① \\ s^2 \cdot X(s) - s^2 \cdot Y(s) + Y(s) = 0\cdots & ② \end{cases}$$

①$\cdot s - $②，得

$$Y(s) = -\frac{s}{s^2 + 1}\cdot G(s)\cdots \qquad ③$$

$$\therefore y(t) = L^{-1}[Y(s)] = -g(t) * \cos t = -\int_0^t g\tau \cos(t - \tau)\mathrm{d}\tau$$

③代入①，得

$$s\cdot X(s) - 2s\cdot[-\frac{s}{s^2 + 1}\cdot G(s)] = G(s)$$

即

$$s\cdot X(s) = (1 - \frac{2s^2}{s^2 + 1})G(s) = \frac{1 - s^2}{s^2 + 1}\cdot G(s)$$

$$X(s) = \frac{1 - s^2}{s(s^2 + 1)}G(s) = \left(\frac{1}{s} - \frac{2s}{1 + s^2}\right)\cdot G(s)$$

所以

$$x(t) = L^{-1}[X(s)] = (1 - 2\cos t) * g(t) = \int_0^t (1 - 2\cos\tau) \cdot g(t - \tau)\mathrm{d}\tau$$

故

$$x(t) = \int_0^t (1 - 2\cos\tau) \cdot g(t - 2)\mathrm{d}\tau$$

$$y(t) = -\int_0^t g(\tau) \cdot \cos(t - \tau)\mathrm{d}\tau$$

19. 解：（1）设 $L[x(t)]=X(s)$，方程两边取拉氏变换，得

$$X(s) + X(s) \cdot \frac{1}{s - 1} = \frac{2}{s^2} - \frac{3}{s}$$

$$X(s)[1 + \frac{1}{s - 1}] = \frac{2 - 3s}{s^2}$$

$$X(s) = \frac{(2 - 3s)(s - 1)}{s^3} = \frac{-3s^2 + 5s - 2}{s^3} = -\frac{3}{s} + \frac{5}{s^2} - \frac{2}{s^3}$$

$$\Rightarrow x(t) = -3 + 5t - t^2$$

（2）设 $L[y(t)]=Y(s)$，方程两边取拉氏变换，得

$$Y(s) - L(t * y(t)) = \frac{1}{s^2}$$

$$Y(s) - \frac{1}{s^2} \cdot Y(s) = \frac{1}{s^2}$$

$$Y(s) = \frac{1}{s^2 - 1}$$

$$\Rightarrow y(t) = L^{-1}(Y(s)) = L^{-1}(\frac{1}{s^2 - 1}) = sht$$

第七、八章　积分变换自测题参考答案

一、选择题

1.C　2.A　3.B　4.C　5.D　6.B　7.C　8.A　9.C　10.B

二、填空题

1. $\pi\delta(\omega) - \frac{\pi}{2}[\delta(\omega + 2) + \delta(\omega - 2)]$　　　　2. $e^{\alpha t}u(t)$（$\alpha > 0$）

3. $\frac{1}{p}e^{-2p}$　　　　4. $\frac{2}{(p + 3)^2 + 4}$　　　　5. $\cos 3t + \frac{1}{3}\sin 3t$

三、计算题

1. 解：$F(w) = \cos \omega a + \cos \dfrac{\omega a}{2}$.

2. 解：$F(\omega) = \dfrac{\pi}{2}[(\sqrt{3}+i)\delta(w+5)+(\sqrt{3}-i)\delta(w-5)]$.

3. 解：（1）$\dfrac{i}{2}\dfrac{\mathrm{d}}{\mathrm{d}\omega}F\left(\dfrac{\omega}{2}\right)$　　（2）$\dfrac{i}{2}\dfrac{\mathrm{d}}{\mathrm{d}\omega}F\left(-\dfrac{\omega}{2}\right)-F\left(-\dfrac{\omega}{2}\right)$

4. 解：对方程两边取拉普拉斯变换，并设 $L[y(t)]=Y(p)$，得

$$\mathcal{L}[y''] + 2\mathcal{L}[y'] - 3\mathcal{L}[y] = \mathcal{L}[e^{-t}],$$

$$p^2\mathcal{L}[y] - py(0) - y'(0) + 2p\mathcal{L}[y] - 2y(0) - 3\mathcal{L}[y] = \dfrac{1}{p+1}$$

将初始条件代入，得到 $Y(p)$ 的代数方程

$$p^2 y(p) - 1 + 2pY(p) - 3Y(p) = \dfrac{1}{p+1}$$

解得　$Y(p) = \dfrac{s+2}{(s+1)(s-1)(s+3)} = \dfrac{1}{4}\cdot\dfrac{1}{s+1} + \dfrac{3}{8}\cdot\dfrac{1}{s-1} + \left(-\dfrac{1}{8}\right)\cdot\dfrac{1}{s+1}$

取拉普拉斯逆变换，得

$$y(t) = \mathcal{L}^{-1}\left[-\dfrac{1}{4}\cdot\dfrac{1}{s+1} + \dfrac{3}{8}\cdot\dfrac{1}{s-1} + \left(-\dfrac{1}{8}\right)\cdot\dfrac{1}{s+1}\right] = \dfrac{1}{8}(3e^t - 2e^{-t} - e^{-3t})$$

此为所求微分方程的解.

5. 解：对方程组各个方程两边取拉普拉斯变换，并设

$$\mathcal{L}[x(t)] = X(p) = X, \ \mathcal{L}[y(t)] = Y(p) = Y$$

得　$\begin{cases} p^2 X - px(0) - x'(0) - 2(pY - y(0)) - X = 0 \\ pX - x(0) - Y = 0 \end{cases}$

将初始条件 $x(0)=0$, $x'(0)=y(0)=1$ 代入上式，整理后得 $\begin{cases} (p^2-1)X - 2pY = -1 \\ pX - Y = 0 \end{cases}$

解此代数方程组，得 $\begin{cases} X = \dfrac{1}{p^2+1} \\ Y = \dfrac{p}{p^2+1} \end{cases}$.

取拉普拉斯逆变换，得所求的方程的解为 $\begin{cases} x = \sin t \\ y = \cos t \end{cases}$.